烟气一体化脱硫脱硝脱汞理论与技术

Integrated Theory and Technology for Desulfurization Denitrification and Mercury Removal from Flue Gas

郝润龙　赵毅　袁博　著

U0315940

北　京

冶金工业出版社

2022

内 容 提 要

本书围绕烟气一体化脱硫脱硝脱汞问题，系统阐述了热增强型Fenton、热催化复合氧化剂、光热协同催化氧化耦合腐殖酸钠吸收双区调控、光热协同催化耦合双循环吸收，以及亚氯酸钠耦合亚硫酸钠三区调控等氧化法脱除新技术，详细介绍了相关影响因素、反应机制及脱除产物等内容，并对热催化气相氧化器的设计给出了具体思路和相关模拟结果。

本书可供环境污染、环境治理等相关专业的科研人员、工程技术人员和管理人员阅读，也可供大专院校相关专业的师生参考。

图书在版编目(CIP)数据

烟气一体化脱硫脱硝脱汞理论与技术/郝润龙，赵毅，袁博著.—北京：冶金工业出版社，2022.11
ISBN 978-7-5024-9316-5

Ⅰ.①烟… Ⅱ.①郝… ②赵… ③袁… Ⅲ.①烟气脱硫 ②烟气—脱硝 ③烟气—除汞 Ⅳ.①X701

中国版本图书馆 CIP 数据核字(2022)第 192745 号

烟气一体化脱硫脱硝脱汞理论与技术

出版发行 冶金工业出版社	**电 话**	(010)64027926
地 址 北京市东城区嵩祝院北巷 39 号	**邮 编**	100009
网 址 www.mip1953.com	**电子信箱**	service@ mip1953.com

责任编辑 郭冬艳　美术编辑 燕展疆　版式设计 郑小利
责任校对 郑 娟　责任印制 禹 蕊
三河市双峰印刷装订有限公司印刷
2022 年 11 月第 1 版，2022 年 11 月第 1 次印刷
710mm×1000mm 1/16；15.5 印张；302 千字；237 页
定价 96.00 元

投稿电话 (010)64027932　投稿信箱 tougao@cnmip.com.cn
营销中心电话 (010)64044283
冶金工业出版社天猫旗舰店 yjgycbs.tmall.com
(本书如有印装质量问题，本社营销中心负责退换)

前　言

自煤电行业实施超低排放以来，我国环境保护取得显著成效，但受限于煤炭在国内能源消费中占据的主导地位，钢铁、水泥和焦化等其他行业煤燃烧释放的二氧化硫、氮氧化物和汞等常规污染物带来的环境危害依然不容小觑。当前，国内多数燃煤电厂采用选择性催化还原脱硝和石灰石-石膏法脱硫实现烟气氮氧化物和二氧化硫分级治理，至于较为成熟的活性炭喷射脱汞工艺，因其成本和排放标准等多方面因素，尚未得到大规模应用。近年来，随着煤炭洗选和燃烧技术的进步以及锅炉运行条件的优化，使得燃煤烟气中污染物浓度较之前有大幅降低，在集成型装置内实现 SO_2、NO_x 和 Hg^0 的一体化脱除已成为可能。因此，发展成本更低、效率更高、二次环境问题更小、产物可资源化利用的新型烟气污染控制技术已成为近年大气污染控制的研究热点之一。

高级氧化法是一体化脱硫脱硝脱汞技术研发中研究最广泛的方法之一，其旨在利用强氧化性多元自由基实现烟气多污染物的一体化氧化吸收脱除。尽管均相 Fenton 法具有工艺简单的优势，但氧化剂利用率较低、pH 值低，存在易诱发设备腐蚀、废水需二次处置及运行费用偏高等不足，制约了其工业化应用。基于此，本书提出利用烟气余热增强传统 Fenton 法脱硫脱硝脱汞能力；借助热催化激活过氧化氢、过硫酸钠、亚氯酸钠和溴化钠等组成的复合氧化剂，制取多元自由基以快速高效地将难溶性 NO 和 Hg^0 氧化来增强污染物水溶性；发展光热协同催化技术提高过氧化氢等自由基前体的自由基产率；这些都是发展新型高级氧化脱硫脱硝脱汞技术的重要研究成果。此外，在构建氧化吸收型一体化脱硫脱硝脱汞技术方面，本书还提出了亚氯酸钠耦合腐殖酸钠双区调控、光热协同催化过氧化氢耦合氨法双循环、热催化过氧化氢/过硫酸钠耦合钠碱双循环以及亚氯酸钠耦合亚硫酸钠三区调控等技术方案，构建出了多套低能耗、高自由基产率的烟气一体化脱硫脱硝脱汞体系。同时，本书针对热催化气相氧化反应器设计提出旋风式和倒 U 形两种工艺方式，利用 FLUENT 模拟优化流场分布，并最终提出热催化气相氧化耦合尾部吸收烟气同时脱硫脱硝脱汞的工艺方案。

本书作者郝润龙、赵毅与袁博长期从事燃煤烟气脱硫脱硝脱汞及多污染物协同治理基础理论研究和一体化脱硫脱硝脱汞新技术研发工作，在半干法、钙剂湿法和光催化法烟气同时脱硫脱硝脱汞、多元自由基制取理论与方法、自由基生成机理与反应行为等方面进行了有益的理论研究和工程应用，积累了许多创新性研究成果，熟悉并掌握该领域国内外最新研究动态。主要研究成果在燃煤电站、钢铁和垃圾掺烧等工业行业开展了烟气脱硫脱硝脱汞工业化侧线研究。在长期的理论研究和现场实践中，积累并总结了众多研究成果和经验，希望能编撰出版完成一部包含基础理论和工程实践的烟气一体化脱硫脱硝脱汞新技术的学术专著，为从事大气污染防治的研究人员和工程技术人员提供技术性参考。

本书各章节的具体执笔人如下：第 1 章由郝润龙、赵毅、袁博共同撰写；第 2~6 章由郝润龙、袁博共同撰写；第 7~12 章由郝润龙、赵毅共同撰写；第 13 和 14 章由郝润龙、赵毅、袁博共同撰写。

在本书编写过程中，华北电力大学马昭、钱真、王铮等博士研究生对本书的资料收集、内容修订、图表绘制和修改、文献校对等环节做了大量工作，在此表示衷心感谢。

本书内容涉及的部分研究，先后获得国家重点研发计划（No. 2017YFC0210603）、国家自然科学基金（No. 52170108，No. 52000067，No. 51978262）、河北省自然科学基金（No. E2021502002，No. E2020502033）、中国电机工程学会青年人才托举工程（CSEE-YESS-2018018）等项目的资助，在此一并表示感谢。

由于作者水平所限，书中不妥之处，恳请广大读者批评指正。

著　者

2022 年 8 月

目　　录

1 绪　　论

<<<<<<<<<<<<<<<<<<<<<<<<<<<<<<<<<<<<<<<<<<<<<<<<<<<<<<<<<<<<

1.1　燃煤烟气中 SO_2、NO_x 和 Hg^0 的危害

煤炭是我国重要能源之一，在一次能源结构中约占70%，是发电、锅炉、钢铁、水泥、取暖等的基础能源，在今后一个时期，以煤为主的能源结构不会改变。煤主要由碳、氢、氧、氮、硫和磷等元素组成，碳、氢、氧三者约占总有机质的95%以上，其燃烧产生的 CO_2、CO 和 H_2O 是自然界中常见的物质，因而危害性较低。但其他元素如硫、氮和其他有毒重金属元素（如：Hg、As、Cr、Cd、Pd），燃烧生成的 SO_2、NO_x、颗粒物、VOCs 及痕量重金属对人们的生命健康和生态环境具有严重的危害。

SO_2 对人类健康有严重损害，其会损伤呼吸道，引起支气管炎、肺炎甚至肺水肿及呼吸麻痹。SO_2 还是酸雨的最主要来源，2003年北京市降水的平均 pH 值为6.18，其中 SO_4^{2-} 含量最高，主要来自于燃煤烟气排放。燃煤产生的 NO_x 也会引起多种环境问题，主要体现在 NO_x 自身的毒性污染、副产物臭氧污染、氧化产物酸沉降、颗粒物污染和水中氮元素增加使水体富营养化五个方面。NO_x 作为一次污染物，其本身可危害人体健康：刺激人的眼、鼻、喉和肺部，容易造成呼吸系统疾病，如：引起支气管炎和肺炎的流行性感冒，诱发肺细胞癌变；对儿童来说，NO_x 可能会造成肺部发育受损。同时，NO_x 还会产生多种二次污染物：其与碳氢化合物经紫外线照射可反应生成臭氧，臭氧会刺激人的眼睛和呼吸道，导致文物损坏和农业减产等。臭氧及形成臭氧的污染物容易在大气中输送、扩散并形成光化学烟雾，其覆盖范围可达几十甚至数百千米以上，而且郊区和农村地区的臭氧浓度往往比城区还高。由 NO_x 衍生的硝酸型酸雨是其另一个危害，硝酸型酸雨汇入江河湖泊、海洋后进入地下水，造成水体的富营养化。有报道显示，在北欧，由于 NO_x 的沉降，使得水体中氮成分大大增加，引起了海水赤潮等问题。富营养化问题还能引起土壤化学成分的改变，即土壤的酸化以及生态系统失衡。NO_x 的生命周期比 SO_2 长，因此可以进行跨国界的"长距离输送"。此外，NO_x 也能导致温室效应。汞是一种神经毒物，具有毒性强、形态稳定、难生物降解、生物累积性的特性，对人类健康具有严重的危害，其可转化为毒性较大的有机化合物，如甲基汞，并可通过排放、沉积和再释放的方式在自然界中循环迁移。汞主要来自于煤中的硫化物，如 HgS 和一些有机物。锅炉燃烧烟气中汞形态主要分为颗粒态汞（Hg^p）、元素态汞（Hg^0）和氧化态汞（Hg^{2+}）三类。许多的热力学模

型预测了燃烧后汞的多种形态，根据平衡计算法，当冷却到 400℃ 以下 Hg^0 将会转变为 Hg^p 和 Hg^{2+}，但实际转化率只有 35%~95%，这主要是受限于反应动力学。近期研究表明汞的转化水平与煤种氯含量相关。

2011 年 7 月，国家环保部和国家质量监督检验检疫总局联合发布了最新的火电厂排放标准，并于 2012 年 1 月开始执行。新标准对 SO_2 和 NO_x 的排放浓度限值提出了更为严格的要求，其中 SO_2 的排放浓度限值由原来的 $400mg/m^3$ 降为 $100mg/m^3$，NO_x 排放浓度限值由原来的 $450mg/m^3$ 降为 $100mg/m^3$。此外，国家"十二五"首次提出了对燃煤烟气汞的控制。自 2015 年 1 月 1 日起，汞及其化合物排放限值为 $30\mu g/m^3$。因此，在国家环保政策和燃煤电厂污染物排放标准的要求下，燃煤烟气中 SO_2、NO_x 和汞的减排工作已成为我国当前乃至今后一段时期内的工作重点。

1.2 SO_2、NO_x 和 Hg^0 的排放现状

1.2.1 SO_2 的排放现状

根据中国电力企业联合会、美国能源署和经济合作与发展组织（OECD）公布的全球电力行业 SO_2 排放量的有关数据。由表可知，在世界范围内，仅中国和美国的电力行业 SO_2 排放量曾经超过 1000 万吨，其中，中国电力行业 SO_2 排放量的峰值为 2006 年的 1350 万吨，而美国电力 SO_2 排放量的峰值为 1990 年的 1550 万吨。20 世纪 80 年代末，随着 1990 年《清洁大气法》修订版的实施，美国电力行业 SO_2 排放量开始缓慢下降，到 2005 年时，其排放量已经降至 950 万吨。2005 年以后，SO_2 排放量又开始快速下降，至 2013 年电力 SO_2 排放量仅为 361 万吨，这与 1990 年的排放量相比，下降幅度达 76.7%。截至 2010 年以后，英国、德国、西班牙、韩国等发达国家电力行业的二氧化硫排放量有相当幅度的上升，加拿大、澳大利亚、波兰和日本等国电力行业二氧化硫的排放量基本上没有变化，仅中国、美国、俄罗斯三国的电力二氧化硫排放量仍然超过 100 万吨，且俄罗斯电力二氧化硫排放量一直稳定在 150 万~170 万吨范围内。

对我国而言，近年来国民经济发展使得全国 SO_2 排放量和电力行业 SO_2 排放量逐年升高。政府为了减少污染物排放并改善空气环境质量，在全国范围内大幅增加脱硫机组装机容量。根据中国电力企业联合会发布的数据，截至 2015 年底，中国国内已投运火电厂烟气脱硫机组容量约 8.2 亿千瓦，占中国煤电机组容量的 91.20%；投运火电厂烟气脱硝机组容量约 8.5 亿千瓦，占中国火电机组容量的 84.53%。2015 年 12 月，国务院常务会议做出决定，在 2020 年之前对燃煤电厂全面实施超低排放和节能改造。此后全国 SO_2 排放量较之前更为降低。

图 1-1 是 2003~2020 年全国 SO_2 总排放量变化趋势。可以发现，截至 2020

年，全国 SO$_2$ 排放相较 2015 年下降近 1500 万吨。对比 2005 年的最高排放量
2549.4 万吨，2020 年的全国 SO$_2$ 排放量下降 87.5%。

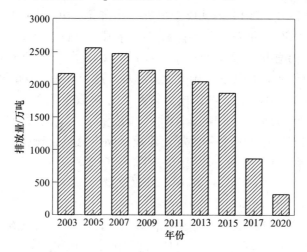

图 1-1   2003~2020 年全国 SO$_2$ 总排放量

图 1-2 为 2011~2020 年全国 SO$_2$ 排放量及电力 SO$_2$ 排放情况。由图可知，
2020 年，全国 SO$_2$ 排放总量为 318.2 万吨，同比 2011 年下降 85.7%；2020 年电
力 SO$_2$ 排放总量约 78 万吨，同比上年下降 12.4%，比 2011 年下降 91.5%。

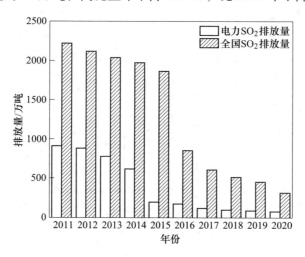

图 1-2   2011~2020 年全国及电力二氧化硫排放情况

1.2.2   NO$_x$ 的排放现状

根据中国电力企业联合会、美国能源署和经济合作与发展组织（OECD）公

布的全球电力行业氮氧化物 NO_x 排放量的有关数据，可以发现：与 SO_2 排放情况相似，美国电力行业 NO_x 排放量从 20 世纪 90 年代初开始缓慢下降，至 2005 年已经下降至 396 万吨，2013 年排放量更进一步降至 219 万吨，与 1990 年相比，下降幅度约为 72.5%。俄罗斯、德国和日本等国电力行业 NO_x 排放量近年来基本上没有变化，韩国电力行业 NO_x 排放量则从 2005 年开始也实现了快速下降，而澳大利亚电力行业 NO_x 排放量则有上升趋势，这与其火电发电装机容量的上升密切相关。与其他各国相比，我国电力行业 NO_x 排放量最多，且 2011 年的排放量达到峰值（1003 万吨），是美国 2011 年排放量的 4.1 倍（EIA 数据）。此后，随着我国"十二五"脱硝设备的大规模建设，国内氮氧化物排放总量快速下降，并在 2014 年下降至 620 万吨，比峰值时期下降了约 38.2%。

现有数据显示，2014 年，全国 NO_x 排放总量为 2078.0 万吨，比 2010 年下降 8.6%；其中，电力行业 NO_x 排放约为 620 万吨，比 2010 年下降 34.7%；电力氮氧化物排放量约占全国氮氧化物排放量的 29.8%，比 2010 年下降十二个百分点。图 1-3 呈现的是 2011~2020 年全国 NO_x 排放情况及电力行业 NO_x 排放量，由图可知 2012 年电力行业 NO_x 排放量约为 948 万吨，约占全国排放总量的 40.5%，2016 年约为 155 万吨，约占总量的 10.3%。超低排放实施以来，全国氮氧化物控制取得显著成绩，2017 年全国氮氧化物排放总量 1348 万吨，比 2011 年下降 43.9%。至 2020 年，电力行业氮氧化物排放总量约为 87.4 万吨，约占全国排放总量的 8.6%。

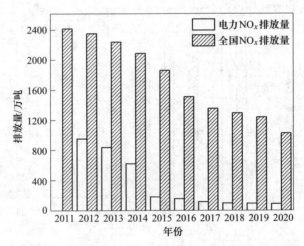

图 1-3　2011~2020 年全国 NO_x 排放情况及电力行业 NO_x 排放量

1.2.3　Hg^0 的排放现状

2010 年全球汞排放约 1960 吨，亚洲地区排放量占全球汞排放量的近 50%，其中东亚和东南亚地区排放量占全球总排放量约为39.7%。按照行业属性划分，小规模的黄金生产行业排放汞量约占总汞排放量的37%，化石燃料燃烧行业排放汞量占总汞含量的25%，有色金属冶炼、水泥生产等行业排放汞量的占比分别为20%和10%左右。开采和有色金属生产、煤炭燃烧分别占到总排放量1/2和1/4。另根据2013年1月10日联合国环境规划署发布研究报告称，从1990年至2005年，亚洲、非洲和南美洲汞的排放量一直在上升，欧洲、北美洲的排放量却在逐年下降。

近年来，我国汞生产、使用和排放量均居世界前列，其产量和需求量在2005年和2006年连续两年处于全球第一，人为活动排放汞的总量超过全球总排放量的1/4。数据表明，2007年我国在大气汞排放量约为643t，约占全球的汞排放量的16.5%～21.4%，占全球人为汞排放总量的30%～40%，仍然居世界首位。当前，煤炭燃烧过程中释放的气态汞等重金属污染物已得到国内外众多科研工作者的重视。根据有关计算和统计结果，1994年我国燃煤约排放汞296t，2000年的排放量约为273t，2007年则升高至368.5t。一般认为，燃煤电厂、有色金属冶炼和水泥生产是我国最主要的大气汞排放源。据国家统计局初步核算，2010年我国全年能源消费总量约32.5亿吨标准煤，其中，电煤消费约为16亿吨。据估算，2010年我国燃煤电厂、有色金属冶炼和水泥生产的汞排放量分别为100t、72.5t和75t。

1.3 烟气多污染物协同控制技术研究进展

脱除燃煤烟气中 SO_2、NO_x 和 Hg 的传统技术分别为湿式石灰石石膏法脱硫（WFGD）、选择性催化还原法脱硝（SCR）和活性炭注入法脱汞（ACI）。这种分级处理方案存在能耗及运行成本高、基建费用高、占地面积大、运行系统复杂及维护困难等不足，但这些技术工艺成熟、运行稳定且能保证脱除效率进而实现达标排放，因此，国内大多数电厂依然采用石灰石-石膏法（WFGD）脱硫和选择性催化还原法（SCR）脱硝，由于国内汞排放控制尚未实施，因此国内成熟的脱汞工艺仍是空白。

近年来，随着煤炭选洗技术和燃烧技术的进步以及运行条件的优化，未经处理的燃煤烟气中污染物浓度较之前有大幅降低，因此同时脱硫脱硝脱汞技术成为一种经济可行的方法，而且同时脱除技术也成为近年来的热点研究之一。同时脱除 SO_2、NO_x 和 Hg^0 的研究方案和成熟工艺繁多，分类方式有所不同，既有自成体系的独立控制系统也有利用现有设备进行改造实现同时脱硫脱硝脱汞的集成系统。按照污染物控制阶段来分类，可分为燃烧前，燃烧中和燃烧后三类。目前，燃烧后多污染物一体化控制技术是其中的热门研究之一。

1.3.1 湿式氧化法

湿式氧化同时脱除烟气中多污染物的方法是目前研究最为广泛的方法，其分类方式主要由液相氧化剂种类来决定，可分为：高锰酸钾氧化法、氯系氧化剂氧化法、过氧化氢及其高级氧化法、过硫酸盐及其高级氧化法、超价金属离子氧化法等。

1.3.1.1 高锰酸钾氧化法

高锰酸钾（$KMnO_4$）作为一种强氧化剂已应用于众多消毒领域，但其很少应用于烟气污染控制过程，这是由于其成本较高、还原产物存在二次污染等问题。但近年来，仍有少数学者对 $KMnO_4$ 脱硫脱硝脱汞进行了探索性研究。

H. Chu 等利用 $KMnO_4/NaOH$ 溶液进行了同时脱硫脱硝实验，实验发现当 $KMnO_4$ 浓度大于 0.1mol/L 或氢氧化钠大于 0.05mol/L 时，SO_2 吸收完全由气膜控制，且 SO_2 对 NO 的吸收有影响，而 NO 对 SO_2 吸收没有明显影响。Fang Ping 等利用 Urea-$KMnO_4$ 对 SO_2、NO 和 Hg^0 进行了同时脱除实验，实验考察了尿素浓度、$KMnO_4$ 浓度、入口单质汞浓度、初始 pH 值、反应温度和 SO_2 浓度、NO 浓度对同时脱硫脱硝脱汞的效率的影响，实验结果表明脱硫效率可稳定在 98% 以上，而 NO 和 Hg^0 的脱除效率主要受 $KMnO_4$ 浓度的影响，在最优条件下脱硝和脱汞效率分别为 53% 和 99%。此外，Fang Ping 等还利用 $KMnO_4/CaCO_3$ 进行了同时脱硫脱硝脱汞实验，实验发现 $KMnO_4$ 浓度、溶液 pH 值、反应温度、SO_2 和 NO 浓度对脱汞效率有明显影响，而入口汞浓度和 O_2 浓度对脱汞效率没有影响；SO_2 对脱汞效率有显著抑制作用，而且 SO_2 的存在会导致 Hg^0 的二次释放；当 $KMnO_4$ 浓度为 1.5mmol/L 时，在最佳反应条件下，同时脱硫脱硝脱汞的效率分别可达到 100%、40.7% 和 90.6%。

1.3.1.2 氯系氧化剂氧化法

含氯氧化剂氧化法是近年发展起来的一种燃煤烟气净化工艺，使用的氧化剂主要包括：次氯酸盐、亚氯酸盐和氯酸盐三种。考虑到经济性和脱硝效率，大多研究人员选择前两种盐作为主要氧化剂。

次氯酸钙作为一种强氧化剂，已在水处理工艺中得到了广泛应用，其具有性质稳定、水溶性好、来源广泛、价格低廉和无二次污染的优势，因此，其适宜作为脱硫脱硝氧化剂，反应原理如下：ClO^- 将 SO_2 和 NO 氧化成 SO_4^{2-} 和 NO_3^-，实现一体化脱除。并且，反应体系中存在的 Ca^{2+} 可有效抑制 $CaSO_4$ 的溶解，有利于沉淀的生成，从而促进平衡向正向移动。刘海龙等人研究了次氯酸钙脱硫脱硝的吉布斯自由能，在 300～420K 内脱硫脱硝反应正向进行的反应限度很深（$\Delta_r G_m < -40kJ/mol$），说明次氯酸钙溶液脱硫脱硝是可行的。

次氯酸钠（NaClO）是另一种次氯酸盐，在紫外（UV）催化条件下可产生多种高活性自由基，如羟基自由基（$HO\cdot$）和氯自由基（$Cl\cdot$）。UV/NaClO 作为一种新兴高级氧化工艺（AOP），已尝试用于降解多种新兴污染物和微污染物。Yang 等人采用 UV/NaClO 氧化工艺去除 SO_2 和 NO。结果表明，NO 吸收速率随 UV 功率、NO 入口浓度和活性氯浓度的增加而逐渐增大，但与 SO_2 浓度和反应温度基本无关。NO 的反应分级数为准 0.2 级，活性氯的反应分级数为准 0.6 级，传质过程是 NO 去除的主要速控步骤。所建立的吸收模型与实验值吻合较好。Yang 还指出 UV/NaClO 比 UV/H_2O_2 在脱硝方面更经济。Liu 等人采用 UV/NaClO 和 $UV/Ca(ClO)_2$ 开展了同时脱硫脱硝实验，实验条件为：次氯酸盐溶液 500mL，光波长 254nm，光强 $147\mu W/cm^2$，次氯酸盐浓度 0.16mol/L，溶液温度 318K，溶液 pH 值 7.18，O_2 浓度 6%，SO_2 浓度 6%，NO 和 CO_2 浓度分别为 1500×10^{-6}、400×10^{-6} 和 8%。结果表明，UV 与次氯酸盐具有明显的协同作用，产生了大量 $HO\cdot$。NO 去除过程随光强、次氯酸盐浓度或 O_2 浓度的增加而增强，随 NO 或 CO_2 浓度的增加而抑制。溶液温度、溶液 pH 值和 SO_2 浓度对 NO 的去除有双重影响。ESR 测试证实了 $HO\cdot$ 的生成，因此 $HO\cdot$ 和 $Cl\cdot$ 是 NO 去除的主要原因。当 NaClO 用量为 0.16mol/L 时，NO 去除率可达 81.7%。

　　相比于次氯酸钠，$NaClO_2$ 的氧化能力更强，并且具有更好的脱汞效果。有学者已对 $NaClO_2$ 同时脱硫脱硝脱汞进行了深入研究。刘凤等人利用中型 CT-121 反应器进行了 $NaClO_2$ 溶液同时脱硫脱硝的实验研究，考察了各影响因素对同时脱硫脱硝的影响，确定了最佳实验条件。在最佳实验条件下，脱硫效率达到 92.8%以上，脱硝效率达到 82.0%以上。Nick D. Hutson 等将 $NaClO_2$ 作为添加剂加入到石灰石浆液中进行了同时脱硫脱硝脱汞的实验，实验结果表明脱硫和脱汞效率都达到了 100%，NO 则完全被氧化为 NO_2，且氮氧化物去除效率为 60%左右。实验还发现 SO_2 对脱硝和脱汞过程有重要影响，当烟气中缺少 SO_2 时，脱硝和脱汞效率均有不同程度的下降；此外，NO 对脱汞过程也有类似的影响。从经济性角度来讲，尽管 $NaClO_2$ 可获得较高的脱硫脱硝效率，但其成本较高，因此运行成本偏高限制了该试剂的工业应用。考虑到上述原因，有学者通过向 $NaClO_2$ 中加入添加剂来降低其运行成本。赵毅等利用 $NaClO_2/NaClO$ 进行了同时脱硫脱硝实验研究，在 NaClO 和 $NaClO_2$ 摩尔比为 4、pH 值为 5、反应温度为 50℃的条件下，脱硫脱硝效率达到了 100%和 85%。这种方法不仅降低了成本，而且提高了脱硝效率，具有很好的应用前景。

　　根据 Cosson 的研究，UV 照射 $NaClO_2$ 也可产生大量的 $ClO\cdot$、$O\cdot$ 和 ClO_2，然后 $O\cdot$ 可与水反应生成 $HO\cdot$。Yang 等人提出了一种间接 $UV/NaClO_2$ 方法来去除 NO，首先使用 UV 辐射 $NaClO_2$ 溶液进行预处理，再用预处理后的 $NaClO_2$ 溶液进行烟气脱硝。结果表明，经紫外预处理的 $NaClO_2$ 溶液对 NO_x 的去除有明显的促进作用。$NaClO_2$ 光分解产生的 ClO_2 对 NO 的去除效果显著，随着紫外光照射时间从 0 增加到 600s，NO 的去除率由 28% 提高到 77%，随着 $NaClO_2$ 浓度的增加，NO 的去除率也随之提高。据报道，$ClO^.$ 对新兴污染物和微污染物的反应活性和选择性均高于 $HO^.$。因此，$ClO^.$ 在去除 SO_2、NO 和 Hg^0 方面可能更有用。为此，Hao 等人开发了一种新型 AOP 方法，即 $UV/NaClO_2$，来去除 NO 和 Hg^0。研究还发现 NH_4OH 对 $UV/NaClO_2$ 脱硫脱硝有很好的协同作用，NH_4OH 的存在抑制了 NO_2 的生成和 ClO_2 的产生，NO 转化率达 98.1%。ESR 测试证实了 $HO^.$ 和 $ClO^./Cl_2O_2$ 在 NO 氧化中的作用。计算得到的八田数，即增强因子，在无紫外线和有紫外线时分别为 229~403 和 730~780，表明 NO 氧化属于快速和瞬时反应。用原子荧光光谱法测定了反应体系中汞的浓度分布，结果表明 NH_4OH 的加入有助于保存和稳定 Hg^{2+}，但升温加速了 Hg^{2+} 的释放，SO_2、Br^- 和 HCO_3^- 的加入促进了 Hg^0 的氧化。总的来说，Hg^0 的氧化是由 $ClO_2/ClO^./Cl_2O_2/HO^.$ 共同控制的，NO 和 Hg^0 的去除机理如图 1-4 所示。

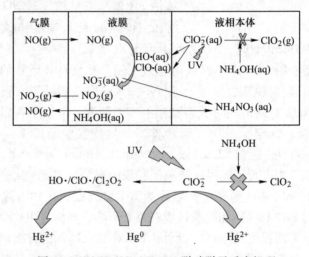

图 1-4　$UV/NaClO_2-NH_4OH$ 脱硝脱汞反应机理

氯酸盐脱硫脱硝工艺也是新兴的湿式烟气净化技术之一，该工艺采用氧化吸收塔和碱式吸收塔两段工艺。氧化吸收塔是采用氧化剂 $HClO_3$ 来氧化 SO_2 和 NO_x 及有毒金属，碱式吸收塔则作为后续工艺采用 Na_2S 和 NaOH 作为吸收剂，吸收残余的碱性气体，其脱硝效率可达 95% 以上。该技术的优点是无催化剂使用、对入口烟气浓度范围限制不严格、操作温度为室温、有很好的同时脱硫脱硝脱汞的效果。但是主要缺点是产生酸性废液，经过浓缩等处理，可作为酸原料使用，但存在运输及贮存等问题，氯酸及其二次含氯氧化剂对污染物控制设备的腐蚀较为严重，对材料、工艺要求较严格，增加了基建及运行费用，且运输较困难。

1.3.1.3 过氧化氢氧化法

过氧化氢（H_2O_2）是一种绿色廉价的氧化剂，纯 H_2O_2 是淡蓝色的黏稠液体，工业用 H_2O_2 为其 30% 的水溶液。H_2O_2 在高级氧化工艺中已得到了广泛应用，其可通过催化活化产生 $HO\cdot$。近年来，很多学者对 H_2O_2 及其高级氧化法净化烟气做了深入研究。

朱贤等人在喷雾干燥系统中，将 H_2O_2 加入到增湿水中进行了同时脱硫脱硝研究。结果表明当采用 H_2O_2 水溶液增湿 $Ca(OH)_2$ 脱硫时，脱硫效率随着 H_2O_2 溶液浓度的增加有较大的提高。当 H_2O_2 浓度为 1%～3% 时，脱硫效率提高了 15%～20%。当采用 H_2O_2 水溶液增湿 $Ca(OH)_2$ 单独脱硝和同时脱硫脱硝时，其脱硝的效果并不明显，脱硝效率仅为 5% 左右，而其脱硫效率有明显的提高。Zhou Yuegui 等在半干法脱硫工艺中，利用 H_2O_2 来促进钙基吸收剂对 SO_2 的吸收并取得了成功。此外，为了改进湿法脱硫系统进而实现同时脱硫脱硝的目的，郭天祥等人进行了 H_2O_2-NaOH 同时脱硫脱硝实验研究，并深入探讨了其反应机理，研究结果表明 H_2O_2 溶液脱硫脱硝效率随溶液 pH 值升高而增大，随着 H_2O_2 浓度增加而增加，随着气速加快而减小。通过产物分析推断出了复合吸收剂同时脱硫脱硝过程的反应机理，研究结果表明 H_2O_2 溶液在碱性溶液中不稳定，氢氧根离子在 H_2O_2 分解过程中起到催化剂作用。

Fenton 体系及类 Fenton 体系烟气净化技术是近年来发展起来的一种烟气净化技术。其原理如下：在 H_2O_2 中加入一定量的铁离子能形成 Fenton 试剂，在此过程中，该体系能产生氧化性极强的 $HO\cdot$。李彩亭等制备了 Fenton 试剂，并进行了同时脱硫脱硝实验，其考察了 H_2O_2 浓度、Fe^{2+} 浓度、初始 pH 值、UV 照射情况和反应温度对脱硫脱硝效率的影响。结果表明，SO_2 和 NO 脱除率随着 H_2O_2 浓度和 Fe^{2+} 投加量的增大而提高；初始 pH 值对脱除 SO_2 和 NO 有较大影响；UV 的存在能促进 SO_2 和 NO 的去除；反应温度变化对脱硫效率影响不大，但对 NO 脱除有较大的影响，适当升温可以提高脱硝效率。通过单独脱硝和同时脱硫脱硝的对比实验发现，SO_2 的加入对 NO 的脱除效率有一定的促进作用。其最佳脱除效率分别为 80% 的脱硝效率和 98% 以上的脱硫效率。

UV 照射 H_2O_2 亦可产生大量 $HO\cdot$。刘杨先等利用 UV/H_2O_2 体系进行了同时脱硫脱硝的实验研究，结果表明：在此体系下，脱硫效率始终稳定在 100%；UV 和 H_2O_2 在脱硝过程中存在协同作用，随着紫外灯功率和 H_2O_2 浓度的增加，脱硝效率迅速增加。此外，该课题组对液相 H_2O_2 脱硝的传质动力学和反应动力学做了深入研究。Tokos 等考察了 H_2O_2 对单质汞的氧化效果，发现单一 H_2O_2 作为氧化剂不能较好的脱除 Hg^0，反应过程中需添加其他活性成分来提高脱汞效率。

1.3.1.4 过硫酸盐氧化法

过硫酸盐包括过一硫酸盐（PMS）和过二硫酸盐（PDS 或 PS），是一种高效、环保、价格相对低廉的氧化剂，已在 TOC 去除、纸张漂白和地下水污染物降解中得到了应用。相比于 H_2O_2，过硫酸盐具有更强的稳定性。在普通条件下，过硫酸盐可稳定存在，但在过渡金属、加热、辐射照射、H_2O_2 或碱性活化的条件下，过硫酸盐可以生成硫酸根自由基（SO_4^-，$2.5\sim3.1V$），并且在不同 pH 值条件下，自由基的形态分布也不同，在酸性条件下以 SO_4^- 为主，在碱性条件下以 HO^- 为主，同时，过硫酸盐在碱性条件下可以生成 H_2O_2，因此其可与 H_2O_2 发生链式反应并组成复合氧化剂。

Chenju Liang 等利用铁活化 PDS 来降解水中和土壤中的三氯乙烯、四氯乙烯和奈，取得了良好的效果，并对反应动力学做了研究。Xiaogang Gu 等利用热力活化 PDS 来氧化降解 1，1，1-三氯乙烷，实验结果表明：在反应温度为 50℃、PDS 与 TCA 摩尔比为 100∶1 时，反应持续两小时可以完全降解 TCA，并发现氯离子和碳酸氢根离子对 TCA 降解具有抑制作用，而且，酸性条件利于 PDS 氧化降解 TCA。Rachel H. Waldemer 利用热力活化 PDS 来降解氯乙烯，并对降解产物和反应动力学做了深入研究。Nymul E. Khan 等利用 PDS 溶液在鼓泡反应器中氧化吸收 NO，其考察了 PDS 浓度、反应温度、pH 值和氯化钠含量对 NO 去除效率的影响，在溶液中含有 0.1mol/L 的 PDS 和反应温度为 90℃ 的条件下，实现了脱硝效率 92%，并发现脱硝效率受 pH 影响较小，受氯离子影响较大。Liu 等人开发了 VUV/heat/PMS 同时脱除 SO_2 和 NO 的系统；PMS 产生的 SO_4^- 和 HO^- 以及 O_2 产生的 O^-/O_3 对 NO 的脱除起着重要作用。由于 SO_2 在水中的溶解度和反应性很高，所以在所有实验条件下都能完全去除。SO_2 和 NO 同时去除率最高分别达到 100% 和 91.3%。在撞击流反应器中采用 UV-heat/PS 时，NO 和 SO_2 的同时去除率分别为 96.1% 和 100%。Adewuyi 等人同时建立了热与 Fe^{2+} 联合活化 PDS 同时脱除 NO 和 SO_2 的系统。结果表明，SO_2 和 Fe^{2+} 的存在均提高了 NO 的去除率，SO_2 几乎完全去除。在 SO_2 存在下，NO 的稳态转化率由 30℃ 时的 77.5% 提高到 50℃ 时的 80.5% 和 70℃ 时的 82.3%。

1.3.1.5 超价金属离子氧化

高铁离子（Fe(Ⅳ)）作为一种常用的水处理剂在污水处理领域得到了广泛应用，但其作为烟气净化试剂却鲜有报道。赵毅等利用高铁离子在鼓泡反应器中进行了脱硫脱硝脱汞的实验，结果表明：在高铁浓度为 0.25mmol/L、溶液 pH 值为 8、烟气流速为 1L/min、反应温度为 320K 的条件下，脱硫脱硝脱汞效率分别达到了 100%、64.8% 和 81.4%，产物检测表明 FeO_4^{2-} 和 $HFeO_4^-$ 是主要的氧化物种。此外，赵毅等也制备了超价 Ni 离子（DPN）和超价 Cu 离子（DPC）溶液，并进行了同时脱硫脱硝脱汞实验。最佳反应条件如下：DPN 溶液浓度为 6×10^{-3}mol/L，反应温度为 50℃，pH 值为 8.5，入口汞浓度为 $19\mu g/m^3$，SO_2 浓度为 $1250mg/m^3$ 和 NO 浓度为 $410mg/m^3$，所得的脱硫脱硝脱汞效率为 98%，

56.2%和86.2%。DPC溶液浓度为6mmol/L，反应温度为50℃，pH值为9.0，入口汞浓度为19μg/m³，SO_2浓度为2400mg/m³，NO浓度为500mg/m³，所得的脱硫脱硝脱汞效率为98%，56.8%和90%。

1.3.2 湿式吸收法

1.3.2.1 Fe(Ⅱ)-EDTA络合吸收法

湿式络合吸收工艺是向溶液中添加络合物来提高NO的吸收，反应原理是NO与吸收剂发生络合反应而实现脱硝，常用的络合吸收剂包括了乙二胺四乙酸（EDTA）、氨三乙酸（NTA）和巯基化合物（—SH）。工艺实施过程如下：当燃煤烟气通过含有Fe(Ⅱ)-EDTA的溶液时，NO与Fe(Ⅱ)-EDTA形成亚硝酰亚铁螯合物，配位的NO与SO_2、O_2反应生成N_2、N_2O、连二硫酸盐、硫酸盐和Fe(Ⅲ)-EDTA等螯合物。而且在反应过程中还需要向溶液中添加抗氧化剂或还原剂，抑制Fe^{2+}氧化；但由于络合剂再生反应缓慢、易生成难处理的副产物，加之投资和运行成本较高，这些缺点影响了其工业化应用。基于以上问题，王莉等研究了一套基于再生及资源化技术的、成本较低的Fe(Ⅱ)-EDTA湿法络合脱硝工艺，并进行了工业化试验，取得了65%左右的脱硝效率。

在美国能源部资助下，Dravo公司进行了氧化镁增强石灰配合Fe(Ⅱ)-EDTA的联合脱硫脱硝工艺中试试验，试验得到60%以上的脱硝率和99%的脱硫率。Lu等人制备了Fe(Ⅱ)Cit/Fe(Ⅱ)EDTA复合吸收液，并在生物膜系统中进行了脱硝实验研究，其考察了烟气共存气体（如O_2、NO、SO_2等气体）和空塔气速对脱硝效率的影响。在最优试验条件下，脱硝效率可长期稳定在90%以上。Long利用Fe(Ⅱ)-EDTA及活性炭催化亚硫酸再生系统进行了同时脱硫脱硝实验，并考察了活性炭、Fe(Ⅱ)-EDTA浓度、Fe(Ⅱ)/EDTA摩尔比、SO_2分压、NO分压和SO_4^{2-}浓度对脱硫脱硝效果的影响。研究结果发现，活性炭不仅催化还原了铁离子，而且还抑制了N_2O的释放，同时，增加Fe(Ⅱ)-EDTA和SO_2的浓度有利于脱硝反应。此外，马双忱考察了Fe(Ⅱ)-EDTA促进$(NH_4)_2SO_3$吸收NO的效果，并探索了Fe(Ⅱ)-EDTA在反应过程中的形态迁移变化。其对反应温度、溶液pH值、Fe(Ⅱ)-EDTA浓度以及共存气体对同时脱硫脱硝效率的影响进行了深入探索，在最优实验条件下，脱硝效率可以稳定在80%以上。

1.3.2.2 六氨合钴络合吸收法

在现有湿法脱硫的基础上，添加Co(Ⅱ)可有效改进脱硫效果并实现同时脱硝，因此，近年来，众多学者利用六氨合钴溶液进行了同时脱硫脱硝实验研究。Long等改进了氨法脱硫体系，在向其中加入六氨合钴配离子后，该体系兼具了较好的脱硝效果，而消耗过的Co(Ⅲ)可进行活性炭催化还原再生，实验考察了溶液pH值、反应温度、活性炭粒径、空塔气速对催化还原反应的影响。Long在后续的研究中，为了抑制 Co(Ⅱ) 的氧化以及减少活性炭的用量，利用 I⁻ 为还原剂进行了同时脱硫脱硝实验。在紫外照射的条件下，脱硫脱硝效率有了大幅度提高，并且，烟气中的 SO_2 有利于脱硝反应，在最佳实验条件下，同时脱硫脱硝效率分别达到了 100% 和 95%，产物表征结果表明脱硫脱硝的产物为硝酸铵和硫酸铵，其可用于农业化肥。

1.3.2.3　尿素吸收法

尿素是一种还原剂，烟气与尿素溶液接触后，NO_x 被还原成 N_2，尿素则转化为 CO_2 和 H_2O；SO_2 与尿素反应生成硫酸铵，可作为肥料利用。这种技术工艺流程简单、操作人员少、设备易操作和维护、投资和运行费用低。

岑超平等人利用工业装置，在尿素溶液浓度为 70~120g/L、反应温度 70~95℃ 的条件下，实现了 86% 的脱硫效率和 89% 的脱销效率。但是处理的烟气量较小。有研究者也进行了烟气量为 $800m^3/h$ 的尿素联合脱硫脱硝试验，试验采用 CaO 和漂白粉悬浮液作为吸收剂，在 pH 值为 8、液气比为 $1.5L/m^3$ 的条件下，尿素+石灰浆液脱硝效率为 30%，脱硫效率达到 98%；使用漂白粉悬浮液时，在 pH 值在 6~6.5、液气比为 $3.5L/m^3$、浆液浓度为 5% 的条件下，脱硝效率达到 52.1%，脱硫效率为 95.3%。熊源泉等人也开展了尿素同时脱硫脱硝试验研究，其制备了尿素/铵根溶液、尿素-碳酸氢铵/添加剂和尿素/三乙醇胺等复合吸收液，考察了不同操作条件下湿法同时脱硫脱硝特性，并对吸收反应后溶液中的离子浓度和 pH 值进行了分析与研究。研究发现：在尿素/铵根溶液脱硫脱硝过程中，溶于液相中的氧对 NO 具有一定的氧化作用，而 NO 气相氧化是脱硝的主要作用机制；O_2 的存在是添加剂起催化作用的必要条件，S 的存在对 NO 的吸收起到了协同促效作用. 实验研究还发现，不同的添加剂对脱硫脱硝的作用机制和效果不同，醇胺类添加剂具有缓冲和催化作用，且混合醇胺的效果更好。实验中尿素溶液的脱硫效率最高，而单一氨水溶液的脱硝效率最低；尿素能抑制亚硝酸分解生成 NO，碳酸氢铵的加入使得吸收液的 pH 值下降明显，不利于氮氧化物的脱除。并且，增加多元溶剂中碳酸氢铵浓度不利于 NO 的脱除，而 5% 尿素、5% 碳酸氢铵/三乙醇胺（0.015%）多元溶剂的脱硝效率仅比 10% 的尿素/三乙醇胺（0.015%）溶液低约 9%，脱硝效率仍可达 63% 以上，脱硫效率高达 97% 以上，但其吸收剂成本比后者低近 30%。

1.3.3　半干法技术

半干法烟气脱硫脱硝技术是一种反应过程中有液相氧化剂或吸收剂参与，而最终的脱除产物为干态的一种技术。目前，已有许多先进的半干法烟气脱硫脱硝脱汞技术，主要包括喷雾干燥法（Spray Dryer Absorber，SDA），电子束法（EB）、低温等离子体技术法（NTP）以及烟气循环流化床（CFB）脱硫技术。

1.3.3.1 喷雾干燥法

喷雾干燥法是利用喷雾干燥的原理，将吸收剂以雾状形式喷入吸收塔内，使吸收剂与烟气中的 SO_2 发生反应，并通过烟气中的热量使物料中水分蒸发，脱硫后的废渣以干态灰渣形式排出。气相悬浮烟气脱硫技术采用双流体喷浆系统将石灰浆液从底部注入吸收塔并采用灰循环的方式。增湿灰循环脱硫技术是将 CaO 粉（粒径在 1mm 以下）与除尘器收集的大量循环灰进行混合增湿到含水量 5% 左右，然后将此混合物导入烟道反应器。

1.3.3.2 电子束技术

电子束同时脱硫脱硝技术是利用被电子加速器加速过的自由电子来轰击反应器内的烟气，轰击后的烟气将产生大量的自由基，如 $HO^{\cdot}$、$HO_2^{\cdot}$、O_3 等，这些自由基与 SO_2、NO 反应，并最终与喷入的氨水反应生成硫酸铵和硝酸铵颗粒。图 1-5 为电子束烟气处理流程图。

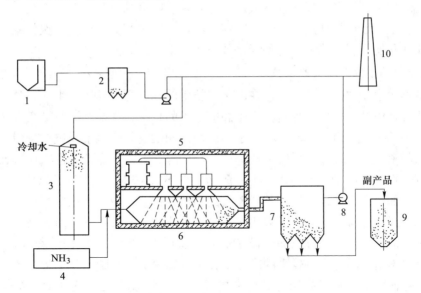

图 1-5 电子束烟气处理流程图

1—锅炉；2—静电除尘器；3—冷却塔；4—氨量罐；5—电子束发生器；
6—反应器；7—干式集尘器；8—引风机；9—储罐；10—烟囱

有学者利用电子束法在反应温度 70℃、电子束辐射剂量 40kGy 的条件下，获得了 98% 的脱硫效率和 80% 的脱硝效率；该研究还发现，微波能极大地提高 SO_2 和 NO_x 的脱除效率，而且微波有利于提高电子束利用效率并降低反应能耗。Ahmed 等进行了脱除燃油烟气污染物的相关实验，在电子加速器峰电压为 800keV、电子束功率为 20kW 的条件下，脱硫效率和脱硝效率分别达到了 98% 和 82%；影响 SO_2 脱除效率的主要因素有氨水加入量、烟气温度、烟气湿度和电子束辐射剂量等，电子束辐射剂量也是影响 NO 脱除效率的主要因素。

从电子束法工业应用来看，该技术获得了部分成功。日本新名古屋火电厂的电子束烟气处理中试装置结果显示影响脱硫脱硝效率的主要因素是辐照剂量和烟气温度。在一定范围内，脱除效率随着辐照剂量增大而迅速增大，但是当过某一个值后，脱除效率趋于稳定。温度也是一个重要影响参数，温度每升高 5℃，脱硫效率约下降 10%。Nagoya 火电厂建成了 1 台 220MW 电子束烟气处理系统，使脱硫效率达到 97%，脱硝效率达到 88%，电子束辐射强度为 10kGy。在节能研究方面，有研究人员将电子束辐射强度由 10kGy 降到了 5kGy，同样取得了较好的脱硫脱硝效率。我国成都热电厂投建了 200MW 机组电子束法联合脱硫、脱硝示范工程，实际运行脱硫效率和脱硝效率分别达到了 86.8% 和 17.6%。目前，电子束技术并没有得到广泛应用，限制其发展的主要原因是电子加速器价格昂贵，电子枪寿命短，系统运行和维护费用偏高以及 X 射线对人体影响等。但该方法也具有一定的优势：脱硫、脱硝效率较高，分别在 90% 和 85% 以上；工艺简单、占地面积小，适合于旧厂改造；半干法脱硫，不产生废水废渣，避免二次污染；副产品可用作化肥原料，具有一定的经济效益。

1.3.3.3 低温等离子体技术

低温等离子体法（NTP）是在电子束技术的基础之上发展而来的，是一种采用高压脉冲电源替代电子加速器产生高能电子的技术，其是利用非平衡等离子体产生自由基和高能电子，然后在一定的区域内同烟气中的污染物进行反应。该技术的一般流程为：经除尘后的烟气进入冷却塔降温增湿，冷却后进入反应器并喷入氨气，在脉冲电晕放电的作用下，激活后的 SO_2 和 NO_x 经氧化后再与氨反应，生成稳定的硫酸铵和硝酸铵，最后硫酸铵和硝酸铵被副产物收集器收集，净化后的烟气通过烟囱排出。与电子束相比，等离子体法的能量效率比前者高两倍，且所用设备简单，常见的静电除尘设备适当改造后即可投入使用，投资节省 40%。此外该技术对于粉尘也有较高的脱除率，可以集脱硫、脱硝和除尘为一体，大大节省占地面积。但是对高压脉冲电源的要求以及该技术对于处理烟气量等有限制，这些都制约了该方法的推广应用。并且，有研究表明脉冲电晕等离子体法对于 Hg^0 的氧化也有一定的效果。

在 NTP 系统中，高能电子攻击 O_2、H_2O 等气体分子可产生高活性组分（如 $O^{\cdot}$ 和 $HO^{\cdot}$），进而诱导 NO_x、SO_2 和 Hg^0 的氧化。图 1-6 说明了在气体放电条件下 NTP 的化学反应过程。根据不同化学反应的时间尺度，NTP 的化学过程可分为两个过程。在初级过程中，高能电子间的碰撞首先通过高压电场加速，然后导致中性分子的电离、激发和解离，产生正离子、激发态分子和原子以及初级自由基。激发态分子和碰撞反应生成的原子可以诱导中性分子的电荷转移反应，进一步生成初级自由基，如图 1-6 所示。在次级过程中，部分初级自由基通过自由基复合反应生成二次自由基。然后初级自由基和二次自由基协同去除空气污染物。在低温等离子体同时脱硫脱硝方面，研究者们做了大量的工作。Wang 等人利用直流电晕等离子体开展了氧化 NO 和 Hg^0 的实验，反应条件如下：反应温度（80±1）℃，模拟烟气总流量为 3L/min、O_2 浓度为 6%、CO_2 浓度为 12%、H_2O 浓度为 2.3%、汞浓度为（110±5）$\mu g/m^3$。结果表明，负直流放电比正直流放电和 12kHz 交流放电产生了更多的臭氧和更高的 Hg^0 氧化效率。Ko 等人研究了 NO 和 SO_2 对脉冲电晕放电（PCD）氧化 Hg^0 的影响，发现在 O_2(10%) 和 H_2O(3%) 共存的气氛下，Hg^0 氧化未受到 NO 与 $O\cdot/O_3$ 反应的影响，也未受到 SO_2 与 $HO\cdot$ 反应的影响。

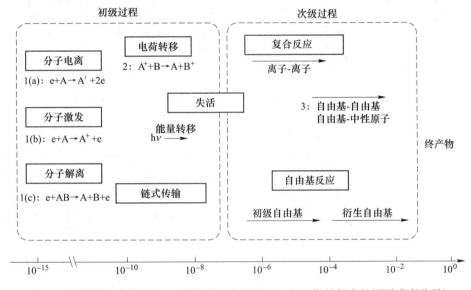

图 1-6　气体放电条件下 NTP 的化学反应过程（A 和 B 指的是中性原子或者分子）

介质阻挡放电（DBD）是近年被广泛采用的另一种 NTP 方法，其特点是在电极间的电流路径上插入一个或多个绝缘层。DBD 法具有操作温区和压力范围宽的优点，实验室实验的操作条件可以扩大到工业应用。Cui 等人开发了一套集 DBD 和湿式电除尘器（WESP）于一体的同时脱除 NO 和 SO_2 的系统，如图 1-7 所示。WESP 在捕获氧化产物和酸性气溶胶方面发挥了关键作用，结果表明，DBD-WESP 组合系统对同时去除 NO 和 SO_2 的效果很好，SO_2 和 NO 的同时去除率分别为 98.9% 和 87.1%。H_2O 和 O_2 的加入增强了对 SO_2 的去除，但抑制了 NO 的去除，这是由于 NO 通过 $N\cdot$、$O\cdot$ 和 $HO\cdot$ 之间的反应进行了再生。同样，An 等人用表面介质阻挡放电等离子体（SDBD）反应器研究了 NO 和 Hg^0 的协同氧化特性。结果表明，H_2O、O_3 和 O_2 对 NO 的氧化有促进作用，NO_2、HNO_3 和 N_2O_5 是 NO 的氧化产物。当 NO 和 Hg^0 的初始浓度分别为 200×10^{-6} 和 $100\mu g/m^3$

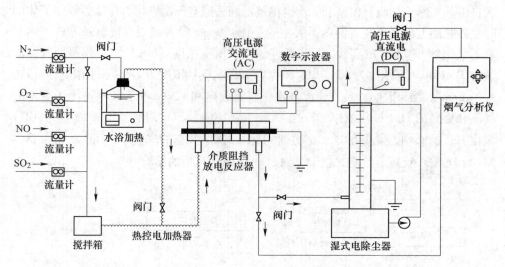

图 1-7 介质阻挡放电（DBD）结合湿式电除尘器（WESP）同时脱硫脱硝反应系统

时，该方法在 301.8J/L 的能量条件下氧化了 92.5%的 NO 和 99.1%的 Hg^0。Bratislav 等利用由 DBD 产生的等离子体进行了同时脱硫脱硝实验，并研究了直接放电和间接放电对脱硫脱硝的影响。直接放电即为烟气直接通入放电区进行反应；间接放电即首先在放电区产生自由基，随后将自由基喷入反应器与烟气反应。通过对比两种方式的效果，得到以下结论：直接放电方式有利于 NO 的氧化，间接放电方式有利于 SO_2 的氧化；在反应过程中，氨水的加入量对 SO_2 和 NO 的去除起到了重要作用。Nasonova 等通过等离子体喷雾沉积（PCVD）技术制备了 TiO_2 催化剂，并利用由介质阻挡放电产生的低温等离子体进行了同时脱硫脱硝实验研究，结果发现介质阻挡放电低温等离子体、TiO_2 光催化混合系统具有很高的脱硫脱硝效率。其中，H_2O 和 O_2 的加入对产生自由基起到了至关重要的作用，而且污染物的脱除效率随着峰电压、脉冲频率和烟气停留时间的增加而增加，随着进气中污染物浓度的增加而降低。另外，Chen 等也对低温等离子体技术脱除 SO_2 和 NO 进行了深入研究，探讨了 O_2、H_2O、CO_2、CO、CH_4、C_2H_4 对 NO 转化的影响。Bai 等利用由低温等离子体激发 H_2O 和 O_2 而产生的 $HO\cdot$ 来进行同时脱硫脱硝实验，脱硫效率达到了 82%，脱硝效率达到了 97%，反应产物为 HNO_3 和 H_2SO_4（实验条件：自由基摩尔分数与（NO+SO_2）摩尔分数之比为 5，进气温度为 65℃，停留时间为 0.94s，H_2O 体积分数为 8%）。Chen 等研究了低温等离子体对 Hg^0 的氧化，结果表明促进 Hg^0 转化为 Hg^{2+} 对汞的去除极为重要；实验也分析了 O_2、H_2O 和 CO_2 对 Hg^0 氧化的影响，并得出：在 Hg^0 体积分数为 6×10^{-9}、O_2 体积分数为 0.1%、气体能量密度达到 114J/L 的条件下，Hg^0 能被迅速氧化；当氧气体积分数达到 8%、水蒸气体积分数为 2%时，Hg^0 的氧化率为80%。许飞等利用脉冲电晕放电产生等离子体来进行同时脱硫脱硝脱汞实验研究，其实验用等离子体发生器为高压高频正极脉冲电晕放电器。实验表明，NO、SO_2 和 Hg^0 的氧化效率主要取决于反应器内自由基（$HO^·$、$HO_2^·$、$O^·$）和活性组分（O_3、H_2O_2 等）的浓度，NO、SO_2 和 Hg^0 的氧化效率随着脉冲峰电压、脉冲频率、自由电子数和烟气停留时间的增加而增加。在优化条件下，NO、SO_2 和 Hg^0 的氧化效率分别达到了40%、98%和55%。

1.3.3.4 烟气循环流化床技术

烟气循环流化床脱硫工艺是一种简单有效的脱硫技术，其主要包括圆柱形反应器、用于分离床料循环使用的旋风分离器、石灰浆液制备及喷入三个部分。从锅炉出来的烟气进入反应器的底部与雾化的石灰浆混合，反应器内的石灰浆在干燥过程中与烟气中的 SO_2 及其他酸性气体进行中和反应。烟气经旋风分离器分离粉尘后进入电除尘器或滤袋式除尘器，然后符合标准的清洁气经烟囱排放到大气中。烟气循环流化床同时脱硫脱硝技术是基于氧化法而来，在脱硝的同时也有一定的脱汞能力，而硫硝汞的脱除亦受到钙基吸收剂有效成分、添加剂量、吸收剂中水分含量、O_2 浓度等影响。烟气中汞浓度越高，吸收剂比表面积越大，反应温度越低，汞的脱除效果越好，同时，硫硝汞之间也存在竞争反应。赵毅等制备了一种新型复合吸收剂并进行了烟气循环流化床同时脱硫脱硝实验研究，吸收剂组分包括了钙基吸收剂和含氯氧化剂。在优化条件下，SO_2 和 NO 的去除效率分别达到了96.5%和73.5%。另外，该课题组还制备了以高铁盐为主的高活性吸收剂，考察了高铁浓度、增湿水 pH 值、进气温度、烟气停留时间、$Ca/(S+N)$ 的摩尔比以及烟气停留时间对脱除 SO_2 和 NO 的影响。在高铁浓度为 0.03mol/L、增湿水 pH 值为 9.32、进气温度为 130℃、烟气停留时间为 2.2s 以及 $Ca/(S+N)$ 的摩尔比为 1.2 条件下，脱硫效率和脱硝效率分别达到了96.1%和67.2%。此外，$NaClO_3$ 也可作为吸收剂来进行同时脱硫脱硝脱汞，且 SO_2 的存在起着关键作用：SO_2 与 $NaClO_3$ 在 220℃ 以上反应生成 Na_2SO_4 和气态含氯物质（$OClO$、ClO 和 Cl），而 NO 和 Hg^0 单独存在对 $NaClO_3$ 没有反应。由于 $NaClO_3$ 与 SO_2 反应生成的气态含氯物质，NO 和 Hg^0 仅在 SO_2 共存的条件下被 $NaClO_3$ 氧化。

1.3.4 气固相吸附/吸收法

近年来，气固相吸附/吸收法同时脱除烟气多污染物也是一个热点研究，尤其是针对 Hg^0 的脱除是一个重点研究。气固相吸附/吸收法是一种基于物理/化学吸附为主的污染物脱除技术，其主要利用的是具有多孔结构、大比表面积、强吸附能力以及选择性较强的吸附剂或吸收剂。常见的多孔吸附剂有活性炭（活性炭颗粒、活性炭纤维以及碳纳米管等）、活性焦和沸石分子筛等，常见的吸收剂有钙基吸收剂以及改性粉煤灰等。

1.3.4.1　活性炭法

活性炭分为热力活性炭和化学活性炭，二者的吸附过程都兼具有物理吸附和化学吸附。活性炭具有良好的孔隙结构以及丰富的表面基团，既可以作载体，也可以作还原剂，在烟气净化中有着广泛的运用。

活性炭在氧气和水蒸气的存在下，可直接吸收烟气中的 SO_2，从而完成 SO_2 的脱除，然后喷入的氨气进而完成 NO_x 的脱除。吸附了众多污染物的活性炭被送到解吸塔，在温度约 400℃ 条件下加热再生。再生过的活性炭冷却后再循环至吸收塔可继续使用，其 SO_2 脱除率可达 98% 左右，NO_x 的脱除率在 80% 左右。该方法对烟气中的烟尘、SO_3 和碳氢化合物等也有一定的脱除能力。考虑到活性炭循环使用以及操作简单、节省投资等优点，该方法有很大的发展空间。但是由于对活性炭的消耗量大、运行费用高、能耗高等各种缺点，该方法仍需进一步改进。改进的方法主要是对活性炭进行化学改性来改变其空隙结构或孔径分布，或在活性炭表面引入或去除某些官能团以改变其表面酸碱性，提高活性炭的脱除性能。

活性炭对汞具有很好的脱除效果，该过程是一个复杂过程，它包括：吸附、凝结、扩散和化学反应等过程。活性炭脱汞与其自身的物理性质（粒径、孔径、比表面积）、烟温、烟气成分、停留时间、烟气中汞浓度、C/Hg 比等因素有关。活性炭喷入技术（ACI）是最具代表性的活性炭脱汞技术，ACI 技术分为两种：ESP 前喷射技术和基于 FF 的前喷射技术。ESP 前喷射技术对系统改造简单、成本低，但活性炭粉的喷入，会降低粉煤灰品质，并且造成 ESP 负荷变大，对系统的稳定运行产生一定影响；FF（布袋除尘）前喷射技术，不影响粉煤灰品质，对系统的稳定运行影响很小，但对未加装 FF 的电厂需要较大的改造，成本相对较高。ACI 脱汞技术主要的影响因素为活性炭喷射量、烟气 Hg 浓度、停留时间、烟温、烟气成分、除尘设备等因素。燃煤烟气的特点是烟气量大、汞浓度低，因此所需活性炭喷射量大，C/Hg 比；随着烟温升高，活性炭脱汞效率降低，活性炭喷入量增加，说明活性炭脱汞的物理吸附强于化学吸附；汞浓度的增加有利于提高脱汞效率，这是由于汞浓度过低使其扩散能力很差，很难达到吸附动力学要求，Hg^0 浓度升高时，Hg—C 间吸附推动力增加，导致吸附力增强；增加活性炭在烟道停留时间有助于 Hg 的吸附、氧化，因此利用循环流化床工艺可以增加停留时间和湍流效果，利于 Hg^0 的脱除；烟气成分也会对活性炭脱汞产生重要影响，SO_3 的存在大大降低活性炭对汞的吸附效率，因为 SO_3 对活性炭活性中心的吸附能力强于 Hg^0，但同时，SO_3 被吸附后形成的 S—C 键，又有利于 Hg^0 的吸附形成 Hg—S，但前者的作用强于后者，产生的表观结果是 SO_3 会降低活性炭脱汞效率。

活性炭喷射技术脱汞效果优异，但其可与多种污染物进行反应，因此其消耗量大、成本昂贵。活性炭的汞吸附能力较低，脱附速率慢，脱附率低，这也导致其再生性能较差，不能满足循环利用的要求。为了提高活性炭经济性，众多学者对其进行了改性研究，改性后的活性炭吸附效果更好。改性方法主要有：渗硫、渗氯、渗溴、渗碘、$ZnCl_2$ 改性、$FeCl_3$ 改性、载银、吸附 H_2S 等改性方法。渗硫改性活性炭，形成 S—C 键，当烟气通过时，Hg^0 与 S 形成 S—Hg 沉积于活性炭空隙中，脱除率达 99% 以上。利用负载硫氯化合物的活性炭于较高温度条件下脱除 Hg^0，发现 Hg^0 的去除率在长时间范围内保持较高水平，穿透时间延长，去除率与硫氯化合物负载率成正比，与反应温度和汞浓度成反比。载银活性炭是一种新方法，该法因具有高吸附再生能力而拥有广阔的应用前景，有研究表明，用载银活性炭处理汞浓度为 0.10~0.70mg/m³ 空气时，脱汞效率达 95% 以上，并可在 350℃进行汞的脱附，回收利用 Hg^0，再生后载银活性炭可以恢复吸附性能，但该法存在处理烟气量小的缺点。除此之外，生物质物质和活性炭还应改性一些具有氧化能力的基团以去除 Hg^0。卤化铵改性稻壳炭对 Hg^0 的去除率可提高到 72%~90%，且随着浸渍液 pH 值的降低，其除汞能力随阳离子的变化而变化，且在高浓度 SO_2 和 NO 的情况下，Hg^0 的去除率可保持在 80%~90% 左右。卤化铵改性 RHC 吸附剂对燃煤烟气中 SO_2/NO 去除的协同效应。

活性炭纤维（ACF）在吸附汞的过程中，其表面含氧、含氮官能团以及水分对汞的吸收，特别是对 Hg^0 的吸附氧化有促进作用。许绿丝等利用不同浓度氨水溶液来催化处理活性炭纤维吸附的汞，结果表明氨水活化了活性炭纤维，能将易挥发难捕捉的 Hg^0 转化为低挥发性、易溶于水的 Hg^{2+}。经 Fe^{3+} 活化过的 ACF 也具有高反应性，能将 Hg^0 氧化。Fe^{3+} 改性 ACF 机理研究表明：改性后的 ACF 与汞发生了化学吸附，在吸附过程中发生电子转移或原子重排以及化学键的断裂与形成过程，并发现其在较高温度时更有利于反应进行，符合化学吸附特征。基于上述研究，可在 SCR 装置后加装一层活性炭纤维（ACF）吸附层，并进行浸 $FeCl_3$ 溶液或者喷氨活化，实现 $Hg^0 \rightarrow Hg^{2+}$，进而被 WFGD 系统吸收。

1.3.4.2 活性焦法

活性焦是以褐煤为主要原料而加工出的一种具有吸附和催化双重性能的粒状物质，其具有良好的孔隙结构、丰富的表面基团，同时具有较好的化学稳定性和热稳定性，还具有一定的负载性能和还原性能，因此其既可作为载体制得高分散的催化体系，也可作还原剂参与反应。根据其特点而开发出的工艺主要有以下优点：运行过程中耗水及产生的废水少、活性焦可再生和硫化物可回收、该方法在烟气处理前无需加热、无需水处理、工艺简单，占地面积小；同时又有诸如硫、硫酸等副产品的生成，有效地实现了硫的资源化。其缺点有：喷射氨引起活性焦的黏附力增大，易造成塔内气流分布不均匀；氨对管道有一定的腐蚀性且易引发二次污染；氨的储备和使用对于安全生产有不可低估的威胁。

活性焦脱硫脱硝过程分为两段，第一段实现脱硫，在第二段的工艺内喷入氨气实现脱硝，在这两段工艺中汞均会被脱除。在吸收塔内，活性焦由于重力的因素从顶部下降至底部；烟气则由下而上，在吸收塔的下段烟气中 SO_2 被脱除；流经上段时，通过喷入氨达到除去 NO 的目的；而烟气中的汞则被活性焦吸附除去。吸附饱和的活性焦进入解吸塔后，将其加热到 400℃ 左右，解吸出活性焦微孔中的 SO_2，活性焦得以再生。解吸塔中 SO_2 气体通过高温离心风机抽出，用于生产硫酸、SO_2 或硫磺等。进一步研究表明活性焦联合脱硫脱硝时，反应温度和空塔流速是影响其脱除效率的主要因素；SO_2 的脱除是活性焦的直接催化和部分硫铵生成的结果，NO 的脱除与活性焦中 NH_3 的催化还原反应密切相关。而对于脱汞性能，通过在活性焦内加入氯酸钾和氯化钾进行改性，脱汞能力也有极大地提升。华晓宇等人的研究显示，活性焦脱硫脱汞机理主要是通过活性焦表面的含氧官能团作为氧化吸附 Hg^0 和 SO_2 的活化中心，烟气中的氧原子吸附到活性焦表面形成化学吸附态氧可以将 Hg^0 氧化为 HgO，SO_2 氧化成 SO_3，在一定水蒸气含量下形成硫酸而被脱除。根据上述机理 SO_2 与汞会在活性焦表面产生竞争吸附，高浓度的 SO_2 会导致脱汞效率的降低。

活性焦烟气脱硫技术已发展有 50 多年，但始终推广缓慢，除了活性焦吸附剂处于不断研发过程外，其工艺也存在其自身的不足：

（1）前期投资大。活性焦烟气脱硫技术与核心设备仍需要进口，国内技术尚未有大型燃煤电厂的应用业绩。

（2）运行成本较高。活性焦在床层中移动的过程会产生一定的损耗；而且床层阻力高，增压风机电耗大；在活性焦解吸工序还需要外供热源将活性焦加热到 400℃ 进行解吸，然后再冷却至 120~160℃ 左右回到吸附塔；在高温解吸过程中还要持续供给 N_2 以防止活性焦燃烧。

（3）系统阻力高。采用单级吸附塔，活性焦烟气脱硫系统阻力将达到 2500Pa 左右；若要求达到 50%~80% 的脱硝效率，则需要采用双级吸附塔，系统阻力将达到 3500Pa 左右；如果入口粉尘浓度高或活性焦破碎严重，则系统阻力还会急剧上升。

（4）脱硫附产物的资源化利用出处要求可靠。对于钢铁或冶金行业，活性焦脱硫的副产物可制成浓硫酸用于酸洗工序，但对于大型燃煤电厂，其副产物只能用于外售，若出路不畅造成浓硫酸的堆积将产生更大的难题。

（5）活性焦法更适合于低粉尘浓度、低 NO_x 浓度的入口条件，高污染物浓度会导致活性焦损耗、电耗、解吸热源等耗量增加。

日本三井矿山株式会社与西德 BF 公司（Beigbou Forsching）最早在活性焦干法烟气脱硫工艺方面进行合作，完成活性焦烟气脱硫、脱硝及除尘的工艺开发并在德国首先进行了示范试验，然后在日本进行试验，试验结果表明活性焦脱硫效率接近 100%，脱硝效率 80% 以上。1987 年，在日本建成的炼油厂烟气脱硫项目是世界上用活性焦法进行烟气脱硫脱硝的第一套装置，随后相继在法国的阿尔贝兹格发电厂（1988 年）及赫克斯特（1989 年）燃煤锅炉烟气系统应用。德国阿茨博格电厂活性焦干法烟气脱硫 1987 年建成，该电厂位于巴伐利亚，由于该地区严重缺水，而活性焦干法烟气脱硫工艺由于水耗基本为零，并且无废水和二次污染，成为电厂上该工艺的主要原因。德国阿茨博格电厂由 2 台炉（电厂 5 号炉和 7 号炉）合用一套活性焦干法烟气脱硫装置，机组总容量相当于 237MW（107MW+130MW）。目前，全世界已建成活性焦烟气净化工业装置接近 20 套，用于处理燃煤烟气、燃油烟气、烧结机烟气、垃圾焚烧烟气和重油分解废气，最大机组已达到 600MW。

1.3.4.3　钙基吸收剂吸收法

钙基吸收剂为目前主流的脱硫剂，其兼具良好的脱汞性能。钙基吸收剂脱汞的主要影响因素是汞的存在形态，$Ca(OH)_2$ 对 $HgCl_2$ 的吸附率达 85%，钙基吸收剂也能很好的吸附 $HgCl_2$，但二者对于 Hg^0 的脱除效率都不高。因此，若想提高钙基脱汞效率，就应该从两方面入手：一是提高其脱除 Hg^0 的活性区域；二是加入氧化剂，促进 Hg^0 氧化成为 Hg^{2+}。

烟气中的 SO_2 对脱汞具有一定的作用，SO_2 对钙基吸收剂吸附 Hg^0 和 $HgCl_2$ 有很大影响，SO_2 与钙基吸收剂的反应产物利于 Hg^0 的吸附，但同时使其孔面积变小，二者共同作用下的表观反应为 SO_2 提高了钙基对总汞的脱除效率。研究表明，粉煤灰与 CaO 在 150℃水蒸气活化下，可同时脱硫脱汞，且吸附剂利用率可以提高 0.8~1.5 倍。

1.3.4.4　改性粉煤灰吸收法

粉煤灰脱汞机理主要是粉煤灰表面的含氧活性中心（以 C＝O 为主）对 Hg^0 的吸附、氧化，这种吸附兼具有物理吸附和化学吸附，这是因为 Hg—C 间的力介于范德华力和化学键之间。

目前，大多数学者认为粉煤灰脱汞主要受煤种、温度、比表面积、粒径、含碳量、烟气成分以及粉煤灰自身无机元素催化作用等因素的影响。粉煤灰中 90%以上的吸附 Hg 存在于 < 0.125mm 粒径的粉煤灰微粒上，说明粉煤灰的粒径、比表面积等特征参数对于 Hg 的脱除有重要影响。汞在粉煤灰表面主要呈富集状态，因此其比表面积越大、停留时间越长、粒径越细微，则 Hg 的相对沉积量越大；粉煤灰比表面越大，Hg^0 与 O_2 接触面越大，越有利于其氧化。另外，粉煤灰捕捉汞的能力随烟温降低而增大，温度小于 400℃时，其吸附能力随停留时间增加而相对增大；温度大于 700℃，Hg^0 被快速释放。粉煤灰元素成分是影响脱汞的另一因素，类晶石型结构的氧化铁是 Hg^0 氧化的活性物质，Hg^0 氧化效率随粉煤灰中磁铁矿含量增加而增加。

彭苏萍等通过模拟实验，研究了燃煤粉煤灰组分对 Hg^0 的吸附脱除特性。粉煤灰中不同类型的孔及比表面积的不同对气相汞的吸附具有明显差异，粉煤灰中未燃尽炭的相关性最大，其吸附性能最强。汞吸附量随粉煤灰烧失量的增长而增大，汞吸附量与吸附时间、吸附温度、载气汞浓度、吸附剂比表面积和孔隙结构有关。烟气成分对粉煤灰脱汞亦有重要影响，粉煤灰吸附 Hg^0 后可与 HCl、SO_2、NO_x 发生反应而被氧化，HCl 和 NO_x 能够直接影响 $Hg^0 \rightarrow Hg^{2+}$ 的转化率，有研究证明 $HgO(s)$—$SO_2(g)$—$O_2(g)$—$H_2O(g)$ 之间的反应可以生成硫酸汞，硫酸汞凝结到粉煤灰表面被脱除，综上说明，烟气 HCl、SO_2 组分有利于 Hg^0 氧化。

粉煤灰是电厂副产物，价廉易得，因此粉煤灰是最具潜力的燃煤烟气脱汞吸附剂。但由于单一粉煤灰脱汞效果一般，因此粉煤灰改性是关键。赵毅等利用改性粉煤灰吸收剂进行了汞吸收实验，分别制备了 3 种吸收剂 A、M 和 N，其中吸收剂 A 为没有添加剂的一般吸收剂；吸收剂 M、N 分别含有添加剂 M、N 的富氧型高活性吸收剂。就单独脱汞而言，吸收剂 A 脱除效率最差，吸收剂 M 和 N 效果相近，当反应温度为 100℃时，在 10min 的反应时间内，汞的脱除效率分别约为 19.8%、46.9% 和 59.8%。

1.3.5 气固相催化法

早些年，欧洲现场测试结果表明，SCR 装置有较高的 Hg^{2+} 转化率。近年来，美国也开展了相关实验，实验结果表明：流经 SCR 反应器的烟气，Hg^{2+} 含量增高，表明 SCR 装置促进 Hg^{2+} 生成。因此，气固相催化脱硝脱汞成为近些年的热点研究，其具体机理如图 1-8 所示：烟气首先经过 SCR 系统，NO 还原为 N_2 和 H_2O，Hg^0 氧化为 Hg^{2+}，生成的 Hg^{2+} 黏附在微粒表面成为 Hg^p，而后通过 ESP 或 WFGD 系统去除，利用 SCR 催化和电除尘器（ESP）或湿法烟气脱硫设备（WFGD）进行联合脱汞已成为当今最具经济效益的脱汞方法。

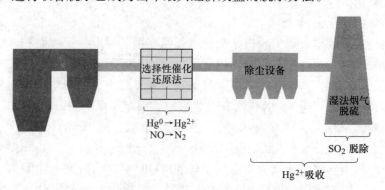

图 1-8 SCR+ESP+SCR 协同脱硫脱硝脱汞原理图

开发优质催化剂是气固相催化协同脱硝脱汞技术的核心。由 V_2O_5、TiO_2 和

WO_3 组成的常规 SCR 催化剂能较好地氧化 Hg^0，但这一组合仍需进一步改进，以提高 Hg^0 的氧化能力和同时保证足够的脱硝能力。图 1-9 总结了 NO 和 Hg^0 协同去除机理，在催化反应过程中发生了以下反应：含过渡金属的催化剂有大量的电子-空穴对，从而有利于氧化还原反应的电子转移和降低反应活化能，因此过渡金属元素通常作为活性组分，比如 Fe、Zr、V、Mn、Cu、Co、Ti 和 Ce。这些金属氧化物通常掺杂或浸渍在基底材料上，以增加催化剂表面积，提高还原 NO 和氧化 Hg^0 的能力，以及增强抗硫抗水能力。溶胶-凝胶技术是制备纳米金属氧化物催化剂的常用方法。通过查阅大量文献可知，目前的研究前沿为催化剂制备方法的创新，其目的是为了制备一种金属活性组分分布均匀、比表面积大的催化剂，并获得较高的污染物吸附能力和氧化还原反应能力。目前，优质的协同脱硝脱汞催化剂应具有以下特征：（1）脱硝能力强；（2）Hg^0 氧化能力强；（3）对 H_2O、SO_2 和碱金属氧化物的抗性较强；（4）最适温度窗范围较宽。根据催化剂中金属氧化物的种类，其可分为两类：（1）商用（V-Ti-W）及掺杂商用催化剂；（2）其他组合金属氧化物催化剂。

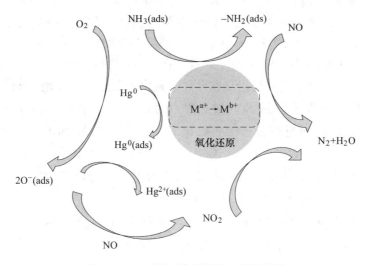

图 1-9 SCR 同时脱硝脱汞反应原理图

1.3.5.1 商用催化剂

商用 SCR 催化剂为 V_2O_5-WO_3/TiO_2，其中以 TiO_2 为载体，V_2O_5 为活性组分，加入 WO_3 作助催化剂，抑制 SO_2 氧化为 SO_3，提高其抗中毒能力。Negreira 等人利用 DFT 计算研究了 WO_3 在 Hg^0 氧化和 NO 还原中的作用，其发现增加 V_2O_5 和 WO_3 的负载量可提高对 Hg^0 的反应性。Hg、Cl、HCl 和 HgCl 在二元单层体系（100% V_2O_5-TiO_2 或 100% WO_3-TiO_2）上的吸附能均低于三元体系（不同 V_2O_5/WO_3 比的 V_2O_5-WO_3-TiO_2）。加入 WO_3 后 SCR 催化剂的活性增加是由于 W

原子周围 O(1)-V 吸附位点的局部活性增加所致。Kamta 等人研究了在 V_2O_5-WO_3/TiO_2 催化剂上 HCl 氧化 Hg^0 和 NH_3 同时还原 NO 的机理，其中新鲜和老化的催化剂均暴露于燃煤烟气中超过 71000h，反应物浓度为 8.92mmol/m³ 的 NO、8.92mmol/m³ 的 SO_2、0.89mol/m³ 的 O_2、4.46mol/m³ 的 CO_2 和 4.46mol/m³ 的 H_2O，其余均为 N_2。实验中将反应物流中的 Hg^0 浓度设置为约 0.055μmol/m³。随着运行时间的增加，在 NH_3 存在下，Hg^0 的氧化效率显著降低，而 NO 的还原率几乎不变，其认为 Hg^0 氧化速率的降低是由于 NH_3 与 Hg^0 在催化剂表面吸附过程中的竞争所致。Lee 等人通过气凝胶、固凝胶和浸渍法制备了三种纳米型 V_2O_5/TiO_2 催化剂，并进行了脱汞实验研究，结果表明气凝胶法制备的催化剂具有最高的比表面积，且含有了最多的 V 位点，有利于 Hg^0 的吸附和氧化反应。其脱汞反应机理符合 Mars-Maessen 机理，在温度高于 400℃ 时，O_2 的存在有利于汞氧化。

商用 SCR 催化剂具有良好的脱硝效果，在工业上得到了广泛的应用，因此通过掺杂一些其他金属组分来改善 Hg^0 氧化效果成为材料科学的主要研究方向之一。有学者利用改进浸渍法合成了 CuO 掺杂的 SCR 催化剂，并进行了同时脱除 NO 和氧化 Hg^0 的实验。实验中，Hg^0 蒸气浓度为 72.0μg/m³，模拟烟气总流量为 1L/min，GHSV 约为 $1.0×10^5h^{-1}$，温度在 150~400℃ 之间。结果表明，Cu_3-SCR 催化剂具有丰富的化学吸附氧和良好的氧化还原能力，这是 CuO 与 V_2O_5 之间的强协同作用的结果。Cu_3-SCR 催化剂中的氧化还原循环 $V^{4+}+Cu^{2+} \rightleftharpoons V^{5+}+Cu^+$ 显著提高了催化剂同时还原 NO 和氧化 Hg^0 的活性。在 Zhao 等人的研究中，CeO_2 的加入也改善了 Hg^0 的氧化，CeO_2 的加入也增强了 Hg^0 的抗水性，研究结果发现 $V_{0.80}WTiCe_{0.25}$ 的 Hg^0 氧化过程受 V_2O_5 与 CeO_2 的共同控制。

1.3.5.2 其他组合金属氧化物催化剂

除商用 SCR 催化剂和金属掺杂商用 SCR 催化剂外，由 MnO_2、CuO、FeO_x、CeO_2、ZrO_2、CoO_x 两种或两种以上活性组分组成的组合催化剂也被广泛用于同时脱硝脱汞。

MnO_x 是 SCR 催化剂中最常见的活性组分之一。研究证明 Mn^{4+} 是浸渍型 MnO_x 的主要价态，因此，提高 Mn^{4+}/Mn^{3+} 的比例可以促进 Hg^0 的氧化，研究发现 5% 和 10% 的浸渍型 MnO_x 催化剂对 Hg^0 氧化和 NO 还原的性能最好，但同时 SO_2 的脱除率也较高。模拟燃煤烟气条件如下：14% 的 CO_2，10% 的 H_2O，6% 的 O_2，$50×10^{-6}$ 的 HCl，$200×10^{-6}$ 的 SO_2，$200×10^{-6}$ 的 NO，$200×10^{-6}$ 的 NH_3。但需要注意的是，SO_2 转化为 SO_3 受产生 H_2SO_4 腐蚀问题。晏乃强等人以 Mn/α-Al_2O_3 为基础催化剂进行了脱汞实验研究。为了提高催化活性和抗硫性，一些过渡金属及稀有金属（Sr、Cu、W、Mo 等）被用来掺杂 Mn/α-Al_2O_3 来改良催化性能。其研究结果表明：在众多掺杂金属中，Mo 具有最好的脱汞效果，其效果甚至优于 Pd/α-Al$_2$O$_3$。在 SO$_2$ 浓度为 500×10^{-6} 的条件下，Mo-Mn/α-Al$_2$O$_3$ 的脱汞效率达到 95%，显著高于未掺杂催化剂。

CuO 作为一种常见的金属氧化物，也常被掺杂到 SCR 催化剂中以提高催化剂的性能。Yang 等人研究了 CuO-MnO$_x$/TiO$_2$ 催化剂（CuMnTi）在 NH$_3$ 存在下同时还原 NO 和氧化 Hg^0 的行为。在 MnO$_x$ 中加入 CuO 有利于在 NH$_3$ 或 SO$_2$ 存在的条件下保留更多的 Hg^0 氧化活性位点。在 175℃和 40000h^{-1} 的高空速（GHSV）条件下，CuMnTi 催化剂的脱硝脱汞效率分别可达到 96.4% 和 100%。Lee 等人制备了 CuCl$_2$-AC 的吸附剂，并与溴化 Darco-AC 进行了脱汞对比实验，发现在停留时间为 0.75s，反应温度为 140℃的条件下，CuCl$_2$-AC 脱汞更为出色。此外，他们对脱汞后的汞形态分布也进行了深入分析。Makkuni 等人制备了硫化物改性 Fe-Cu 催化剂（二硫化硅烷和四硫化硅烷等有机硫为改性剂），并取得了良好的脱汞效果。

由于 CeO$_2$ 在储氧和变价方面的优越性，被认为是一种很有前途的金属氧化物，在催化领域得到了广泛的应用。Chi 等人采用 Ce-Cu 超声辅助浸渍法对 V$_2$O$_5$/TiO$_2$ 催化剂进行了改性，在下述反应条件下获得了较好的脱硝脱汞效率。气体空速（GHSV）约为 45000h^{-1}，入口 Hg^0 浓度约为 30kg/m^3，5% 的 O$_2$、500×10^{-6} 的 NO、500×10^{-6} 的 NH$_3$、1000×10^{-6} 的 SO$_2$，7%Ce-1%Cu/V$_2$O$_5$/TiO$_2$ 在 200～400℃时 NO 转化率高达 97%，在 150～350℃时的 Hg^0 氧化效率高达 75%。该催化剂由于 Ce 和 Cu 原子间的强协同作用，具有丰富的化学吸附氧和良好的氧化还原能力，并且 Ce^{4+} + Cu$^+$ $\rightleftharpoons$ Ce^{3+} + Cu^{2+} 的氧化还原循环极大的增强了催化能力，且因此拥有了较好的抗水抗硫性能。

据报道，ZrO$_2$ 在提高催化剂稳定性、活性和抗中毒性方面具有重要作用。Wang 等人利用 ZrO$_2$ 对 CuO-CeO$_2$/TiO$_2$ 催化剂进行了改性，并提高了其同时脱硝脱汞的效率。结果表明，CuCe/TiZr$_{0.15}$ 催化剂在 Hg^0 氧化（72.7%）和 NO 还原（83.3%）中均表现出显著的催化活性。ZrO$_2$ 的引入增加了 TiO$_2$ 的比表面积，降低了 TiO$_2$ 的结晶度，改善了金属氧化物的分散性。ZrO$_2$ 的加入也加速了配位 NH$_3$ 的形成，产生了更稳定的 Lewis 酸位。Zhao 等人在 ZrO$_2$-CeO$_2$ 中引入 Fe$_2$O$_3$、MnO$_2$ 和 WO$_3$，也提高了同时去除 NO 和 Hg^0 的能力。结果表明，在 250℃以下，V$_{0.01}$Mn/ZrCe 和 V$_{0.01}$Fe/ZrCe 具有较高的活性，在 300～400℃范围内，V$_{0.01}$W/ZrCe 具有较高的活性。

此外，CoO$_x$ 的引入也可以大幅提高催化剂的氧化还原性能。Shen 等人研究了 Fe 和 Co 共掺杂 Mn-Ce/TiO$_2$(MCT) 催化剂在 200℃以下同时脱除 NO 和 Hg^0 的性能。结果表明，与 Fe 或 Co 掺杂的催化剂相比，共掺杂的 Fe/Co-MCT 催化剂对 NO 和 Hg^0 的同时去除效果更好。Gao 等人制备了一系列负载 CoO$_x$-CeO$_2$ 的玉米秸秆生物活性炭（CoCe/BAC）催化剂，并开展了同时脱硝脱汞研究。当使用 15%$Co_{0.4}Ce_{0.6}$/BAC 作为催化剂时，在 230℃ 温度条件下，Hg^0 氧化效率为 96.8%，NO 还原效率为 84.7%。表征结果显示 15%$Co_{0.4}Ce_{0.6}$/BAC 具有较好的孔隙结构、较低的结晶度和较强的氧化还原能力。此外，CoO_x 与 CeO_2 之间也存在协同效应，有利于生成更多的 Ce^{3+} 和 Co^{3+}，诱导更多的阴离子缺陷，产生更多的活性氧和氧空位。Zhang 等人制备了 $Mn_{0.1}/Co_{0.3}$-$Ce_{0.35}$-$Zr_{0.35}O_2$ 催化剂，在 180℃ 和 180000h^{-1} 空速条件下，Hg^0 氧化和 NO 还原的效率分别达到 83.6% 和 89.4%。

除上述金属外，也有学者尝试使用了稀土元素作为 SCR 催化助剂。Gao 等人同时制备了一系列负载 La_2O_3 和 CeO_2（LaCe/AC）的活性焦，同时脱除 NO 和 Hg^0，25%LaCe/AC 催化剂对 NO 和 Hg^0 的去除率分别达到 91.3% 和 94.3%。此外，Wilcox 课题组研发了一系列贵金属催化氧化剂（Au 和 Pd）并进行了脱汞研究，其着重分析了 Hg^0 在贵金属表面的吸附机理并揭示了脱汞机理。

1.3.5.3　载体

除了活性组分，载体对催化反应也十分重要。多污染物催化去除的成功与否在很大程度上取决于气固相界面对目标污染物的吸附能力。催化剂的载体通常是多孔吸附材料，可以分为二氧化硅、碳基、沸石和金属有机框架（MOFs）等。

（1）二氧化硅基载体。介孔二氧化硅具有比表面积大、孔容大、表面活性高等特点，对 Hg^0 表现出巨大的吸附作用，可作为吸附剂和催化剂载体。Li 和 Wu 制备了一种 TiO_2-SiO_2 光催化纳米复合材料，并探究了其在紫外光照射下捕集 Hg^0 的去除和再释放机理。其研究发现吸附和光催化氧化是主要的脱汞机理。二氧化硅材料由于其发达的表面结构，在污染物吸附过程中起到十分重要的作用。在 SiO_2 复合材料中加入 V、Mn 和 Cu 等氧化物可实现同时脱除 SO_2、NO 和 Hg^0。Liu 等人以废稻壳为原料，制备了 MnO_x-CeO_x 负载型介孔二氧化硅催化剂，即 MnO_x20%-CeO_x10%/SiO_2，在 100～300℃ 的宽操作温度下，Hg^0 和 NO 的脱除率可以达到 96% 和 100%；并且该催化剂也可脱除部分 SO_2，这主要是由于 SO_2 催化氧化为 SO_3 所致。

（2）碳基载体。碳基材料（包括活性炭、活性焦和活性炭纤维）是最常见和最廉价的多孔吸附剂，能够同时脱除烟气中的 SO_2、NO 和 Hg^0。玉米秸秆制备的 AC 经 CoO_x-CeO_2 改性后也可同时去除 NO 和 Hg^0。其他廉价的含碳材料，如低阶煤基炭和煤焦也被用来同时去除 SO_2 和 NO。Zhao 等人的研究结果表明，8% CuO-5%MnO_x/AC-H 在 200℃ 时可同时去除 90% 的 Hg^0 和 78% 的 NO，烟气组分为 5%O_2、500×10^{-6}NO 和 500$^{-6}NH_3$。碳基材料在催化剂中的主要作用是吸附反应物，如 SO_2、O_2 等。碳基催化剂脱硫脱硝的反应机理如下：SO_2 吸附形成亚硫酸盐，而后亚硫酸盐氧化为硫酸盐，并存在硫酸盐分解为 SO_3 的副反应；同时，NH_3 存在条件下将 NO 被还原为 N_2。此外，碳基催化剂对烟气中 CO 的脱除也表现出很高的活性，用 CO 作还原剂还原 NO 更为有效，因为 NH_3 在过量 O_2 存在下可能被氧化；SO_2 的存在对 NO 的去除没有影响，NO 的转换效率依然可以达到 80%。

（3）活性氧化铝负载体系。活性氧化铝（γ-Al_2O_3）是一种常见的多孔高活性载体，并兼具催化性能，因此，γ-Al_2O_3 是一种优良的吸附剂和催化剂。有学者将 Cu、CuO 负载于 γ-Al_2O_3 上进行了同时脱硫脱硝研究，以 CuO/Al_2O_3 和 CuO/SiO_2 为主，Cu 的含量为 4%~6%，反应温度为 300~450℃。反应过程中，烟气中的 SO_2 与催化剂反应形成 $CuSO_4$，同时，该催化体系对 SCR 还原 NO_x 亦有很高的催化活性。吸收饱和的 $CuSO_4$ 被送去再生，再生过程用甲烷气体对 $CuSO_4$ 进行还原，释放的 SO_2 可用来制酸。生成的铜和硫化亚铜混合物通过氧化再次生成 CuO。CuO 法经过多年的研究，至今仍没有工业化的报道，主要原因是由于 CuO 在不断的吸附、氧化和还原过程中，物化性能逐步下降，经过多次循环之后就失去了作用。载体 Al_2O_3 或 SiO_2 长期处在含 SO_2 的气氛中也会逐渐失活。此外，虽然脱硫脱硝是在一个反应器中完成的，但后处理过程比较复杂。Fatemeh 等人也制备了一种具有高反应性和抗机械应力的 CuO/γ-Al_2O_3 催化剂，并进行了循环流化床脱硝实验。研究发现，在 350℃ 的温度条件下，相比于 γ-Al_2O_3 或 CuO/γ-Al_2O_3，硫酸化过的 CuO/γ-Al_2O_3 具有更好的脱硝效果，而过高的温度不利于脱硝反应，这是由于高温导致了 NH_3 的快速氧化，而蒸汽的存在却有利于提高催化剂的活性，进而拓宽了催化剂的最适温度窗，因此，该技术可更好的实现同时脱硫脱硝反应。HZSM-5 是一种含 SiO_2/Al_2O_3 的经济性吸附剂，李彩亭利用 CeO_2 掺杂 HZSM-5 制备了一种可用于脱除 Hg^0 的高活性催化剂。实验结果表明：在温度低于 300℃ 时，6%-CeO_2/HZSM-5 显示出了最高的脱汞效率，且催化剂的酸性位点有利于 Hg^0 的吸附，但掺杂过多的 CeO_2 不利于脱汞反应，这是由于过量的 CeO_2 会导致催化反应面积的降低，不利于汞的吸附及后续反应。同时，实验还得出在 O_2 存在的条件下，NO 和 SO_2 可促进 Hg^0 氧化成硝酸汞和硫酸汞；而 H_2O 的存在不利于脱汞反应。此外，经过再生的催化剂亦可实现 92% 的脱汞效率，并可稳定反应 32h。Wang 等人制备了 CuO-MnO_2-Fe_2O_3/γ-Al_2O_3 催化剂，并在典型的脱硝温度下进行了脱汞实验研究，结果表明：在 O_2，CO_2，HCl，NO，SO_2 和 H_2O 存在的条件下，Hg^0 的氧化率达到 70% 以上；O_2 存在时，HCl，NO 和 SO_2 表现出一种促进作用，而 NH_3 却会抑制 Hg^0 氧化。

（4）沸石载体。沸石基材料具有比表面积大、耐高温、机械强度好、骨架独特、再生性能好等特点，是一种理想的载体。利用银、金、钯等多种贵金属与沸石分子筛进行复合，可制备出性质更稳定、强度更大和活性更好的复合催化剂。此外，还可通过离子交换法将多种金属离子引入沸石的骨架结构中，形成富含高活性纳米粒子的纳米催化剂。沸石表面的金属元素通常作为催化活性中心来

促进 Hg^0、SO_2 和 NO 的还原或氧化反应。当存在 CO、H_2、NH_3 等还原剂时，NO 可还原为 N_2；若没有还原剂，NO 则可催化氧化为 NO_2 等氧化产物，而后同 SO_2 和 H_2O 发生氧化还原反应生成可溶化合物，随后被下游冷却器/冷凝器去除。Wei 等进行了微波辅助 Fe/Cu-沸石催化剂同时脱硫脱硝实验。实验将 Fe/Cu-沸石催化剂置于微波反应器内，在通入烟气的同时加入了 NH_4HCO_3 还原剂，在优化条件下，脱硫和脱硝效率分别达到了 95.8% 和 93.4%。实验表明：微波促进了选择性催化还原的进行，并提高了 SO_2 和 NO 的去除效率。另外，该课题组利用微波-$KMnO_4$-沸石体系进行了同时脱硫脱硝实验，实验结果表明：微波和 $KMnO_4$ 的加入极大地促进了催化氧化过程，在微波功率 259W、停留时间为 0.357s 的条件下，脱硫效率和脱硝效率分别为 96.8% 和 98.4%。Deng 等人利用离子交换型沸石分子筛催化剂进行了脱除 SO_2、NO 和 CO_2 的实验，并考察了 K^+、Ca^{2+}、Mn^{2+}、Co^{2+} 改性沸石分子筛后的效果。实验结果发现，钾盐改性取得了最好的同时脱除效果。经 XPS 表征显示，SO_2 最终转化为硫酸盐。此外，实验过程中还发现，CO_2 会与 SO_2 和 NO 发生微弱的竞争反应现象。Chui 等人制备了 $CuCl_2$ 浸渍 MCM 的复合催化剂，并开展了同时脱硫脱硝研究，模拟烟气气氛如下：CO_2 浓度为 14%，H_2O 的浓度为 10%，O_2 浓度为 6%、HCl 浓度为 50×10^{-6}、SO_2 浓度为 200×10^{-6}、NO 浓度为 200×10^{-6}。当浸渍 $CuCl_2$ 后，SO_2 去除率由 42.3% 下降到 38%，NO 去除率由 62.8% 上升到 73%。在同时脱除 NO 和 Hg^0 的过程中，NH_3 还原 NO_x 过程被 Hg^0 氧化过程轻微抑制。Cao 等人合成了 Fe_3O_4、Ag 和 V_2O_5 掺杂 HZSM-5 的分子筛催化剂，在 150℃ 温度条件下，Hg^0 和 NO 的去除率达到 97% 和 80%。

（5）MOFs 基载体。MOFs 是一类由金属团簇节点和有机配体构成的多孔晶体材料，具有孔隙率高、比表面积大、结构多样等优点，在烟气脱硝脱汞方面具有广泛的应用前景。Zhang 等人研究发现原位掺杂法可使金属元素嵌入到 MOF 的晶格结构中，使其比浸渍法具有更大的比表面积，不同的掺杂方法导致 MOF 中金属元素的形态不同，表现出不同的氧化还原特性，从而直接导致不同的催化性能。在 MOFs 中，UiO-67 和 UiO-66 由于其高度发达的三维孔隙系统和较好的热、化学和机械稳定性，是一种很有前途的载体。Zhang 等人制备了负载 Mn-Ce 的 UiO-67 MOFs 催化剂，并用该催化剂进行了同时脱除 NO 和 Hg^0 的实验研究，同时研究了该载体对催化活性的增强作用。Hg^0 的催化氧化机理如图 1-10 所示。首先，MOFs 具有丰富的孔道和高比表面积，使得活性组分高度分散，从而提高了催化剂的活性。其次，MOFs 对 Hg^0 和 NH_3 的吸附能力强于常规吸附剂，这是由于 MOFs 的特殊结构和 Lewis 酸位增加所致；第三，与传统吸附剂相比，MOFs 可以吸附利用更多的氧气。

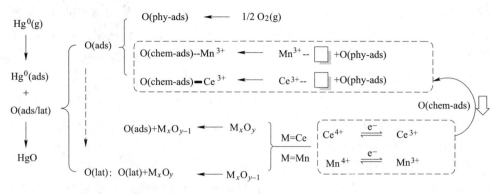

图 1-10　MnCe@MOF 催化氧化脱汞反应机理

1.3.5.4　烟气组成的影响

实际烟气中普遍含有 O_2、NO、SO_2、H_2O、NH_3（由于 SCR 工艺）、HCl 和粉煤灰等，其浓度随煤种和工况的变化而变化。这些气体浓度的变化将显著影响 NO 的还原和 Hg^0 的氧化，许多学者研究了烟气成分对多种大气污染物去除的影响。

（1）NH_3。NH_3 作为工业还原剂，其含量对 NO 的还原和 Hg^0 的氧化有很大的影响。随着 NH_3/NO 比值的增加，NH_3-SCR 反应中 NO 的还原得到明显的促进，而 Hg^0 的氧化则被抑制，在这个过程中，Hg^0 对 NO 的影响可以忽略不计，而 NO 和 NH_3 的共存抑制了 Hg^0 的氧化。Zhao 等人证实 NH_3 对 Hg^0 氧化的抑制机理是由于以下两个原因：（1）NH_3 消耗催化剂的表面氧；（2）NH_3 与 Hg^0 对活性中心的竞争激烈。但 Hg^0 的氧化效率会随着 NH_3 浓度的降低而恢复，因此这种抑制作用可能是可逆的。研究还表明，在 325℃ 以上的温度下，NH_3 可以还原氧化汞，因此烟气中 NH_3 的过量系数应控制在较低的水平。

（2）O_2。除了 NH_3，O_2 对 Hg^0 和 NO 的氧化还原过程也有重要影响。O_2 可以促进 Hg^0 的氧化。在纯 N_2 气流中，Hg^0 的氧化效率很低，因为 Hg^0 的吸附能力很弱，不能与晶格氧快速反应生成氧化汞。相比之下，当气体流量中加入 5% O_2 时，Hg^0 的氧化效率从 41.98% 提高到 71.13%。据报道，金属氧化物中的晶格氧可以氧化 Hg^0 生成 HgO，而 Hg^0 的低氧化效率是由于其他物种消耗晶格氧所致。O_2 的存在则能补充消耗的化学吸附氧，使晶格氧再生，有利于 Hg^0 的氧化。在同时脱除 NO 和 Hg^0 过程中，催化剂表面存在的化学吸附氧和晶格氧会对 NO 和 Hg^0 起到微弱氧化作用，因此在没有 O_2 的情况下，催化剂对 NO 和 Hg^0 的脱除性能较差。在 3%～6% 的 O_2 浓度范围内，O_2 可以提高 NO 和 Hg^0 的去除率，但当 O_2 浓度增加到 10% 左右时，其正面影响可以忽略不计。Zhao 等人同时阐述了 O_2 对催化活性的影响机制。实验结果表明，在 250℃ 下，没有 O_2（$700×10^{-6}$

NO，700×10^{-6} NH$_3$，70.0μg/m^3 Hg^0）时，NO 的转化率约为 20.8% 和 Hg^0 的氧化率约为 23.3%。另一方面，O$_2$ 的存在也增加了 SO$_2$ 的氧化速率，从而产生了更多的 SO$_3$，但这不利于 SCR 运行，因为 SO$_3$ 会腐蚀锅炉装置，同时还会与 NH$_3$ 和 H$_2$O 反应生成硫酸氢铵而使催化剂中毒。

（3）NO。大量研究表明 NO 是 Hg^0 的氧化促进剂。Liu 等人研究了 V$_2$O$_5$-WO$_3$/TiO$_2$ 催化脱硝过程中 NO 对 Hg^0 的氧化影响，发现 NO 对 Hg^0 氧化有促进作用，同时加入 NO 和 O$_2$ 可大大提高 Hg^0 氧化效率。然而，尽管 NO 在一开始就促进了 Hg^0 的氧化，但是过量的 NO 会抵消这种作用，并提出了 NO 在 Hg^0 氧化中的三种作用：（1）NO 直接与吸附态 Hg^0 反应；（2）过量的 NO 吸附在闲置的活性位点上会阻碍 Hg^0 吸附；（3）吸附态 NO 会转化为有利于 Hg^0 吸附的活性氮（如 NO$_2$），从而提高 Hg^0 氧化效率。Chi 也研究发现，Ce-Cu 改性 V$_2$O$_5$/TiO$_2$ 后，NO 存在对 Hg^0 氧化有促进作用。但是，Li 等人指出 NO 可占据 MnO$_x$-CeO$_2$/TiO$_2$ 的活性中心从而消耗表面氧，进而抑制 Hg^0 氧化。尽管如此，Qiao 等人发现 NO 对 MnO$_x$/Al$_2$O$_3$ 上的 Hg^0 氧化几乎没有影响。因此，在大多数情况下，NO 很可能对 Hg^0 的氧化起促进效果。

（4）SO$_2$ 和 H$_2$O。典型的燃煤烟气中含有大量的 SO$_2$ 和 H$_2$O，众所周知，SCR 催化剂的抗水和抗硫仍是两个重大难题。在 SCR 工艺中，SO$_2$ 对脱硝的影响不尽相同。许多研究者认为 SO$_2$ 的硫酸化可以促进 SCR 反应，也有一些研究认为 SO$_2$ 引入 SCR 系统后 NO 的去除率有所提高。相反，也有研究表明，SO$_2$ 在 SCR 反应中除了引起催化剂中毒外，没有发挥重要作用。Guo 等人认为 SO$_2$ 对 NO 去除的影响很大程度上取决于 SCR 催化剂，其研究发现将 Cr$_2$O$_3$ 催化剂与 SO$_2$ 结合可提高 NO 的去除效率。SCR 效率的提高主要归因于催化剂表面的酸性位和吸附氧。SO$_2$ 在 Hg^0 氧化过程中也起着至关重要的作用。促进作用和抑制作用在以下文献中都有报道。Li 等人的结论是，由于竞争吸附，SO$_2$ 对 Hg^0 的氧化通常表现出负面影响；然而，在 O$_2$ 存在的情况下，引入 500×10^{-6} 的 SO$_2$ 略微增强了 Hg^0 的氧化，这可能是 SO$_3$ 和 SO$_2$ 氧化产生的硫酸盐的促进作用所致。在低浓度 SO$_2$ 条件下，SO$_2$ 向 SO$_3$ 的转化不仅消除了 SO$_2$ 与 Hg^0 因竞争吸附带来的抑制作用，而且生成了有利于 Hg^0 吸附和氧化的硫酸化位点。

烟气中的 H$_2$O 来源于含氢有机物的燃烧，H$_2$O 可通过降低催化剂的有效活性位而导致催化剂失活。此外，催化剂表面还存在 H$_2$O、NO 和还原剂之间的竞争吸附。H$_2$O 还可以提高 NH$_3$-SCR 催化剂对 SO$_2$ 的吸附效果，H$_2$O 是 NH$_3$ 和硫氧化物生成硫酸铵的必要反应物，加剧了 SO$_2$ 对 SCR 催化剂的毒害作用。Meng 等人研究了 H$_2$O 和 SO$_2$ 对 MnO$_x$ 催化还原 NO 的影响，结果表明：100×10^{-6} 的 SO$_2$ 对 MnO$_x$ 的 SCR 活性有显著影响，NO$_x$ 转化率由 99% 下降到 82%。当原料气中同时加入 2%H_2O 和 $100×10^{-6}$ SO_2 时，NO_x 转化率由 82%下降到 71%。一些研究人员还证明，SO_2 和 H_2O 对 NO 和 Hg^0 的去除都有抑制作用。结果表明，E_{NO} 和 E_{Hg} 的显著降低是由于 SO_2、H_2O 和其他气体组分共存的协同竞争效应和可能形成的硫酸铵或其他硫酸盐所致。

1.3.6 气相氧化法

相比于气液相、气固相等非均相烟气净化技术，气相均相反应是一种更为高效的方法，其具有反应快速高效、系统简单、对系统运行影响较小等优势，而其中最具代表性的方法有光催化氧化法、臭氧氧化法和 ClO_2 氧化法等。

1.3.6.1 光催化氧化

光催化技术是近些年来兴起的烟气净化技术，TiO_2 常用作光催化剂，该技术具有能耗低、反应条件温和、二次污染少等优点。当一定波长的太阳光照射在光催化剂上，光催化剂被激发，产生电子和空穴对，并与光催化剂表面吸附的 O_2、H_2O 被激发产生 $HO·$、O_3、O 自由基。这些氧化性较强的活性基团与吸附在光催化剂表面的 SO_2、NO_x 和 Hg^0 反应得到 SO_4^{2-}、NO_3^- 和 Hg^{2+}，实现脱硫脱硝脱汞的目的。赵毅等利用液相沉积法制备了负载型 TiO_2 光催化剂，并在自行设计的光催化反应器上进行了烟气脱硫脱硝实验。实验中，模拟烟气含氧量 10%，水蒸气喷入时间 15min，模拟烟气流量 $0.064m^3/h$，照射时间 100min。最终脱硫效率为 98%，脱硝效率为 67%，实现了烟气同时脱硫脱硝。光催化脱硫脱硝反应受到很多因素影响，如烟气温度、污染物初始浓度、湿度、含氧量以及光源性质等。光催化剂作为反应的基础和关键，如何提高它的催化活性也是目前研究的重点，除此之外，光催化反应器作为实现反应的基础，也需要进一步优化设计。Jia 等利用紫外光照射烟气来研究 Hg^0 光催化氧化效率。实验考察了 SO_2、CO、CO_2、NO、CH_4、O_2、H_2O 和 C_2H_5OH 对汞氧化的影响，实验温度为 37.8℃ 和 137.8℃，反应器内布置 1 台 10W 的紫外灯，紫外光波长为 253.7nm。在优化条件下，Hg^0 的氧化效率为 65.5%，并发现反应温度对 Hg^0 的氧化有很大影响，当实验温度上升到 137.8℃ 时，Hg^0 的氧化效率显著下降。而 CH_4 对 Hg^0 的氧化具有促进作用，分析认为 CH_4 加入后与 Hg^0 发生了激烈的碰撞并产生了 $H·$ 自由基，随后 $H·$ 引发了链式反应，促进了 Hg^0 的氧化。实验还发现，烟气中的 NO 会降低单质 Hg^0 的氧化效率，这可能是由于 NO 与 $HO·$、$O·$ 和 O_3 发生了反应，降低了自由基浓度从而减弱其与 Hg^0 的反应。另外，烟气停留时间对 Hg^0 光催化氧化影响很小，这表明 Hg^0 光催化氧化是一个极快的反应过程。此外，Biswjit 等研究了 Hg^0 与 $HO·$ 的反应动力学，$HO·$ 是由波长为 $300～400nm$ 的紫外光分解亚硝酸异丙酯而产生的。实验验证了 $HO·$ 与 Hg^0 的反应产物为 HgO，并以气溶胶和沉积盐的形式存在。产物分析表明：有 6%的产物在过滤膜上形成了 1 层厚

度为 $0.2\mu m$ 的悬浮气溶胶，有 10% 的产物以气体形式存在，大约有 80% 的产物吸附在反应器壁上，该研究对于了解光催化氧化 Hg^0 的产物的形态分布具有重要意义。

1.3.6.2　臭氧氧化法

臭氧氧化法的原理是利用臭氧的强氧化性将 NO 氧化为高价态 NO_x，将其他污染物例如 Hg^0 氧化为 Hg^{2+}，然后在洗涤塔内将各种污染物同时吸收转化为溶于水的物质，进而达到脱除的目的。影响臭氧氧化污染物的最主要因素是臭氧与污染物之间摩尔比值，一般来说摩尔比越高脱除效率越高，实际情况中由于电耗的增加不可能维持过高的摩尔比。温正城等人在研究臭氧的热分解特性时发现在 150℃ 的低温条件下，臭氧的分解率不高，但随着温度增加到 250℃ 甚至更高时，臭氧分解速度明显加快。并且，臭氧在烟气中的停留时间只需保证氧化反应完成即可，其大约仅需 1s 左右，这主要是因为关键反应的反应平衡在很短时间内即可达到，不需要较长的臭氧停留时间。利用臭氧将 NO 氧化为高价态的 NO_x 后，需要进一步地吸收。常见的吸收液有 $Ca(OH)_2$、NaOH 等碱液。不同的吸收剂产生的脱除效果会有一定的差异。美国 BOC 公司开发的 $LoTO_x$ 是一种低温氧化技术，将氧/臭氧混合气注入再生器烟道，将 NO_x 氧化成高价态且易溶于水的 N_2O_3 和 N_2O_5，然后通过洗涤形成 HNO_3。根据 MARAMA 的 2007 评估数据报告，在保证 NO_x 脱除率为 80%~95% 的情况下，$LoTO_x$ 运行费用为 1700~1950 美元/t NO_x，比 SCR 的运行费用 2364~2458 美元/t NO_x 要低。目前 $LoTO_x$ 技术已有应用实例，如大西洋中部的某石油精炼厂采用该技术进行 NO_x 的脱除，Ohio 地区的 1 台 25MW 燃煤锅炉采用该技术进行了工程示范，NO_x 去除率可达 85%~90%；在 California 地区，某利用 $LoTO_x$ 技术的熔铅炉可去除 80% 的 NO_x。

1.3.6.3　二氧化氯氧化技术

二氧化氯（ClO_2）是一种酸性腐蚀性气体，但其具有很强的氧化能力，其可被用作气相氧化剂来实现气相氧化 NO 和 Hg^0，进而实现同时脱硫脱硝脱汞。

Dong-Seop Jin 等利用氯酸钠和氯化钠生成的 ClO_2 进行了同时脱硫脱硝实验，结果表明：当通入充足的 ClO_2 时，NO 可以完全氧化为 NO_2，并且在最佳条件下，脱硫效率和脱硝效率达到了 100% 和 70% 左右。pH 和 NO 浓度的变化对脱硝效率影响较小，而 SO_2 对 NO_2 的吸收过程具有显著的促进作用。

2　研究方法与关键技术

<<<<<<<<<<<<<<<<<<<<<<<<<<<<<<<<<<<<<<<<<<<<<<<<<<<<<<<<<

　　为了结合液相氧化和气相氧化的优点，项目组提出了一种新的类气相氧化法用于 NO 和 Hg^0 的均相氧化，即热催化气相氧化法，其具体过程是：（1）先将制备的液相复合氧化剂进行热催化蒸汽分散化，产生大量气态自由基，然后利用产生的蒸汽自由基于气相均相环境中氧化烟气中的 NO 和 Hg^0；（2）而后形成的 NO_2 和 Hg^{2+} 连同 SO_x 一起被随后的湿法吸收或半干法吸收器吸收。该方法的核心环节是液相复合氧化剂的制备和热催化过程，其决定了 NO 和 Hg^0 的氧化效率。本章节将重点介绍这种新型技术的具体研究方法和关键技术。

2.1　热催化气相氧化研究方法与关键技术

2.1.1　热催化气相氧化实验平台

　　热催化气相氧化同时脱硫脱硝脱汞实验平台由四个部分组成：（1）模拟烟气发生部分；（2）复合氧化剂热催化部分；（3）气相自由基氧化烟气污染物及尾部吸收部分；（4）尾气干燥检测部分。具体如图 2-1 所示。

　　（1）模拟烟气发生系统。模拟烟气发生系统由（1）～（6）组成，其气源为钢瓶气（1）~（5），通过减压阀和各流量计（6）控制总气量。元素态汞发生装置由汞渗透管和 U 形玻璃管组成，其中 U 形玻璃管中装有一定量玻璃珠。载气从 U 形管有玻璃珠的一端进入，经过恒温水浴锅的充分加热后，从 U 形管另一端将汞蒸气携带出来。U 形管气体进口侧玻璃珠的作用是加强载气与恒温装置间的热交换，使得进气温度迅速升高。产生的 SO_2、NO、N_2 和 Hg^0 在混气缓冲瓶（7）中充分混合后进入后续的热催化反应系统中。

　　（2）热催化反应系统。首先，热催化反应系统被调温电热套和恒温油浴锅分别加热到预定温度，随后将配制好的复合氧化剂经蠕动泵（14）滴加到汽化器（9）中。液相复合氧化剂在热催化器中快速汽化和产生大量蒸气态的自由基，随后由模拟烟气携带进入到下级反应器中。同时，在热催化器中，模拟烟气也会与自由基蒸汽发生均相氧化反应。

　　（3）气相氧化结合尾部吸收反应系统。气相氧化结合吸收反应系统是由一个 U 形石英管和恒温油浴锅组成的，石英管的内径为 2.5cm，长度为 30cm，可耐受 350℃ 的高温。在此反应器中，模拟烟气携带的自由基蒸汽在反应器前段进行充分的混合并发生均相氧化反应，NO 和 Hg^0 被同时氧化，而后氧化产物连同

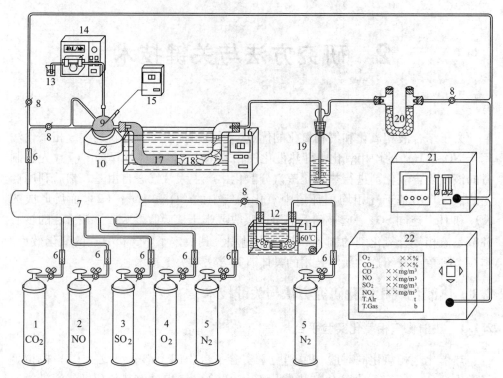

图 2-1 热催化气相氧化结合吸收实验平台

1—CO₂ 钢瓶；2—NO 钢瓶；3—SO₂ 钢瓶；4—O₂ 钢瓶；5—N₂ 钢瓶；6—流量计；
7—缓冲瓶；8—三通；9—汽化器；10—调温电热套；11—恒温水浴锅；12—汞渗透管；
13—复合氧化剂；14—蠕动泵；15—热电偶；16—恒温油浴锅；17—预氧化结合后续吸收反应器；
18—Ca(OH)₂；19—KCl 溶液；20—CaCl₂ 干燥剂；21—荧光测汞仪；22—多功能烟气分析仪

SO_x 被反应器后部的吸收剂吸收脱除，或被反应器下游的湿法洗涤器吸收脱除。(注：在后续涉及光/热协同催化时，该 U 形管反应器替换为紫外光催化反应器，从而实现光/热协同催化过程，通过引入光催化过程大幅提高了气相自由基的产率和反应活性。)

（4）尾气检测和净化系统。经氧化吸收反应后的尾气首先进入 KCl 溶液中来吸收残留的 Hg^{2+}，而后其再被无水 $CaCl_2$ 干燥。干燥后的尾气流经烟气分析仪（22）和荧光测汞仪（21）检测其中的 SO_2、NO、NO_2、O_2 和 Hg^0。最终的尾气经 10%(v/v)H_2SO_4-4%(w/w)$KMnO_4$ 溶液吸收再排入大气。

2.1.2 实验器材

（1）汞渗透管，由美国 VICI Metronics 公司生产。具体参数见表 2-1，其原理如下：在一定的温度下，渗透管内气、液两相汞维持动态平衡，汞蒸气通过渗透管侧壁以一定的渗透率向外渗透，渗透出的汞蒸气被恒定流量的载气携带出来，在恒定的温度和载气流量的条件下，形成浓度稳定的汞蒸气。示意图见图 2-2。

表 2-1 汞渗透管规格

型号	有效长度/mm	直径/mm	操作温度/℃	渗透率/ng·min^{-1}
HE-SR	20	10	60	20
HE-SR	20	10	60	50
HE-SR	20	10	80	100

（2）元素态汞发生装置见图 2-3。U 形玻璃管是汞渗透管的支撑体，将汞渗透管放置在 U 形玻璃管中，载气从 U 形玻璃管有玻璃珠的一端进入，经过恒温水浴锅的充分加热后，从 U 形管的另一端将汞蒸气携带出来。U 形管气体进口侧的玻璃珠的作用是加强载气与恒温装置间的换热，使得进气温度迅速升温至水浴温度。

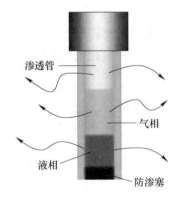

图 2-2 汞渗透管示意图

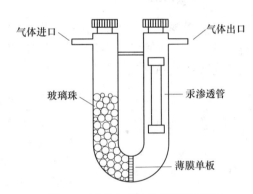

图 2-3 元素态汞发生装置示意图

（3）实验所有连接管路均使用聚四氟乙烯管，其热稳定性和化学稳定性良好，可以减小管路对 Hg^0 吸附造成的实验系统误差。为了防止 Hg^0 在管路内冷凝，所有实验管路均加有温控加热带维持管道温度。实验中连接管路尽量缩短，减免管壁附着引起实验误差。

（4）其他设备见表 2-2。

表 2-2 实验设备

仪器	型号	产地
荧光测汞仪	QM206	苏州市青安仪器有限公司
烟气分析仪	ECOM-J2KN	RBR 德国
智能数显恒温水浴锅	HH-2	巩义市予华仪器有限责任公司
汞渗透管	HE-SR	VICI Metronics 公司（美国）

续表 2-2

仪器	型号	产地
模拟管道	—	北玻股份有限公司
电子天平	FA2004A	上海精天电子仪器有限公司
转子流量计	LZB	天津流量仪表有限公司
钢瓶	GB-5099	保定市北方特种气体有限公司
pH 酸度计	PHS-3C	上海精密科学仪器有限公司
U 形反应器	自制	北玻股份有限公司
调温电热套	ZDHW	北京中兴伟业有限公司
智能数显恒温油浴锅	HO-2	巩义市予华仪器有限责任公司
热电偶及数显仪	XMTD	保定仪器仪表有限公司
蠕动泵	BT100-1F	保定兰格蠕动泵有限公司

2.1.3　实验试剂

　　首先对现有工业用氧化剂从试剂成本、氧化性能和二次环境影响四个角度进行了筛选，最终确定了多种氧化剂来制备复合氧化剂，各氧化剂的价格、来源及其二次环境问题见表 2-3。

表 2-3　实验用试剂成本及其特性介绍

药品名称	工业价格/元·吨$^{-1}$	来源广泛性	二次环境问题
过氧化氢（H_2O_2）	530（30%，质量分数）	廉价，来源广泛，用途分医用、军用和工业用三种，为常见工业用氧化剂	过氧化氢较易分解，其分解产物均无二次环境污染
过氧乙酸（PAA）	2300（50%，质量分数）	价格较低，来源较为广泛，为常用消毒剂	有刺激性气味，具有挥发性，具有较强腐蚀性和氧化性，对身体健康有一定影响
过硫酸钠（PDS）	4800（99%，质量分数）	来源较为广泛，价格适中，无臭，性质稳定，常用作漂白剂、氧化剂、乳液聚合促进剂	有一定助燃作用，对环境影响较小
亚氯酸钠（$NaClO_2$）	4200（82%，质量分数）	来源较为广泛，价格适中，常用作高效氧化剂或漂白剂	有强氧化性，遇酸分解产生刺激性气体 ClO_2，分解产物对环境有一定影响，其溶液对金属制品有腐蚀作用
次氯酸钠（NaClO）	480（10%，质量分数）	来源广泛，为工业常见氧化剂，价格低廉	其分解产物为有刺激性气味的氯气，溶液对金属制品有腐蚀作用

药品名称	工业价格/元·吨$^{-1}$	来源广泛性	二次环境问题
氯化钠 （NaCl）	350 （99.9%，质量分数）	来源广泛，为日常生活必需品，价格低廉	无二次环境问题
溴化钠 （NaBr）	10500 （99.5%，质量分数）	来源较为广泛，价格较高	遇酸释放 HBr 气体，对环境有一定影响，具有低毒性
硫酸亚铁 （FeSO$_4$）	150 （80%，质量分数）	来源广泛，为常见工业药品，价格低廉	低浓度溶液对环境影响较小

表 2-4 将实验所用药品和气体的来源及纯度进行了汇总。

表 2-4 实验所用药品和气体

名称	化学式	纯度	产　地
过氧化氢	30%（质量分数）H_2O_2	分析纯	天津市进丰化工有限公司
硫酸铁	$Fe_2(SO_4)_3$	分析纯	天津市大茂化学试剂厂
硫酸铜	$CuSO_4$	分析纯	天津市大茂化学试剂厂
硫酸锰	$MnSO_4$	分析纯	天津市大茂化学试剂厂
次氯酸钠	NaClO	分析纯	天津市美琳工贸有限公司
亚氯酸钠	$NaClO_2$	分析纯	天津市美琳工贸有限公司
过硫酸钠	PDS	分析纯	天津市美琳工贸有限公司
过氧乙酸	PAA	分析纯	天津市科密欧化学试剂有限公司
氯化钾	KCl	分析纯	天津市科密欧化学试剂有限公司
氯化钠	NaCl	分析纯	天津市科密欧化学试剂有限公司
溴化钠	NaBr	分析纯	天津市科密欧化学试剂有限公司
氯化亚锡	$SnCl_2$	分析纯	天津市美琳工贸有限公司
变色硅胶	—	分析纯	天津市美琳工贸有限公司
二甲基硅油	—	分析纯	天津市科密欧化学试剂有限公司
氮气	N_2	≥99.99%	北方特种气体有限公司
一氧化氮	NO	≥99.99%	北方特种气体有限公司
二氧化碳	CO_2	≥99.99%	北方特种气体有限公司
二氧化硫	SO_2	≥99.6%	北方特种气体有限公司
氧气	O_2	≥99.4%	北方特种气体有限公司

2.1.4 实验步骤

（1）检查仪器工作是否正常，开启实验室通风设施；

（2）打开恒温水浴锅，设定元素态汞发生装置的反应温度为 60℃；打开调温电热套及恒温油浴锅至预定的温度；打开烟气分析仪及荧光测汞仪；接通热电偶及数显仪，在线监测汽化器内的实时温度。

（3）当温度达到预设值并恒定一段时间后，向烟气管路中通入氮气进行吹扫并检查管路的气密性。

（4）向管路中通入 SO_2、NO 和 Hg^0 等混合气体，调节减压阀、流量计和平衡氮气使 SO_2、NO 和 Hg^0 达到实验所需浓度并使之维持稳定，记录此时 SO_2、NO 和 Hg^0 浓度，即为 SO_2、NO 和 Hg^0 的初始浓度。

（5）即刻配置复合氧化剂，并开启蠕动泵，蠕动泵以一定的速率将复合氧化剂加入到热催化器中进行汽化。

（6）切换阀门将模拟烟气入汽化器中进行携带类气相复合氧化剂；此时，在热催化反应系统内模拟烟气中的污染物被氧化并吸收，待出口处 SO_2、NO 和 Hg^0 的检测浓度稳定后（SO_2、NO 和 Hg^0 浓度 10s 内变化小于初始值的 1%），即认为反应已达到平衡状态，记录此时 SO_2、NO 和 Hg^0 浓度，即为脱硫脱硝脱汞后 SO_2、NO 和 Hg^0 浓度。

（7）关闭 SO_2、NO 和 Hg^0 气瓶减压阀后，用氮气吹扫管路，当 SO_2、NO 和 Hg^0 浓度读数归零后，停止吹扫关闭氮气、关闭分析仪和其他设备。

2.1.5　脱除效率计算方法

根据分析仪测得的反应前后入口和出口 SO_2、NO、NO_2 和 Hg^0 浓度，分别设置出口浓度为 c_{out}，入口浓度为 c_{in}，计算公式见式（2-1）：

$$\eta_{SO_2/NO/Hg^0} = \frac{c_{in} - c_{out}}{c_{in}} \times 100\% \tag{2-1}$$

式中，$\eta_{SO_2/NO/Hg^0}$ 为脱除效率，%；c_{in} 为烟气进口 SO_2、NO 和 NO_2，mg/m^3（Hg^0 荧光值）；c_{out} 为烟气出口 SO_2、NO 和 NO_2，mg/m^3（Hg^0 荧光值）。

2.1.6　反应产物测试分析方法

为了推测脱硫脱硝脱汞反应机理，实验对脱硫脱硝脱汞产物进行了测试分析或者表征。检测对象主要为溶液或者固态粉末。溶液通过采用离子色谱（IC）和冷原子荧光光谱（CVAFS）进行测试，固体粉末则采用扫描电镜（SEM）、X射线衍射仪（XRD）、能谱分析仪（EDS）、傅里叶红外光谱法（FTIR）和X射线光电子能谱仪（XPS）。实验中的气相自由基通过电子顺磁共振（ESR）来进行检测，5,5-二甲基-1-吡咯啉-N-氧化物（DMPO）作为自由基的捕获剂。

2.2　氧化产物高效吸收方法与关键技术

2.2.1　湿法吸收实验平台

在热催化气相氧化同时脱硫脱硝脱汞工艺中，氧化产物中含有大量的 NO_2 及其高价态的氮氧化物，因此，如何实现NO_2的高效吸收是提高烟气多污染物脱除效率的关键。吸收实验采用传统喷射鼓泡反应器作为实验平台，其由三个部分组成：（1）模拟烟气发生部分；（2）喷射鼓泡反应吸收部分；（3）尾气检测部分。具体如图2-4所示。

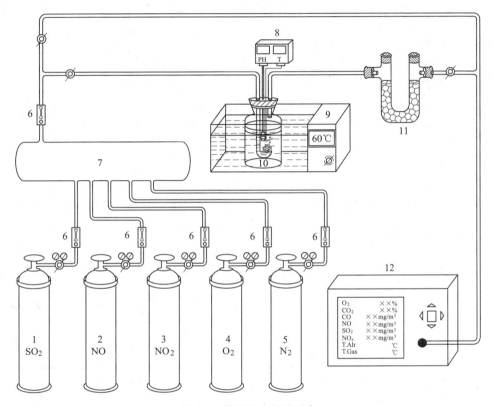

图 2-4　鼓泡吸收实验平台

1—SO_2 钢瓶；2—NO 钢瓶；3—NO_2 钢瓶；4—O_2 钢瓶；5—N_2 钢瓶；6—流量计；7—缓冲瓶；

8—pH 计；9—恒温水浴锅；10—鼓泡反应器；11—$CaCl_2$ 干燥剂；12—多功能烟气分析仪

（1）模拟烟气发生系统。模拟烟气发生系统由钢瓶气（1）～（5）组成，其气源为钢瓶气，通过减压阀和各流量计（6）控制总气量。产生的SO_2、NO 和NO_2在混气装置（7）中充分混合后进入后续鼓泡反应器中。

（2）鼓泡吸收反应系统。鼓泡吸收反应系统是由一个自制鼓泡反应器和恒温水浴锅组成，鼓泡反应器的内径为 5cm，长度为 25cm。在此反应器中，模拟烟气中的SO_2、NO 和NO_2被反应器内的吸收液吸收而脱除。

（3）尾气检测系统。经吸收反应后的尾气首先进入无水 $CaCl_2$ 干燥器干燥。干燥后的尾气被烟气分析仪（12）检测其中的SO_2、NO 和NO_2。

2.2.2　实验器材

实验所有连接管路均使用硅胶管，其热稳定性和化学稳定性较好。其他设备见表 2-5。

表 2-5　实验设备

仪器	型号	产　地
烟气分析仪	ECOM-J2KN	RBR 德国
智能数显恒温水浴锅	HH-2	巩义市予华仪器有限责任公司
模拟管道	—	北玻股份有限公司
电子天平	FA2004A	上海精天电子仪器有限公司
转子流量计	LZB	天津流量仪表有限公司
钢瓶	GB-5099	保定市北方特种气体有限公司
在线 pH 酸度计	PHS-3C	上海佑科科学仪器有限公司
鼓泡吸收反应器	自制	北玻股份有限公司

2.2.3　实验试剂

从工业化应用及经济性角度考虑，实验沿用了传统的钙基吸收剂作候选。此外，了解到腐植酸钠和尿素具有很好的吸收 SO_2 和 NO_x 的效果，因此，吸收实验考察了腐殖酸钠和尿素同时脱硫脱硝的效果。各吸收剂及标准气体情况详见表 2-6。

表 2-6　实验用药品和气体

名称	化学式	纯度	规格（纯度）
氢氧化钙	$Ca(OH)_2$	工业级	150（96%）
碳酸钙	$CaCO_3$	工业级	100（99%）
腐殖酸钠	HA-Na	工业级	600（90%）
腐殖酸	HA	工业级	235（70%）
尿素	Urea	工业级	1600（46.4%）
氮气	N_2	≥99.99%	—
氧气	O_2	≥99.4%	—
二氧化碳	CO_2	≥99.9%	—
一氧化氮	NO	≥99.99%	—
二氧化氮	NO_2	2000ppm	—
二氧化硫	SO_2	≥99.6%	—

2.2.4 实验步骤

（1）检查仪器工作是否正常，开启实验室通风设施；

（2）打开恒温水浴锅加热鼓泡反应器；打开烟气分析仪；接通在线 pH 计监测吸收液 pH 值；

（3）当温度达到预设值并恒定一段时间后，向烟气管路中通入氮气进行吹扫并检查管路的气密性；

（4）向管路中通入 SO_2、NO 和 NO_2 等混合气体，调节减压阀、流量计和平衡氮气使 SO_2、NO 和 NO_2 达到实验所需浓度并使之维持稳定，记录此时 SO_2、NO 和 NO_2 浓度，即为 SO_2、NO 和 NO_2 的初始浓度；

（5）切换阀门将模拟烟气进入鼓泡反应器进行反应，待出口处 SO_2、NO 和 NO_2 的检测浓度稳定后（SO_2、NO 和 NO_2 浓度 10s 内变化小于初始值的 1%），即认为反应已达到平衡状态，记录此时 SO_2、NO 和 NO_2 浓度，即为脱硫脱硝脱汞后 SO_2、NO 和 NO_2 浓度；同时，在反应过程中，每隔 1min 记录一次吸收液 pH 值。

（6）关闭 SO_2、NO 和 NO_2 气瓶减压阀后，用氮气吹扫管路，当 SO_2、NO 和 NO_2 浓度读数归零后，停止吹扫关闭氮气、关闭分析仪和其他设备。

2.2.5 反应产物分析测试方法

实验对脱硫脱硝产物进行了表征。脱硫脱硝产物溶于吸收液中，因此检测对象为液相离子，但是为了便于精细表征，实验对吸收液进行了室温条件下烘干处理，并且用了傅里叶红外光谱仪（FTIR）、X 射线衍射仪（XRD）和能谱分析仪（EDS）对反应前后的吸收剂化学组成变化进行了表征。

2.3 反应动力学研究

化学反应动力学可分为本征反应动力学和宏观反应动力学两种，其中本征反应动力学是在理想条件下研究化学反应的机理。而在工业条件下，化学反应过程与质量传递过程会同时进行，这种化学反应与物理变化的综合称为宏观反应过程。实验所研究的动力学即为不仅有化学反应，而且还涉及反应物和生成物在相际质量传递的多相反应动力学。实验所涉及的热催化气相氧化脱硫脱硝脱汞反应总体上属于气-气均相反应，因此也计算了不同热催化气相氧化体系下的 SO_2、NO 和 Hg^0 的反应级数及表观活化能，并考察了各反应条件对脱硝脱汞速率常数的影响。

2.3.1 化学反应速率

化学反应速率定义为：化学反应过程中包括的反应物质浓度随时间降低的速

率，或者说过程中所包括的生成物浓度随时间增加的速率。一般化学反应式可表示为式（2-2）：

$$aA + bB \longrightarrow cC + dD \tag{2-2}$$

则反应速率公式为式（2-3）：

$$r = \frac{1}{a} \times \frac{dc_A}{dt} = \frac{1}{b} \times \frac{dc_B}{dt} = \frac{1}{c} \times \frac{dc_C}{dt} = \frac{1}{d} \times \frac{dc_D}{dt} \tag{2-3}$$

2.3.2 化学反应速率与浓度的关系

对于上述反应来说，其反应速率与反应物的物质的量浓度的关系可通过实验测定得到：

$$r_A = k_A c_A^\alpha c_B^\beta \tag{2-4}$$

式（2-4）叫作化学反应的速率方程或又称为化学反应的动力方程，该方程是一个经验方程。其中 α 和 β 分别叫作反应物 A 和 B 的反应级数，令：

$$n = \alpha + \beta \tag{2-5}$$

n 通常称作反应的总级数，它的大小表示反应物的物质的量浓度对反应速率影响的程度，当级数越高时，表示浓度对反应速率影响越强烈。

式中 k_A 叫作对反应物 A 的反应速率常数。它与反应物的物质的量浓度无关，当催化剂等其他条件确定时，它只是关于温度的函数。

2.3.3 反应级数、速率常数及表观活化能的计算

对于一个化学反应，它的速率表达式可以写成：

$$\frac{dx}{dt} = k_A c_A^\alpha c_B^\beta \tag{2-6}$$

如果将式（2-6）中所包括的各参量通过实验测定出来，那么将能了解这个化学反应的动力学规律，从而通过控制某些反应条件，使反应按照预期目的进行。上式中所包含的参量包括：反应速率，反应级数和反应速率常数。这些参量是间接测定的物理量，可依赖实验室中可以直接度量的物理量测定，然后通过一定的函数关系计算出来。

（1）物质的量浓度-时间曲线的测定。在一定温度下，随着化学反应进行，反应物的物质的量浓度不断减少，生成物的物质的量浓度不断增加，或反应物的转化率不断增加，直到平衡为止。

在某时刻切线的斜率可以确定该时刻反应瞬时速率见式（2-7）或式（2-8）：

$$r_A = \frac{dC_A}{dt} \tag{2-7}$$

$$r_A = c_{A,0} \frac{dc_A}{dt} \tag{2-8}$$

（2）反应级数的确定。实验测得了 c_A-t 的动力学数据，可采用微商法求反应级数。反应速率与反应物（单一反应物）浓度之间的关系为式（2-9）：

$$-\frac{\mathrm{d}c}{\mathrm{d}t} = kC^n \tag{2-9}$$

对式（2-9）两端取对数：

$$\lg\left(-\frac{\mathrm{d}c}{\mathrm{d}t}\right) = \lg k + n\lg c \tag{2-10}$$

通过上述公式可用计算法或者作图法确定反应级数。

（3）反应速率常数的确定。确定反应速率常数最容易和最好的方法就是作图法，它是以适当的浓度函数对时间作图得直线，从直线的斜率和截距即可算出速率常数值。本实验中采用计算法，具体方法如下：

对于反应来说，

$$r = kc_{SO_2}^a c_{oxidant}^b \tag{2-11}$$

由于实验加入了过量的吸收剂，这样就可以把公式中的 $c_{SO_2}^a$ 近似的作为常数，成为一个新的常数 k'，即式（2-12）：

$$r = k'c_{SO_2}^a \tag{2-12}$$

同理对于 NO 和 Hg^0 来说可得式（2-13）和式（2-14）：

$$r = k'c_{NO}^a \tag{2-13}$$

$$r = k'c_{Hg^0}^a \tag{2-14}$$

通过对实验中的数据进行回归分析，可以得到式（2-15）：

$$c = f(t) \tag{2-15}$$

对上述公式进行求导，可得任意时刻的反应速率 r 见式（2-16）：

$$r = \frac{\mathrm{d}c}{\mathrm{d}t} = \frac{f(t)}{\mathrm{d}t} \tag{2-16}$$

把计算求得的 r 和反应级数 a 值代入公式，可求得 k'。

（4）表观活化能的确定。阿伦乌斯方程表述了温度对反应速率的影响，如式（2-17）所示：

$$k = A\exp\left(-\frac{E_a}{RT}\right) \tag{2-17}$$

式中，R 为摩尔气体常量，8.314J/(mol·K)；k，A 为两个指前参量；E_a 为表观活化能，kJ/mol；T 为温度，K。

对式（2-17）经推导得其对数式：

$$\ln k = \ln A - \frac{E_a}{RT} \tag{2-18}$$

通过作图拟合得到表观活化能 E_a。

2.3.4 宏观反应动力学实验方法

热催化气相氧化脱硝脱汞宏观反应动力学测定装置，见图 2-5。

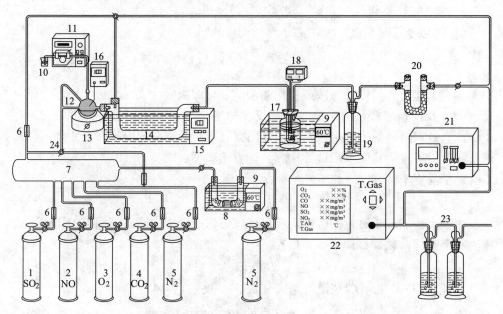

图 2-5 热催化气相氧化脱硝脱汞宏观反应动力学测定装置

1~5—SO₂、NO、O₂、CO₂、N₂ 钢瓶；6—流量计；7—缓冲瓶；8—汞渗透管；9—恒温水浴锅；
10—复合氧化剂；11—蠕动泵；12—汽化器；13—调温电热套；14—预氧化反应器；15—恒温油浴锅；
16—热电偶；17—Ca(OH)₂；18—在线 pH 计；19—KCl 溶液；20—干燥塔；21—烟气分析仪；
22—冷原子荧光测汞仪；23—10%(v/v) H₂SO₄-4% (w/w) KMnO₄ 溶液；24—三通

在脱硝脱汞反应中，其主要分为氧化和吸收两部分，根据 NO 和 Hg⁰ 的物化性质，二者的氧化速率决定了二者的脱除速率。因此，二者的氧化速率可间接反映出二者的表观脱除率。基于以上考虑，实验考察了不同氧化时间条件下的二者的脱除速率，现将控制氧化反应时间的方法阐述如下：

首先，计算出热催化气相氧化反应系统的容积，而后将模拟烟气充满反应器和汽化器所需的时间计算得出，计作 t_1。在反应过程中，令模拟烟气连续流动通入到烟气主路和旁路，直到充满整个反应气路。再次，关闭旁路而保持主路开启，向汽化器中加入复合氧化剂，持续时间为 t_1。而后，关闭主路和蠕动泵，并开启旁路来控制主路内污染物的氧化时间。最后，反应完成后，开启主路排出反应气体，利用烟气分析仪和荧光测汞仪进行检测。

3 热催化增强 Fenton 试剂气相氧化脱硫脱硝脱汞性能与机理

亚铁离子催化 H_2O_2 制取羟基自由基（$HO^·$）的研究已被广泛报道，二者组成的 Fenton 试剂是目前最常见的高级氧化工艺（AOP）。AOP 工艺在降解生活污水和工业废水污染物方面得到了广泛应用。PAA 作为 H_2O_2 的一种助剂，其氧化能力比 H_2O_2 要强，二者组成的复合氧化剂能有效抑制 H_2O_2 的自分解，通过链式反应也可维持 PAA 的浓度。根据文献报道，亚铁离子对 PAA 也具有较强的催化作用，二者的产物也为 $HO^·$。由此推测亚铁离子和 PAA 的加入可显著提高 H_2O_2 的氧化能力。因此，项目组制备了一种增强 Fenton 试剂，即 PAA-Fenton 复合氧化剂，并进行了热催化气相氧化脱硫脱硝实验，考察了复合氧化剂各组分配比、复合氧化剂加入速率、复合氧化剂 pH 值、烟气流速、反应温度、烟气共存气体等对脱除反应的影响，并以此确定了该复合氧化剂的最佳实验条件。同时也考察了增强 Fenton 试剂掺杂卤化物后的脱汞性能，阐明了不同反应条件对同时脱硫脱硝脱汞的影响，获得了最佳实验条件。根据多种测试分析结果，推测了同时脱硫脱硝脱汞的反应机理。

3.1 增强 Fenton 试剂组分配比对脱硫脱硝的影响

为了获得增强 Fenton 试剂中三种组分的最佳配比，实验首先做了不同配比对脱硫脱硝效率的影响实验。在模拟烟气流速为 4.0L/min，烟气停留时间为 3.7s，增强 Fenton 试剂的加入速率为 200μL/min，增强 Fenton 试剂 pH 值为 0.7，反应温度为 90℃，NO 浓度为 550mg/m³，SO_2 浓度为 3350mg/m³ 的条件下，进行了同时脱硫脱硝实验。如表 3-1 所示，在所有实验中，当使用氧化剂时，脱硫效率始终稳定在 98% 以上，说明该氧化剂对脱硫有很好的辅助效果，这是由于氧化剂的快速氧化以及 $Ca(OH)_2$ 的高效吸收保证了脱硫效率。对脱硝而言，当仅用 H_2O 作空白实验时，脱硝效率仅为 1%，当使用 5mol/L 和 6mol/L 的 H_2O_2 时，脱硝效率分别达到 58% 和 61.2%，这说明 H_2O_2 可显著提升脱硝效果。从经济性角度考虑，H_2O_2 的最适浓度为 5mol/L。然而，在此条件下获得的脱硝效率仍无法满足现有火电厂排放标准，因此，提升 H_2O_2 的氧化能力是关键。如表 3-1 所示，实验组 7-18 加入了亚铁离子和 PAA 来提高脱硝效率，由表中可看出，当二者加入 H_2O_2 溶液后，脱硝效率明显提高，并随三者的配比的变化而变化，当 H_2O_2、

PAA 和 Fe^{2+} 三者比例为 4.0mol/L：1.0mol/L：4.0mmol/L 时，脱硝效率达到最高，为 85.3%，而且此时的脱硫效率已达 100%，因此，实验确定该比例为增强 Fenton 试剂的最佳配比。以上实验说明 Fe^{2+} 和 PAA 可显著提高 H_2O_2 的氧化能力。实验结果也表明不同配比下的增强 Fenton 试剂均可实现脱硫效率达到 100%，因此，在下面的实验中，实验将着重考察各实验条件对脱硝效率的影响。

表 3-1　增强 Fenton 试剂中各组分配比对同时脱硫脱硝效率的影响

序号	$H_2O_2/mol \cdot L^{-1}$	$PAA/mol \cdot L^{-1}$	$FeSO_4/mmol \cdot L^{-1}$	脱硫效率/%	脱硝效率/%
1				62.0	1.0
2	2.0			93.0	23.4
3	3.0			95.2	35.4
4	4.0			98.3	45.9
5	5.0			98.0	58.0
6	6.0			98.5	61.2
7	4.5	0.5		99.0	69.3
8	4.0	1.0		100.0	77.3
9	3.0	2.0		99.2	74.6
10	5.0		1.0	99.5	74.5
11	5.0		4.0	100.0	78.3
12	5.0		8.0	99.3	70.2
13	5.0		15.0	99.2	65.7
14	4.0	1.0	1.0	100.0	80.2
15	4.0	1.0	4.0	100.0	85.3
16	4.0	1.0		100.0	79.0
17	4.0	1.0	15.0	99.8	77.4
18	4.0	1.0	30.0	99.7	75.0

3.2　增强 Fenton 试剂加入速率对脱硝的影响

实验考察了增强 Fenton 试剂加入速率对脱硝效率的影响，模拟烟气气速为 4.0L/min，烟气停留时间为 3.7s，复合氧化剂 pH 值为 0.7，热催化温度为 90℃，NO 浓度为 550mg/m³。如图 3-1 所示，当加入速率由 10 增加到 100μL/min 时，脱硝效率从 55% 提高到 78%；随后，当加入速率由 100 增加到 200μL/min 时，脱硝效率从 78% 提高到 91%；而后脱硝效率不再随加入速率的增加而进一步增加。同时，图 3-1 也给出了不同加入速率条件下的增强 Fenton 试剂与 NO 的摩尔比，在加入速率为 10～300μL/min 时，其摩尔比为 0.5～15。上述实验确定了增强

Fenton 试剂的最佳加入速率为 200μL/min，其对应的摩尔比为 10。当加入速率较低时，提高加入速率能提高类气相复合氧化剂与污染物的摩尔比，可明显加快污染物的氧化速率，进而提高脱硝效率；而随着加入速率的进一步增加时，烟气中的气相氧化剂和自由基浓度已接近饱和，难以进一步提高 NO 氧化效率，因此脱硝效率升高缓慢；当超过最佳加入速率后，模拟烟气中过量的氧化剂和自由基发生了淬灭反应，导致促进作用消失，因此脱硝效率将保持不变。

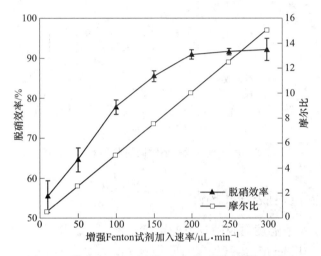

图 3-1　增强 Fenton 试剂加入速率对脱硝效率的影响

3.3　烟气流速及停留时间对脱硝的影响

　　烟气停留时间决定了气相氧化剂与污染物的接触氧化时间，因此，实验考察了烟气流速及停留时间对脱硫脱硝效率的影响，增强 Fenton 试剂的加入速率为 200μL/min，增强 Fenton 试剂 pH 值为 0.7，热催化温度为 90℃，NO 浓度为 550mg/m³。如图 3-2 所示，当烟气流速在 2.5~4.0L/min 时，对应的停留时间为 5.7~4.1s 时，脱硝效率由 95% 下降到 89%；而当流速进一步增加到 4.7L/min 时，对应的停留时间为 3.0s 时，脱硝效率急速降了 20% 左右。出现以上现象的原因主要为以下两方面：第一，当增强 Fenton 试剂加入速率一定时，提高烟气流速会增加烟气中的污染物浓度并降低了类气相复合氧化剂的浓度，因此，氧化剂与污染物的摩尔比降低，导致了污染物的氧化效率下降；第二，从反应动力学角度来看，烟气停留时间对化学反应具有重要的影响，当流速增加时，停留时间下降，进而导致污染物的接触氧化时间变少，最终导致了污染物氧化不充分。然而，从经济性角度来看，在实际生产中，延长停留时间会加大反应器的容积及占地面积，并增加系统阻力及运行成本，因此，合适的停留时间能提高电厂的运行效益。因此实验选取 3.7s 为最佳停留时间。

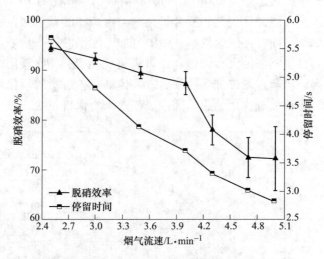

图 3-2 烟气流速及停留时间对脱硝效率的影响

3.4 热催化温度对脱硝的影响

实验考察了反应温度对脱硝效率的影响，考察的温度范围为 60~120℃，模拟烟气流速为 4.0L/min，烟气停留时间为 3.7s，增强 Fenton 试剂的加入速率为 200μL/min，增强 Fenton 试剂 pH 值为 0.7，NO 浓度为 550mg/m³。由图 3-3 所示，当温度由 60℃升高到 90℃时，脱硝效率从 82.8%显著增加至 88.6%，当温度超过 90℃后，脱硝效率开始下降，因此 90℃为最佳脱硝温度。当温度较低时，

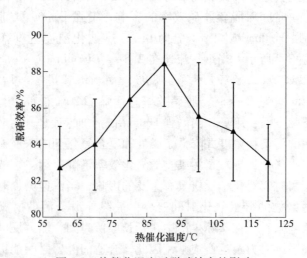

图 3-3 热催化温度对脱硝效率的影响

提高反应温度有利于增强 Fenton 试剂的汽化，并且加快污染物的扩散速度和反应速率，因此，在一定范围内提高反应温度会有利于脱硝；但当温度过高后，反应物的分解作用加剧，关于温度对 H_2O_2 和 PAA 稳定性的影响，将在下文中做深入讨论。

3.5 增强 Fenton 试剂 pH 值对脱硝的影响

溶液 pH 值对 H_2O_2 和亚铁离子的存在形式有重要影响，因此，实验考察了增强 Fenton 试剂 pH 值对脱硝效率的影响，模拟烟气流速为 4.0L/min，烟气停留时间为 3.7s，增强 Fenton 试剂的加入速率为 $200\mu L/min$，热催化温度为 90℃，NO 浓度为 $550mg/m^3$。如图 3-4 所示，当 pH 值由 0.5 增加到 4 时，脱硝效率从 91%线性下降到 40%，因此，pH 值过高不利于脱硝。这是由于在高 pH 值条件下，H_2O_2 会快速分解产生 HO_2^-，HO_2^- 亦可反过来促进 H_2O_2 进一步分解释放产生 O_2，因此，升高溶液 pH 值会导致 H_2O_2 的氧化能力下降。其次，PAA 是强酸性氧化剂，其会在 pH 值升高的过程中逐渐分解失效。对铁离子而言，溶液 pH 值升高会导致铁离子生成沉淀而析出，导致其催化作用显著下降，进而降低反应系列的氧化能力，不利于脱硝反应。因此，升高溶液 pH 值会显著抑制 H_2O_2，PAA 和亚铁离子的各自作用。

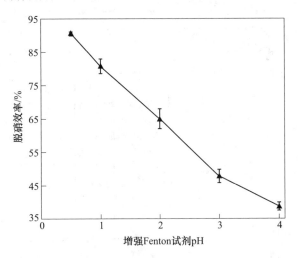

图 3-4 增强 Fenton 试剂 pH 值对脱硝效率的影响

3.6 共存气体对脱硝的影响

实验考察了烟气共存气体对脱硫脱硝效率的影响，如 O_2、CO_2、SO_2 和 NO，模拟烟气流速为 4.0L/min，烟气停留时间为 3.7s，增强 Fenton 试剂加入速率为 $200\mu L/min$，增强 Fenton 试剂 pH 值为 0.7，热催化温度为 90℃，NO 浓度为

$550mg/m^3$。如图 3-5a 和 d 所示，O_2 和 CO_2 的存在并没有影响脱硝效率。图 3-5b 给出了 NO 浓度变化对脱硝效率的影响，当 NO 浓度由 270 增加到 $550mg/m^3$ 时，脱硝效率稳定在 89% 左右，当 NO 浓度增加到 $800mg/m^3$ 时，脱硝效率下降到 84%，这表明高浓度 NO 会抑制脱硝反应。根据现有中国火力发电运行情况，加装低氮燃烧器的锅炉的 NO_x 排放量小于 $500mg/m^3$ 左右，因此，在此条件下，热催化气相氧化法脱硝可保证脱硝效率达到 80% 及以上。图 3-5c 显示了 SO_2 对脱硝的影响，由图中可以看出，当 SO_2 浓度小于 $2600mg/m^3$ 时，脱硝效率不变，表明低浓度的 SO_2 对脱硝效率没有影响，而当 SO_2 浓度增加到 $5000mg/m^3$ 的过程中，脱硝效率却线性下降至 76%，这说明竞争氧化将显著抑制脱硝反应。

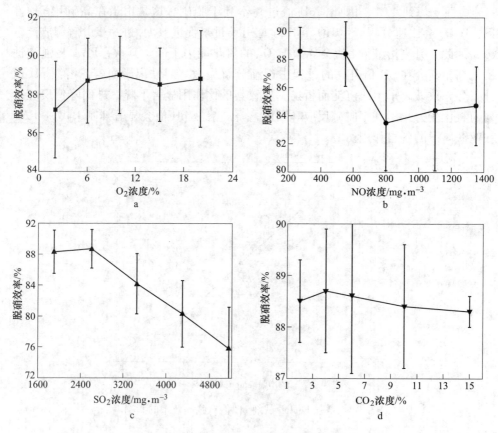

图 3-5　烟气共存气体对脱硝效率的影响

a—O_2 的影响；b—NO 的影响；c—SO_2 的影响；d—CO_2 的影响

3.7　增强 Fenton 试剂添加卤化物后的脱汞性能对比

上述实验验证了 Fenton/PAA 型复合氧化剂对脱硫脱硝具有很好的效果，接下来将考察其脱汞效果。由图 3-6 所知，增强 Fenton 试剂难以实现较好的脱汞效率。根据文献报道，卤化物是一种良好的脱汞助剂，因此，实验选用了若干种卤化物（HCl、NaCl、NaClO 和 NaBr）作为 Fenton/PAA 的添加剂来提高其脱汞效果，并以此开展了热催化气相氧化脱汞实验，考察了卤化物掺杂增强 Fenton 试剂各组分配比、加入速率、pH 值、反应温度、烟气共存气体等对脱汞的影响，确定了最佳脱硫脱硝脱汞的实验条件。

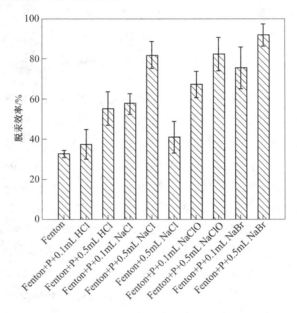

图 3-6　不同卤化物添加剂对脱汞效率的影响

协同脱汞的实验条件如下：模拟烟气流速为 1.0L/min，复合氧化剂的加入速率为 150μL/min，复合氧化剂 pH 值为 1.1，热催化温度为 90℃，Hg^0 浓度为 20μg/m³。如图 3-6 所示，当使用 Fenton 试剂作为氧化剂时（配比如上述脱硫脱硝实验），脱汞效率仅为 33.2%，表明 Fenton 试剂不能有效脱除 Hg^0。当复合氧化剂由 Fenton/PAA/HCl 组成时，HCl 用量从 0.1mL 增加到 0.5mL 时，脱汞效率由 38.3% 增加到 56.5%；当复合氧化剂由 Fenton/PAA/NaCl 组成时，且 NaCl 用量由 0.1mL 提高到 0.5mL 时，脱汞效率则由 57.2% 升高到 82.6%，上述实验验证了氯化物对脱汞的确有促进作用，相比于 HCl，NaCl 的促进作用更加明显，氯化物的促进机理是由于 HO· 与氯离子生成了含氯自由基，如：$HOCl^{·-}$，$Cl^·$ 和 Cl_2 等。此外，反应过程中生成的钠盐也对氧化汞起到了一定的吸附作用。而更令人惊奇的是，当将微量 NaBr 加入到 Fenton/PAA 后，脱汞效率出现了更大的提升，当 NaBr 用量由 0.1mL 提高到 0.5mL 的过程中，脱汞效率则由 75.4% 升高到 92.1%，由此可以看出，溴化物比氯化物更有利于脱汞，这与前人的研究结果一致。此外，实验也考察了 NaClO 作为卤化物添加剂时脱汞效率的变化，当 NaClO 的用量由 0.1mL 升高到 0.5mL 时，脱汞效率由 68% 升高到 83%，这表明 NaClO 和 NaCl 对脱汞的促进作用相当。但从经济性角度来讲，NaCl、NaBr 和 NaClO 三者的成本分别为 260 元/t，21000 元/t 和 3850 元/t，因此，NaCl 更适于做为卤化物添加剂。最后，为了验证 PAA 在此复合氧化系列中的作用，我们也考察了当加入和未加入 PAA 时脱汞效率的变化。由图中可看出，当复合氧化剂中未加入 PAA，仅由 Fenton/NaCl 组成时，脱汞效率仅为 40.2%；而加入 PAA 之后，脱汞效率增至 82.6%，因此，PAA 在脱汞反应中也起到了十分重要的作用。

3.8　H_2O_2 和 NaCl 浓度对增强 Fenton 试剂脱汞的影响

为了确定 NaCl 和 H_2O_2 在复合氧化剂中的最佳添加量，实验考察了 NaCl 和 H_2O_2 浓度对脱汞效率的影响，模拟烟气流速为 1.0L/min，复合氧化剂的加入速率为 150μL/min，复合氧化剂 pH 值为 1.1，热催化温度为 90℃，Hg^0 浓度为 20μg/m³。如图 3-7 所示，当 NaCl 浓度由 8mmol/L 升高到 40mmol/L 时，脱汞效率由 58.4% 升高到 82.5%，随后脱汞效率不再改变。因此，NaCl 在复合氧化剂中的最佳浓度为 40mmol/L。当 NaCl 浓度较低时，提高 NaCl 的浓度可提高含氯自由基的生成量，进而提高了汞的氧化速率，而当 NaCl 超过 40mmol/L 时，含氯自由基的浓度接近饱和，由 NaCl 浓度增加而引起的促进作用逐渐变小。此外，图 3-7 也给出了 H_2O_2 浓度对脱汞效率的影响，在 H_2O_2 浓度由 1mol/L 升高到 4mol/L 时，脱汞效率由 32% 升高到 83%，这说明 H_2O_2 的浓度越高，则复合氧化剂的氧化能力越强，汞的脱除效果越好。然而，H_2O_2 浓度的拐点也出现在 4mol/L，这是由于当 H_2O_2 浓度超过此点后，类气相复合氧化剂的浓度已不再是汞氧化反应的速控步骤，因此，提高 H_2O_2 浓度不能再进一步提高脱汞效率。

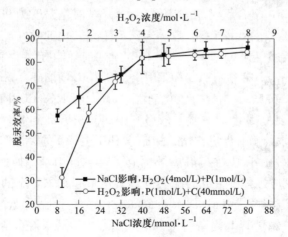

图 3-7　NaCl 和 H_2O_2 浓度对脱汞效率的影响

3.9 Fe²⁺和 NaClO 浓度对 Fenton 试剂脱汞的影响

为了避免酸性 PAA 可能造成的腐蚀，我们考察了次氯酸钠改性传统 Fenton 试剂的脱汞性能。我们将 H_2O_2 浓度升高至 8mol/L，模拟烟气气速为 2.0L/min，复合氧化剂的加入速率为 150μL/min，增强 Fenton 试剂 pH 值为 2，热催化温度为 130℃，SO_2 浓度为 2000mg/m³，NO 浓度为 500mg/m³，Hg^0 浓度为 20μg/m³，在此条件下考察了亚铁离子和次氯酸钠对同时脱硫脱硝脱汞的影响。从图 3-8 中可以看出，当亚铁离子的浓度为 0~500 mmol/L 时，脱硫效率一直保持在 100%，这是由于氧化反应和吸收反应的协同作用提高了脱硫效率。对于 NO 和 Hg^0，当亚铁浓度在 0~300mmol/L 时，它们的去除效率分别由 53%增至 81%和 59%增至 84%。之后，当亚铁离子浓度由 300mmol/L 增加到 500mmol/L 时，NO 和 Hg^0 的脱除效率都降低到 75%。因此，亚铁离子的最佳浓度为 300mmol/L。亚铁离子浓度在 0~300mmol/L 范围内，NO 和 Hg^0 去除率的提高是因为 $HO^·$ 和 $HO_2^·$ 的产生（反应方程式（3-1）~式（3-6）），它们促进了 NO 和 Hg^0 的氧化。同时 NO 的氧化产物，如 NO_2 和 HNO_3，也能够加快 Hg^0 的氧化。然而，随着亚铁离子浓度在反应体系中不断增加，自由基浓度将会不断降低，导致 NO 和 Hg^0 的氧化效率降低。

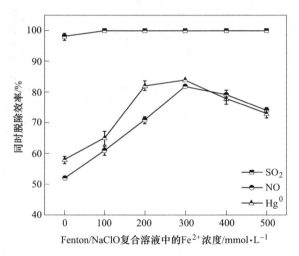

图 3-8　亚铁离子浓度对脱汞效率的影响（FO 即为 Fenton/NaClO 复合溶液）

$$Fe^{2+} + H_2O_2 \longrightarrow Fe^{3+} + OH^- + HO^· \qquad (3-1)$$

$$Fe^{3+} + H_2O_2 \longrightarrow H^+ + Fe-OOH^{2+} \qquad (3-2)$$

$$Fe-OOH^{2+} \longrightarrow Fe^{2+} + HO_2^· + HO_2^- \qquad (3-3)$$

$$HO^· + HO^· \longrightarrow H_2O_2 \qquad (3-4)$$

$$HO_2^{\cdot} + HO^{\cdot} \longrightarrow H_2O + O_2 \tag{3-5}$$

$$HO_2^{\cdot} + HO_2^{\cdot} \longrightarrow H_2O_2 + O_2 \tag{3-6}$$

众所周知，烟气中氧化汞的浓度很大程度上取决于烟气氯的浓度。考虑到 Hg^0 的协同氧化，向 Fenton 试剂中加入具有强氧化性的含氯氧化剂 NaClO，观察其对 Hg^0 氧化的促进作用。结果见图 3-9，很明显，当 NaClO 的浓度从 100mmol/L 增加到 400mmol/L 时，脱汞效率略有增加，从 84% 增加到 93%，之后便保持稳定。但是，在 0 到 300mmol/L 的 NaClO 浓度范围内 NO 的去除率几乎保持不变，当 NaClO 的浓度从 300mmol/L 增加到 500mmol/L 时，NO 的去除率明显下降。考虑到同时去除，NaClO 的最佳浓度为 300mmol/L。从文献中可以看出，Hg^0 去除率的增加表面 NaClO 产生的 $ClOH^-$ 能够直接增强 Hg^0 的氧化效果。而 NO 去除率的下降可能是因为过量 NaClO 的加入导致 Fenton 试剂 pH 值的增加，加快了 H_2O_2 的分解。综上，在此提出了另一种增强 Fenton 试剂，其由 8mol/L H_2O_2，300mmol/L 的 Fe_2SO_4 和 300mmol/L 的 NaClO 组成。

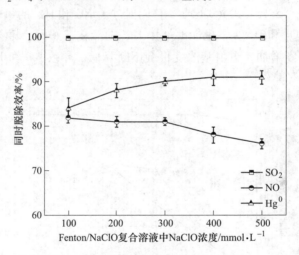

图 3-9 次氯酸钠浓度对脱汞效率的影响

3.10 Fenton 复合氧化剂 pH 值对脱汞的影响

由 Fenton/PAA 脱硫脱硝实验可知，复合氧化剂 pH 值对 H_2O_2 和 PAA 的存在形式及电极电势有重要影响，由此可推测 Fenton/PAA/NaCl 在氧化 Hg^0 的过程中也会受到溶液 pH 值的影响，反应条件如下：模拟烟气流速为 1.0L/min，Fenton/PAA/NaCl 复合氧化剂加入速率为 $150\mu L/min$，反应温度为 90℃，Hg^0 浓度为 $20\mu g/m^3$。如图 3-10 所示，当 pH 值小于 1 时，脱汞效率可稳定在 81% 以上，而当复合氧化剂 pH 值由 1 升高到 5 的过程中，脱汞效率出现了线性下降，因此，该实验进一步验证了高 pH 值对复合氧化剂的氧化能力有明显的抑制作用，其机理分析详见上文关于 Fenton/PAA 的讨论。

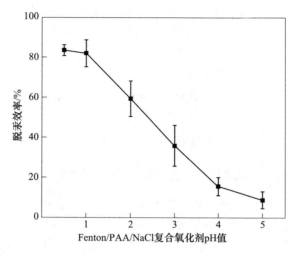

图 3-10 Fenton/PAA/NaCl 复合氧化剂 pH 值对脱汞效率的影响

此外，实验研究了 Fenton/NaClO 溶液 pH 值在 0.5~4.0 范围内对脱汞效率的影响，如图 3-11 所示。当 pH 值小于 2 时，脱硫效率稳定在 100%，然后随着 pH 值进一步增加到 3.5，脱硫效率反而降至 96%。类似地，当 pH 值在 2 以内时，NO 和 Hg^0 的去除效率分别保持在大约 82% 和 92%，之后它们的去除率急剧下降。在 pH 值为 4.0~5.5 的范围内时，当 pH 值为 4 时，NO 和 Hg^0 的去除率分别小于 35% 和 40%，当 pH 值从 4.5 进一步提高到 5.5 时，NO 和 Hg^0 的去除率甚至降低至 25%~30% 和 30%~35%。显然，增加 pH 值对同时去除具有不利影响。

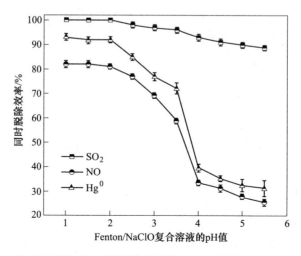

图 3-11 Fenton/NaClO 试剂 pH 对脱汞效率的影响（FO 即为 Fenton/NaClO 复合溶液）

据报道，H_2O_2 在高 pH 值下会严重分解，分解产物 HO_2^- 又会促进 H_2O_2 的分解并消耗 $HO^·$（方程式（3-7）~式（3-10））。因此，Fenton/NaClO 的氧化能力随 pH 值的升高而降低。另一方面，当 pH 值逐渐增加时，亚铁离子会逐渐沉淀，从而抑制了自由基的产生。

$$OH^- + H_2O_2 \longrightarrow HO_2^- + H_2O \tag{3-7}$$

$$HO_2^- + H_2O_2 \longrightarrow OH^- + O_2 + H_2O \tag{3-8}$$

$$HO_2^- + HO^· \longrightarrow O_2^- + H_2O \tag{3-9}$$

$$Fe + 3OH^- \longrightarrow Fe(OH)_3 \tag{3-10}$$

3.11　Fenton 复合氧化剂加入速率对脱汞的影响

由 Fenton/PAA 脱硫脱硝实验可知复合氧化剂加入速率，即气相自由基浓度，对气态污染物的氧化速率有重要影响，因此，实验考察了 Fenton/PAA/NaCl 复合氧化剂加入速率对脱汞效率的影响，模拟烟气流速为 1.0L/min，复合氧化剂 pH 值为 5.5，反应温度为 90℃，Hg^0 浓度为 20μg/m³。如图 3-12 所示，当加入速率由 50μL/min 升高到 150μL/min 时，脱汞效率由 61.1% 升高到 82.2%，当加入速率从 150μL/min 至 450μL/min 时，脱汞效率一直保持稳定。当超过 450μL/min 时，脱汞效率出现了微弱的下降。初期脱汞效率的提升是由于气相自由基浓度的提高使摩尔比增加促进了 Hg^0 的氧化；而当气相自由基浓度过饱和时，自由基间的湮灭反应降低了有效氧化物种的浓度，进而导致了脱汞效率的下降。

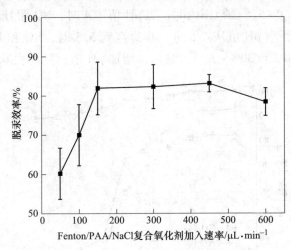

图 3-12　Fenton/PAA/NaCl 复合氧化剂加入速率对脱汞效率的影响

此外，也考察了 Fenton/NaClO 复合氧化剂与烟气多污染物摩尔比对脱硫脱硝脱汞的影响。如图 3-13 所示，当摩尔比从 1 增加到 10 时，脱硫效率略有增加，然后随着摩尔比的进一步增加，脱硫效率却保持不变。而 NO 和 Hg^0 的脱除显著受到摩尔比的影响，当摩尔比从 1 增加到 10 时，脱硝效率从 36% 增加到 81%，脱汞效率则从 48% 急剧增加到 91%。从污染物脱除效率和经济性角度考虑，最适摩尔比为 10。脱硝脱汞效率增加的主要原因可归结为氧化剂与 NO/Hg⁰ 摩尔比增加促进了 NO 和 Hg⁰ 的氧化。但过量的氧化剂会导致自由基减少，由此反而抵消了增加摩尔比所带来的促进效果。

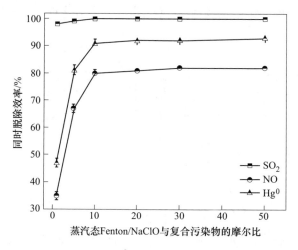

图 3-13 Fenton/NaClO 与 Hg⁰ 的气相摩尔浓度比对脱汞效率的影响

3.12 热催化温度对脱汞的影响

实验考察了热催化温度对 Fenton/PAA/NaCl 脱汞效率的影响，选取的考察范围为 70～150℃，模拟烟气流速为 1.0L/min，复合氧化剂的加入速率为 150μL/min，复合氧化剂 pH 值为 5.5，Hg⁰ 浓度为 20μg/m³。如图 3-14 所示，当温度由 70℃ 升高到 90℃ 时，脱汞效率快速地从 60% 升高到 82%，而当温度由 90℃ 升高至 130℃ 时，脱汞效率缓慢地从 82% 升高到 91%，此后，随着温度进一步升高，脱汞效率开始明显下降。因此，130℃ 为最佳热催化温度。当温度较低时，提高反应温度有利于液相复合氧化剂的汽化，加快污染物的扩散速率和化学反应速率，因此，在一定范围内提高反应温度有利于脱汞；当温度过高后，反应物的分解作用加剧。为了进一步验证高温促进复合氧化剂分解的推论，进行了如下实验：将 4mol/L 的 H_2O_2 以 150μL/min 的加入速度加入到汽化器后，在 70 到 150℃ 的范围内改变汽化器及反应器温度，以 1L/min 的 N_2 作为载气，而后检测出口处的 O_2 浓度的变化。实验结果表明：当反应温度在 70～95℃ 范围内时，O_2 浓度为 0.1%；当反应温度为 95～132℃ 时，O_2 浓度为 0.2%；当反应温度为 132～139℃ 时，O_2 浓度为 0.3%；当反应温度为 139～150℃ 时，O_2 浓度为 0.4%；而与浓度相对应的 H_2O_2 分解率分别为 5%，10%，15% 和 20%。同时，我们也对

P 的热分解率在相同的条件下（除载气流量变为 250mL/min）做了类似实验，结果显示：在整个反应过程中，当温度低于 134℃时，O_2 浓度始终保持 0，而温度超过 134℃后，O_2 浓度始终保持 0.1%。因此，通过该实验可总结出如下结论：当温度过高时，尤其超过 130℃后，H_2O_2 和 P 的热分解加剧，进而导致复合氧化剂的氧化能力降低。因此，在工业应用中，应该选取一个适宜的反应温度，在该温度条件下，既能满足高的脱汞效率又能降低复合氧化剂的热分解。

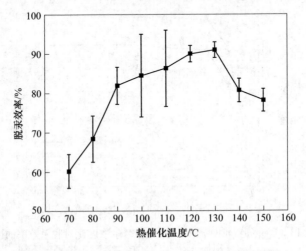

图 3-14　热催化温度对 Fenton/PAA/NaCl 脱汞的影响

此外，实验还考察了热催化温度对 Fenton/NaClO 脱硫脱硝脱汞的影响，如图 3-15 所示。当热催化温度由 90℃升高至 130℃时，脱硫效率从 85%提高到100%，Hg^0 的去除率从 73%提高到 91%，NO 的去除率从 65%提高到 79%。但

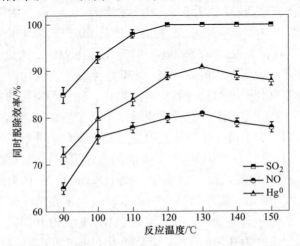

图 3-15　热催化温度对 Fenton/NaClO 脱硫脱硝脱汞的影响

是，当热催化温度从 130℃ 升高至 150℃ 时，脱硝脱汞效率呈显著下降趋势。因此，最佳的热催化温度确定为 130℃，这与静电除尘器出口的烟温基本保持一致，因此热催化反应器可布置于静电除尘器下游。

3.13 烟气共存气体对脱汞的影响

实验也考察了 Hg^0、NO、O_2 和 SO_2 等烟气共存气体浓度变化对脱汞的影响，实验条件如下：模拟烟气流速为 1.0L/min，复合氧化剂的加入速率为 150μL/min，复合氧化剂 pH 值为 1.1，反应温度为 130℃，Hg^0 浓度为 20μg/m³。如图 3-16 所示，当 Hg^0 浓度由 50μg/m³ 升高到 500μg/m³ 时，脱汞效率仅从 88% 降到 85%，这表明汞浓度的变化对脱汞效率影响很小，说明热催化气相氧化技术对烟气负荷适应性较强。图 3-16 也给出了 O_2 对脱汞的影响，由图看出，随着 O_2 由 2% 上升到 6%，脱汞效率基本保持不变，这说明 O_2 并没有促进汞的氧化。而当 SO_2 引入反应系统后，脱汞效率出现了先降低后增高的趋势，当 SO_2 的浓度分别为 1100mg/m³、2200mg/m³ 和 3500mg/m³ 时，脱汞效率分别为 92.0%、82.1% 和 64.3%。低浓度的 SO_2 有利于脱汞，因为 SO_2 的氧化产物 SO_3 和 H_2SO_4 可氧化 Hg^0 成为 $HgSO_4$（方程式（3-11）），而高浓度的 SO_2 会同 Hg^0 发生竞争氧化反应导致脱汞效率降低。竞争氧化的现象也通过验证实验得到了证明，当 SO_2 浓度为 3500mg/m³ 时，将复合氧化剂的加入速率由 150μL/min 提升到 500μL/min，脱汞效率由 64% 升高到 94%。图 3-16 也给出了 NO 对脱汞的影响，从图中可知，当

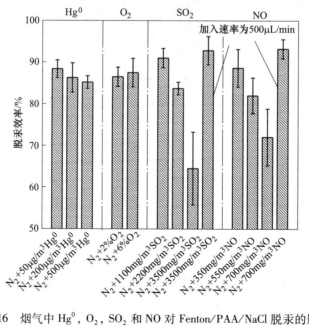

图 3-16 烟气中 Hg^0，O_2，SO_2 和 NO 对 Fenton/PAA/NaCl 脱汞的影响

NO 浓度分别为 $350mg/m^3$、$550mg/m^3$ 和 $700mg/m^3$ 时，脱汞效率分别为 89%，82% 和 70%，显而易见，低浓度 NO 有利于脱汞，而高浓度 NO 会抑制脱汞，该结论与 Niksa 的实验结果相一致。在反应过程中，对脱汞起主要促进作用的物质是 NO_2，下面将通过暂态响应实验来验证 NO_2 和 SO_3/H_2SO_4 在汞氧化过程中的促进作用。

$$Hg^0 + SO_3 + O_2 \longrightarrow HgSO_4 \qquad (3-11)$$

如图 3-17 所示，实验考察了 NO_2 对 Fenton/PAA/NaCl 脱汞的影响，实验条件如下：模拟烟气流速为 $1.0L/min$，复合氧化剂的加入速率为 $150\mu L/min$，复合氧化剂 pH 值为 1.1，反应温度为 $130℃$，Hg^0 浓度 $20\mu g/m^3$，NO_2 浓度为 $300mg/m^3$。当反应进行到 60min 时，将浓度为 $300mg/m^3$ 的 NO_2 注入反应系统，并以只注入 H_2O 作为空白对照组，而后脱汞效率增加了 30%；在 90min 时，令 Fenton/PAA/NaCl 复合氧化剂替换了 H_2O，随后脱汞效率很快增加到 93% 并保持不变。该实验进一步验证了 NO_2 在 Hg^0 的去除过程表现出的巨大促进作用，而且，NO_2 与复合氧化剂同时存在于反应系统时脱汞效率更高。

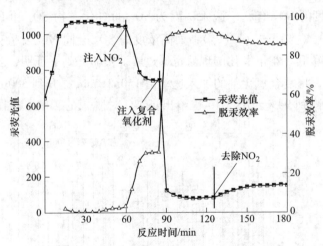

图 3-17 NO_2 对 Fenton/PAA/NaCl 脱汞的影响

如图 3-18 所示，实验考察了 SO_2 对 Fenton/PAA/NaCl 脱汞的影响，实验条件为：模拟烟气流速为 $1.0L/min$，复合氧化剂的加入速率为 $150\mu L/min$，复合氧化剂 pH 值为 1.1，反应温度为 $130℃$，Hg^0 浓度 $20\mu g/m^3$，SO_2 浓度为 $1000mg/m^3$。当反应进行到 45min 时，将浓度为 $1000mg/m^3$ 的 SO_2 注入反应系统，并以只注入 H_2O 作为空白对照组，而后脱汞效率在 45～80min 范围内稳定在 0；该实验证明 SO_2 和 H_2SO_3 无法促进汞氧化。而在 90min 时，令 Fenton/PAA/NaCl 复合氧化剂替换了 H_2O 后，脱汞效率很快增加到 92% 并保持不变。该实验也进一步验证了 SO_2 的氧化产物 SO_3 和 H_2SO_4 在 Hg^0 的去除过程表现出的巨大促进作用。

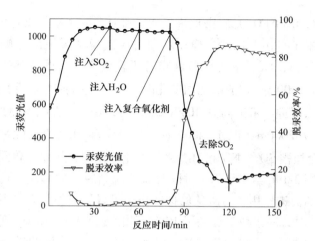

图 3-18 SO₂ 对 Fenton/PAA/NaCl 脱汞的影响实验

此外，实验还研究了煤烟气中 O_2、CO_2、SO_2 和 NO 等共存气体对 Fenton/NaClO 同时脱硫脱硝脱汞的影响。图 3-19a 表明 O_2 对 SO_2 的去除影响可忽略不

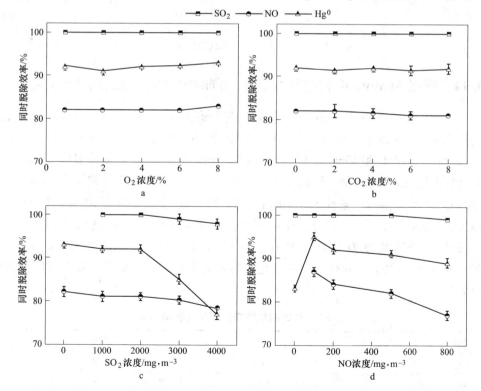

图 3-19 烟气中 O_2、CO_2、SO_2 和 NO 对 Fenton/NaClO 同时脱硫脱硝脱汞的影响

a—O_2；b—CO_2；c—SO_2；d—NO

计，但引入 4%~8%的 O_2 却轻微促进了 NO 和 Hg^0 的去除，这可能是由于 O_2 浓度的增加，抑制了自由基减少。CO_2 对同时脱硫脱硝脱汞的影响如图 3-19b 所示，作为惰性气体，CO_2 并没有影响同时脱除效率。从图 3-19c 可以看出，当 SO_2 浓度在 0 至 2000mg/m³ 的范围内变化时，Hg^0 的去除率几乎稳定在 92%左右。但是，当 SO_2 浓度进一步提高到 4000mg/m³ 时，Hg^0 的去除率急剧下降。同样，随着 SO_2 浓度从 2000mg/m³ 到 4000mg/m³，NO 和 SO_2 的去除率也逐渐降低。SO_2 浓度过高会加剧 SO_2、NO 和 Hg^0 之间的竞争作用，从而导致同时脱硫脱硝脱汞效率降低。图 3-19d 给出了 NO 对同时脱硫脱硝脱汞的影响，可以看出 NO 对脱汞具有显著的促进作用，对脱硫的抑制作用可以忽略不计。当 NO 浓度从 0 增加到 100mg/m³ 时，脱汞效率提高了 10%，原因是 NO_2 和 HNO_3 氧化 Hg^0 形成了硝酸汞（等式（3-12）和式（3-13））。然而，随着 NO 浓度的进一步增加，脱汞效率逐渐降低，这是由于 NO 与 Hg^0 之间竞争反应的加剧所致。至于 NO 的去除，当 NO 浓度由 100mg/m³ 增加至 800mg/m³ 时，脱硝效率降低了 10%，这可能是由于 SO_2、NO 和 Hg^0 之间的竞争反应所致。

$$Hg + NO_2 \longrightarrow HgO + NO \tag{3-12}$$

$$Hg + O_2 + 2NO_2 \longrightarrow Hg(NO_3)_2 \tag{3-13}$$

3.14 增强 Fenton/卤化物复合氧化剂同时脱硫脱硝脱汞平行实验结果

在最佳实验条件下，还进行了同时脱硫脱硝脱汞实验。Fenton/PAA/NaCl 的最佳实验条件如下：H_2O_2、$FeSO_4$、PAA 和 NaCl 的摩尔浓度比为 4mol/L，4mmol/L，1mol/L 和 40mmol/L，复合氧化剂 pH 值为 1.1，热催化温度为 130℃，复合氧化剂的加入速率为 150μL/min。在 SO_2、NO 和 Hg^0 浓度分别为 2200mg/m³、550mg/m³ 和 20μg/m³ 条件下，同时脱硫脱硝脱汞的效率分别为 100%、78.9%和 83.9%，如表 3-2 所示。此外，还总结出了 Fenton/NaClO 的最佳脱硫脱硝脱汞实验条件：热催化温度为 130℃，H_2O_2，$FeSO_4$ 和 NaClO 的摩尔浓度比为 8 mol/L，300 mmol/L 和 300 mmol/L。气相氧化剂与污染物的摩尔比为 10，复合氧化剂 pH 值为 2。

表 3-2 同时脱硫脱硝脱汞平行实验结果

成分	1	2	3	4	5	6	平均效率/%	误差
SO_2	100	100	100	100	100	100	100	0
NO	78.8	76.8	80.5	81.7	80.3	79.5	78.9	2.44
Hg^0	78.5	75.3	81.2	83.2	80.1	80.4	83.9	8.41

3.15　增强 Fenton/卤化物复合氧化剂脱硝脱汞反应级数

图 3-20 给出了 Fenton/PAA 型复合氧化剂脱硝的反应级数计算过程。首先给出了一组 NO 浓度随反应时间变化的典型曲线，通过对该曲线 0 点处的微分，我们得到了脱硝初始反应速率 r_0。随后通过线性拟合 $\lg(-d_c/d_t)-\lg c$ 关系，得出脱硝的反应级数为 1.119，R^2 是 0.998，表明 Fenton/P 脱硝反应级数可视为准一级动力学。

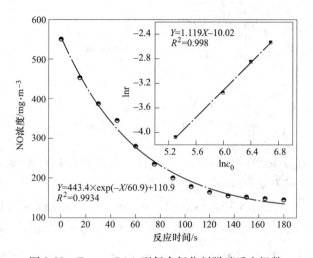

图 3-20　Fenton/PAA 型复合氧化剂脱硝反应级数

图 3-21 给出了 Fenton/PAA/NaCl 复合氧化剂脱汞宏观动力学计算结果。如图所示，汞荧光值随反应时间变化呈典型指数型，因此脱汞宏观反应动力学符合准一级动力学。此外，也计算了复合氧化剂的反应分级数，当复合氧化剂的加入

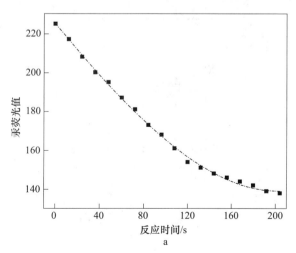

a

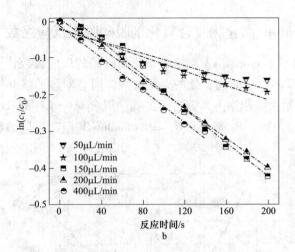

图 3-21　Fenton/PAA/NaCl 型复合氧化剂脱汞反应级数
a—汞荧光值变化曲线；b—反应级数的确定

速率分别为 50μL/min，100μL/min，150μL/min，200μL/min 和 400μL/min 时，脱汞速率常数分别为 0.00082s^{-1}，0.00097s^{-1}，0.0022s^{-1}，0.0021s^{-1} 和 0.0023s^{-1}。可以看出，当复合氧化剂加入速率超过 150μL/min 时，脱汞反应速率常数基本保持不变，因此，复合氧化剂的反应分级数在实验条件下可认为是准零级反应。

3.16　增强 Fenton/卤化物复合氧化剂脱硝脱汞表观活化能

图 3-22a 所示，当温度范围为 333~393K 时，Fenton/PAA 脱硝的速率常数由 0.00946s^{-1} 增至 0.01980s^{-1}。经拟合，如图 3-22b 所示，$\ln k_{obs}$ 与 $1/T$ 呈线性关系，符合阿伦尼乌斯方程，计算得出脱硝表观活化能为 14.1kJ/mol。

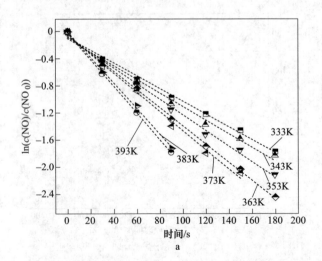

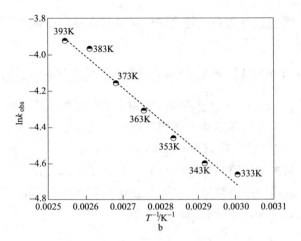

图 3-22 Fenton/PAA 型复合氧化剂脱硝表观活化能

图 3-23a 给出了温度范围为 343~423K 时的脱汞速率常数。经拟合，如图 3-23b

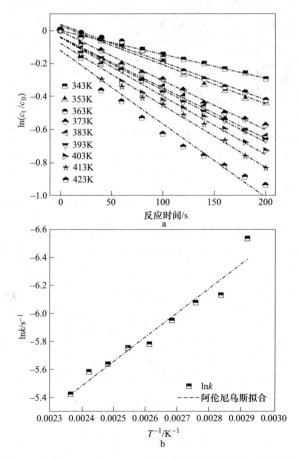

图 3-23 Fenton/PAA/NaCl 型复合氧化剂脱汞表观活化能

所示，$\ln k_{\text{obs}}$ 与 $1/T$ 呈线性关系，符合阿伦尼乌斯方程，计算得出脱汞的表观活化能为 14.3kJ/mol。

3.17　增强 Fenton/卤化物复合氧化剂组成对脱硝脱汞速率常数的影响

实验考察了 Fenton/PAA 复合氧化剂中组分变化对脱硝速率的影响，如图 3-24 所示，从三组实验可看出脱硝动力学均符合准一级动力学反应。当复合氧化剂仅由 H_2O_2 组成时，脱硝速率常数为 $0.01093s^{-1}$，其为三组实验中速率常数的最小值。当复合氧化剂由 PAA 和 H_2O_2 组成时，其速率常数增至 $0.01486s^{-1}$。当将亚铁离子加入后，脱硝速率常数进一步增加至 $0.02234s^{-1}$。因此，亚铁离子和 P 不仅能显著提高脱硝效率，也能提高脱硝速率。

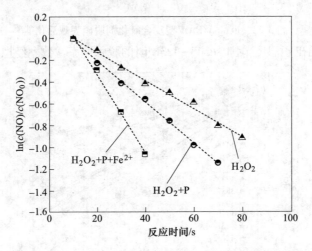

图 3-24　Fenton/PAA 型复合氧化剂组成对脱硝速率的影响

由于亚铁离子浓度决定了羟基自由基的生成速率和生成数量，因此，实验进一步考察了亚铁离子浓度对脱硝速率的影响。如图 3-25 所示，当亚铁离子浓度为 3mmol/L、5mmol/L、7mmol/L、9mmol/L 时，脱硝速率常数分别为 $0.01107s^{-1}$、$0.02234s^{-1}$、$0.02348s^{-1}$ 和 $0.02706s^{-1}$，以上结果说明提高亚铁离子浓度能显著提高脱硝速率。然而，通过前面的效率实验可知：5mmol/L 的亚铁离子浓度能保证最佳脱硝效率，这是由于尽管提高亚铁离子浓度可促进羟基自由基的生成，但同时，短时间内生成的大量自由基会发生淬灭反应，导致有效氧化物种的急速损失，降低复合氧化剂的氧化能力，因此，适量的亚铁离子有助于保证高脱硝效率。综上，考虑到经济效益和脱硝效率，选取 5mmol 为最佳亚铁离子浓度。

前述的单因素实验验证了 NaBr 为脱汞最佳卤化物添加剂。并且上述脱硝速率实验也确定了 PAA 和亚铁离子对 H_2O_2 的促进作用，因此，接下来的实验将着

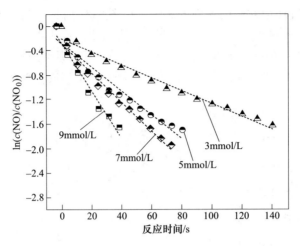

图 3-25 Fenton/PAA 型复合氧化剂中亚铁离子浓度对脱硝速率的影响

重考察卤化物添加剂对脱汞速率的影响。如图 3-26 所示，当卤化物添加剂为 HCl，NaClO，NaCl 和 NaBr 时，脱汞速率常数分别为 $0.0018s^{-1}$，$0.00141s^{-1}$，$0.0022s^{-1}$ 和 $0.00548s^{-1}$，表明卤化物添加剂的种类不同，脱汞速率也各不相同，且溴化物对脱汞的促进作用最强，其不仅能提高脱汞效率，也能显著提高脱汞速率。

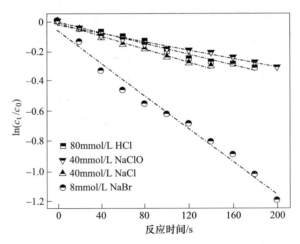

图 3-26 Fenton/PAA/NaCl 型复合氧化剂组成脱汞速率的影响

3.18 增强 Fenton/卤化物复合氧化剂 pH 值对脱硝脱汞速率常数的影响

前面的单因素实验已明晰了溶液 pH 值对脱硝效率影响最大，因此，实验考察了复合氧化剂 pH 值对脱硝速率的影响。如图 3-27 所示，当溶液 pH 值为 0.5、1.0、2.0、3.0 和 4.0 时，脱硝速率常数分别为 $0.01423s^{-1}$、$0.00909s^{-1}$、$0.00698s^{-1}$、$0.00496s^{-1}$ 和 $0.00343s^{-1}$。显而易见，低 pH 值更有利于提高脱硝速率，这与上文研究结果一致，进一步证明了 Fenton 系列的嗜酸特性。

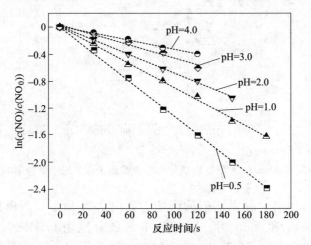

图 3-27　Fenton/PAA 型复合氧化剂 pH 值对脱硝速率的影响

同样地，图 3-28 也给出了 Feton/PAA/NaCl 复合氧化剂 pH 值对脱汞速率的影响。当溶液 pH 值从 0.5 增加到 4 的过程中，脱汞速率常数由 $0.00414s^{-1}$ 降至 $0.00167s^{-1}$。并且，溶液 pH 值与脱汞速率常数之间的关系符合一种指数关系，经过拟合，确定了二者的关系式（3-14）。关系式的提出为今后 Feont/P/C 复合氧化剂脱汞的工业应用提供了重要的数据基础。

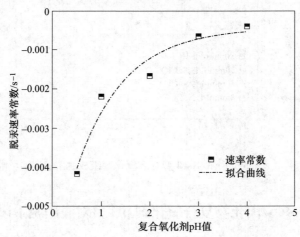

图 3-28　Fenton/PAA/NaCl 型复合氧化剂 pH 值对脱汞速率的影响

$$k = -0.00587e^{(n/0.9896)} - 4.5 \times 10^{-4} \approx -0.006e^n - 4.5 \times 10^{-4} \quad (3\text{-}14)$$

式中，k 是脱汞速率常数，s^{-1}；n 是复合氧化剂 pH 值。

3.19 SO$_2$ 和 NO 对脱硝脱汞速率常数的影响

SO$_2$ 是 NO 的共存气体，其有可能对脱硝过程产生一定的影响，因此，实验考察了 SO$_2$ 浓度变化对脱硝速率的影响，选取了 4 个浓度点，520mg/m^3、61050mg/m^3、1560mg/m^3 和 2100mg/m^3。如图 3-29 所示，当 SO$_2$ 浓度由 520mg/m^3 增加到 2100mg/m^3 时，脱硝速率变化不大，这说明 SO$_2$ 对脱硝反应的影响很小。

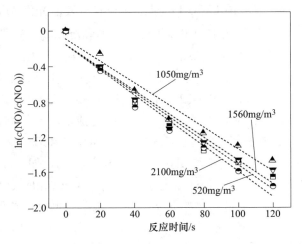

图 3-29 SO$_2$ 对 Fenton/PAA 型复合氧化剂脱硝速率的影响

单因素实验确定了 SO$_2$ 和 NO 对提高脱汞效率有促进作用，因此，实验考察了二者对脱汞速率的影响。如图 3-30 所示，当 NO 浓度为 0、350mg/m^3、550mg/m^3

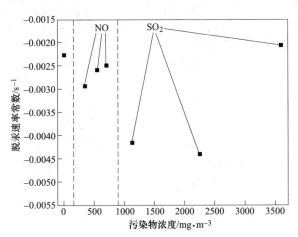

图 3-30 SO$_2$ 和 NO 对 Fenton/P/C 型复合氧化剂脱汞速率的影响

和 700mg/m³ 时，脱汞速率常数分别为 0.00227s⁻¹、0.00294s⁻¹、0.00259s⁻¹ 和 0.00249s⁻¹，由此可见，适量的 NO 有利于脱汞反应，这与前文的研究结果一致。同样地，当 SO₂ 浓度为 0、1100mg/m³、2200mg/m³ 和 3500mg/m³ 时，脱汞速率常数分别为 0.00227s⁻¹、0.00418s⁻¹、0.00443s⁻¹ 和 0.00206s⁻¹，结果表明低浓度的 SO₂ 有利于脱汞，高浓度的 SO₂ 会对脱汞产生严重的抑制作用。

3. 20　增强 Fenton/卤化物复合氧化剂脱硫脱硝脱汞产物测试分析与反应机理

如图 3-31 所示，反应前 Ca(OH)₂ 呈细颗粒状，表面光滑而平整，与反应前相比，反应后的 Ca(OH)₂ 的表明出现了许多沟槽和沉积物，这是由于大量 SO₂、NO$_x$ 和 Hg⁰ 的氧化产物，CaSO₄、CaSO₃、Ca(NO₃)₂ 和 Ca(NO₂)₂，被 Ca(OH)₂ 吸收而沉积在 Ca(OH)₂ 表面。为了验证猜想，对反应前后 Ca(OH)₂ 进行了 XRD 表征，如图 3-32 所示。对比图 3-32（Ⅰ）和图 3-32（Ⅱ），可以看出反应后的 Ca(OH)₂ 出现了许多新的特征峰，说明在反应完成后，有许多新的物种形成，通过对比标准卡片，确定了 CaSO₄、CaSO₃、Ca(NO₃)₂ 和 Ca(NO₂)₂ 的存在，并且，CaSO₄ 和 Ca(NO₃)₂ 的特征峰明显强于 CaSO₃ 和 Ca(NO₂)₂，说明反应产物主要为 CaSO₄ 和 Ca(NO₃)₂，通过该现象也说明了 Fenton 的氧化能力强于之前 H₂O₂/S。图 3-33 给出了反应产物的 EDS 表征，从图中可以清楚地看到有 N 和 S 特征峰的存在，这也进一步证明了 N 和 S 被复合氧化剂氧化而吸收。此外，对反应前后的 KCl 溶液进行了 CVAFS 检测，也确定了氧化汞的存在。如表 3-3 所示，在反应时间为 30min（汞渗透管在 60℃ 条件下的蒸发量约 20ng/min），KCl 溶液体积为 300mL，确定了反应后溶液中 Hg²⁺ 的浓度为 75.0ng/L，经估算得出其中的氧化汞质量为 22.5ng。事实上，在反应时间段内，有 600ng 的 Hg⁰ 进入到反应

|×10000　　7.5mm | ×10000　　7.5mm|
| a | b |

图 3-31　Fenton/PAA/NaCl 型复合氧化剂脱硫脱硝脱汞反应前后 Ca(OH)₂ 的 SEM 表征

a—反应前 Ca(OH)₂；b—反应后 Ca(OH)₂

系统内，而根据前文的汞脱除效率为91%，则有546ng 的 Hg^0 被氧化，其中有 22.5ng（4.1%w/w）的 Hg^{2+} 被 KCl 溶液吸收，剩余的 523.5ng（95.9%w/w）的 Hg^{2+} 被 $Ca(OH)_2$ 吸收，因此，大量的 Hg^{2+} 被 $Ca(OH)_2$ 吸收。

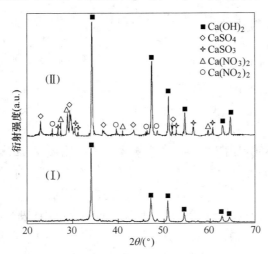

图 3-32　Fenton/PAA/NaCl 型复合氧化剂脱硫脱硝脱汞反应前后 $Ca(OH)_2$ 的 XRD 表征
（Ⅰ）反应前 $Ca(OH)_2$（Ⅱ）反应后 $Ca(OH)_2$

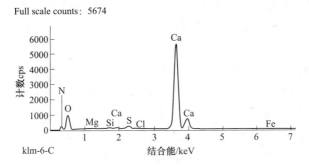

图 3-33　Fenton/PAA/NaCl 型复合氧化剂脱硫脱硝脱汞反应后 $Ca(OH)_2$ 的 EDS 表征

表 3-3　反应前后 KCl 溶液中 Hg^{2+} 浓度　　　　　　　（ng/L）

序号	1	2	3	4	5	平均值
反应前	0	0	0	0	0	0
反应后	75.1	77.6	73.4	74.3	74.7	75.0

注：KCl 溶液的浓度为 1.0mol/L，体积为 300mL。

　　根据前文 Fenton/PAA 的实验，可以肯定在此反应系统内存在的主要氧化物种为一次氧化剂 H_2O_2 和 PAA，以及二次自由基 HO·（式（3-15）到式（3-16））

和 $HO_2^·$（式（3-17）到式（3-19）），其中，$HO^·$（2.800V），$HO_2^·$（1.600V）和 PAA（1.960V）的电极电势远远高于 SO_4^{2-}/H_2SO_3（0.172V），SO_4^{2-}/SO_2（0.158V），NO_2/NO（1.049V），NO_3^-/NO（0.957V）和 NO_3^-/NO_2^-（0.835V），这从电化学角度证明了 Fenton 及 PAA 氧化 SO_2 和 NO 的可行性。

$$Fe^{2+} + H_2O_2 \longrightarrow Fe^{3+} + HO^· + OH^- \tag{3-15}$$

$$Fe^{2+} + CH_3COOOH \longrightarrow Fe^{3+} + CH_3COO^- + HO^· \tag{3-16}$$

$$Fe^{3+} + H_2O_2 \longrightarrow FeHO_2^{2+} + H^+ \tag{3-17}$$

$$FeHO_2^{2+} \longrightarrow Fe^{2+} + HO_2^· \tag{3-18}$$

$$HO^· + H_2O_2 \longrightarrow HO_2^· + H_2O \tag{3-19}$$

Fenton/PAA/NaCl 脱硫过程中，起主要作用的物质是 $Ca(OH)_2$ 和 H_2O_2，这是由于空白实验的脱硫效率高达 62%，表明 $Ca(OH)_2$ 具有良好的脱硫效果，其主要产物为 $CaSO_3$；但当 5mol/L 的 H_2O_2 作为氧化剂加入后，脱硫效率达到 99% 左右，说明 H_2O_2 的加入促进了脱硫，且脱硫产物经 XRD 表征后得出 $CaSO_4$ 为主要产物，$CaSO_3$ 为副产物，因此，这也进一步验证了 H_2O_2 在脱硫方面的氧化作用。除此之外，$HO^·$，$HO_2^·$ 和 PAA 在脱硫过程中也起到一定的促进作用（式（3-20）到式（3-23））。

$$SO_2 + OH^- \longrightarrow H_2O + SO_3^{2-} \tag{3-20}$$

$$SO_2/SO_3^{2-} + CH_3COO^- \longrightarrow H^+ + SO_4^{2-} + CH_3COO^- \tag{3-21}$$

$$SO_2/SO_3^{2-} + HO^· \longrightarrow SO_4^{2-} + H^+ \tag{3-22}$$

$$SO_2/SO_3^{2-} + HO_2^· \longrightarrow SO_4^{2-} + H^+ + O_2 \tag{3-23}$$

在 NO 脱除的过程中，NO 的高效氧化是其脱除的关键。相比于未加氧化剂时的脱硝效率几乎为 0，加入氧化剂后脱硝效率显著增加。当 PAA 和亚铁离子加入后，脱硝效率更是达到 89%，因此，除 H_2O_2 外，在 NO 氧化过程中起主导作用的氧化剂还有 PAA、$HO^·$ 和 $HO_2^·$（式（3-24）到式（3-26）），而 NO 的氧化产物为 NO_2，在氧化过程中，也存在一定的吸收反应（式（3-27）到式（3-29））。

$$NO + HO^· \longrightarrow NO_2 + H_2O \tag{3-24}$$

$$NO_2 + HO^· \longrightarrow NO_3^- + H^+ \tag{3-25}$$

$$HO_2^· + NO \longrightarrow NO_3^- + H^+ \tag{3-26}$$

$$NO_2 + NO + H_2O \longrightarrow NO_2^- + H^+ \tag{3-27}$$

$$NO_2 + H_2O \longrightarrow NO_3^- + H^+ + NO_2^- \tag{3-28}$$

$$NO_2 + H_2O \longrightarrow NO_3^- + H^+ + NO \tag{3-29}$$

在 Fenton/PAA/NaCl 复合氧化剂脱汞过程中，起主要作用的氧化剂是含氯自由基，如：$ClOH^{·-}$，$Cl^·$ 和 Cl_2（式（3-30）到式（3-32））。当仅使用 Fenton 试剂时，脱汞效率仅为 30% 多，当 PAA 和氯化物加入后，脱汞效率出现了显著的提升（式（3-33）到式（3-35））。同时，前述研究也证明了 PAA 在 Fenton/PAA/NaCl 复合氧化剂中所起的重要作用：仅当 PAA 存在时，脱汞效率才能保证在 82% 以上，因此，PAA 和氯化物是脱汞的关键。随后汞的氧化产物，主要为 $HgCl_2$，被 $Ca(OH)_2$ 吸收（式（3-36））。

$$HO^{\cdot} + Cl^- \longrightarrow ClOH^{\cdot -} \tag{3-30}$$

$$ClOH^{\cdot -} + H^+ \longrightarrow Cl^{\cdot} + H_2O \tag{3-31}$$

$$Cl^{\cdot} + Cl^{\cdot} \longrightarrow Cl_2 \tag{3-32}$$

$$ClOH^{\cdot -} + Hg^0 \longrightarrow HgCl_2 + HO^{\cdot} \tag{3-33}$$

$$Cl^{\cdot} + Hg^0 + M \longrightarrow HgCl_2 + M \tag{3-34}$$

$$Cl_2 + Hg^0 \longrightarrow HgCl_2 + Cl \tag{3-35}$$

$$Ca(OH)_2 + HgCl_2 \longrightarrow Cl-HgOH-Cl\cdots Ca(OH)_2 \tag{3-36}$$

4 热催化过氧化氢/过硫酸钠气相氧化脱硫脱硝脱汞性能与机理

过氧化氢是应用最为广泛的氧化剂之一。低浓度过氧化氢常被用作医用消毒剂，可用来杀菌消毒；工业级过氧化氢则是生产过硼酸钠、过碳酸钠、过氧乙酸、亚氯酸钠、过氧化硫脲等的原料；在印染工业则用作棉织物的漂白剂，还原染料染色后的发色剂。此外，高浓度的过氧化氢可用作火箭动力燃料。相比于其他氧化剂，过氧化氢具有价格低廉和绿色环保的优势（其分解产物为 H_2O 和 O_2），因此，其是一种绿色经济的氧化剂。本章利用过氧化氢作为基础氧化剂制备了几种高效复合氧化剂，并认为这些复合氧化剂具有良好的脱除效果。从长远来看，相比于其他氧化剂，过氧化氢复合氧化剂具有更加广阔的应用前景。

过硫酸钠（$Na_2S_2O_8$，PDS）是一种强氧化剂，其在降解 TOC 及地下水污染方面得到了广泛应用。据文献报道，PDS 与 H_2O_2 具有协同作用，在此过程中，二者可提高各自的氧化能力，生成羟基自由基（$HO^·$）和硫酸根自由基（$SO_4^·$）（Eqs. 3-1-3-4）。PDS 亦可在热力催化活化或过渡金属离子的催化作用下产生 $SO_4^·$。实验以 H_2O_2 为主氧化剂，以 PDS 为添加剂制备了 H_2O_2/PDS 型复合氧化剂并进行了热催化气相氧化脱硫脱硝脱汞实验研究，考察了过渡金属离子、复合氧化剂 pH 值、烟气流速、反应温度、共存气体等对脱硫脱硝脱汞效率的影响，最终确定了该复合氧化剂的最佳工艺条件。

4.1 H_2O_2/PDS 配比对脱硫脱硝脱汞的影响

实验用 H_2O_2 的质量浓度为 30%，其对应的摩尔浓度约为 8mol/L。图 4-1 给出了复合氧化剂中 H_2O_2 与 PDS 摩尔比对脱硫脱硝脱汞效率的影响，模拟烟气流速为 2.0L/min，烟气停留时间为 4.8s，复合氧化剂的加入速率为 30μL/min，复合氧化剂 pH 值为 5.5，反应温度为 110℃，NO 浓度为 550mg/m³，SO_2 浓度为 1700mg/m³，Hg^0 浓度为 50μg/m³。由图可知，不论 PDS 的浓度如何改变，脱硫效率可始终稳定在 99%；而增加 PDS 浓度却会明显提高脱硝效率。当 PDS 浓度从 0 升高到 200mmol/L 时，脱硝效率由 52% 增加到 76%，随后脱硝效率不再改变。对脱汞而言，当使用单一 H_2O_2（30%，质量分数）时，脱汞效率仅为 37%，表明 H_2O_2 无法高效氧化 Hg^0；当 PDS 与 H_2O_2 比例从 0 升高到 1/40（0.2/8，mol/mol）时，脱汞效率由 37% 上升到 85%，随后不再改变。因此，从经济性角

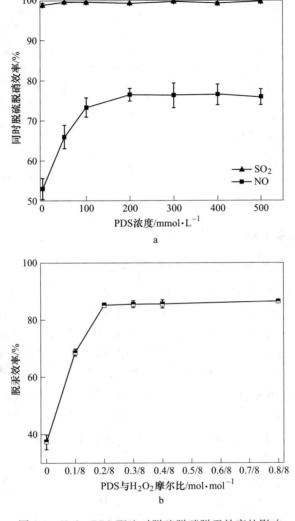

图 4-1　H₂O₂/PDS 配比对脱硫脱硝脱汞效率的影响

度来看，二者的最佳摩尔比为 1/40。上述实验现象的成因主要有以下几点：对脱硫而言，类气相复合氧化剂对 SO_2 的氧化及 $Ca(OH)_2$ 对含硫物种的高效吸收是脱硫效率较高的主要原因；对脱硝而言，脱硝效率的稳步提升是由于 PDS 与 H_2O_2 之间的协同促进作用，首先，在汽化器及 H_2O_2 的催化活化条件下，PDS 的 O—O 键被打断生成 $SO_4^{·-}$，随后 $SO_4^{·-}$ 与 H_2O 和 H_2O_2 产生了 $HO^·$ 和 HSO_5^- 两种强氧化物种（式 (4-1) 到式 (4-4)），这三种自由基在 NO 的氧化过程中起到了重要作用。对脱汞而言，根据文献可知，$SO_4^{·-}$、$HO^·$ 和 HSO_5^- 三种自由基会极大地促进 Hg^0 的氧化（式 (4-5) 到式 (4-8)）。综上，PDS 与 H_2O_2 的组合可有效提高脱硝脱汞效率，而且该实验也证明该复合氧化剂适用于热催化气相氧化烟气净化系统。

$$S_2O_8^{2-} \xrightarrow{Heat/H_2O_2} SO_4^{\cdot-} \tag{4-1}$$

$$SO_4^{\cdot-} + H_2O_2 \longrightarrow HO^{\cdot} + HSO_5^- \tag{4-2}$$

$$SO_4^{\cdot-} + H_2O \rightleftharpoons HO^{\cdot} + H^+ + SO_4^{2-} \tag{4-3}$$

$$SO_4^{\cdot-} + HO^{\cdot} \longrightarrow HSO_5^- \tag{4-4}$$

$$S_2O_8^{2-} + Hg \longrightarrow Hg^{2+} + SO_4^{2-} \tag{4-5}$$

$$SO_4^{\cdot-} + Hg \longrightarrow Hg^{2+} + SO_4^{2-} \tag{4-6}$$

$$Hg + HO^{\cdot} \longrightarrow Hg(OH)_2 \longrightarrow HgO + H_2O \tag{4-7}$$

$$HSO_5^- + Hg \longrightarrow Hg^{2+} + SO_4^{2-} + HO^- \tag{4-8}$$

4.2 过渡金属离子对脱硝的影响

由于 H_2O_2/PDS 型复合氧化剂脱硝效率较低，而根据文献可知，过渡金属离子可催化活化 H_2O_2 和 PDS，因此实验考察了过渡金属离子对脱硝效率的影响，模拟烟气流速为 2.0L/min，烟气停留时间为 4.8s，复合氧化剂的加入速率为 30μL/min，复合氧化剂 pH 值为 5.5，反应温度为 110℃，NO 浓度为 550mg/m³，SO_2 浓度为 1700mg/m³。Liang 等人利用铁催化 PDS 产生 $SO_4^{\cdot-}$，并用其来降解水中的有机污染物，并取得了较好的效果。Kolthoff 等人通过实验也验证了二价铜离子具有催化活化 PDS 的能力。因此，实验进行了 Mn、Cu 和 Fe 催化活化 PDS 的研究。由图 4-2 可知，当三种金属离子加入复合氧化剂后，脱硝效率没有升高却反而明显下降，并且随着离子浓度的增加，脱硝效率显著下降，这表明在本实

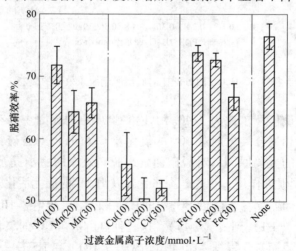

图 4-2 过渡金属离子对脱硝效率的影响

验系列中，过渡金属离子不能有效活化 H_2O_2 和 PDS。出现这种现象的原因可能有以下几点：第一，文献中提到，过渡金属离子不仅能催化活化 PDS 产生 $SO_4^{-\cdot}$，且同时亦可与 $SO_4^{-\cdot}$ 发生反应，消耗 $SO_4^{-\cdot}$，因此，过渡金属离子的催化活化效果与 PDS 反应体系有较大关系。在该反应体系中，由于 H_2O_2 活化和热力活化二者的叠加强化作用，PDS 已被充分活化，并随之生成了大量的自由基；而在此条件下，若加入过量的过渡金属离子，其有可能导致大量的自由基发生淬灭反应，降低复合氧化剂的氧化能力，进而降低脱硝效率。因此，上述实验结果表明该反应系列不宜加入过渡金属来提高脱硝效率。

4.3　H_2O_2/PDS 复合氧化剂加入速率对脱硫脱硝脱汞的影响

在该反应系列中，三种污染物的氧化速率受到类气相复合氧化剂浓度的影响，而类气相复合氧化剂浓度由液相复合氧化剂的加入速率决定，因此，实验考察了复合氧化剂加入速率对脱硫脱硝脱汞效率的影响，模拟烟气流速为 2.0 L/min，烟气停留时间为 4.8s，复合氧化剂 pH 值为 5.5，反应温度为 110℃，NO 浓度为 550mg/m³，SO_2 浓度为 1700mg/m³，Hg^0 浓度为 50μg/m³。由图4-3可知，当加入速率由 10 增加到 30μL/min 时，脱硫效率由 89% 增加到 99%，脱硝效率由 40% 增加到 76%；当加入速率在 30~50μL/min 之间时，脱硫脱硝效率基本保持不变；当加入速率进一步增加到 60μL/min 时，脱硫脱硝效率有一个明显的下降。对脱汞而言，当加入速率由 10 增加到 40μL/min 时，脱汞效率由 64% 增加到 88%，之后随着加入速率的增加，脱汞效率出现了先微弱下降后保持不变的变化，因此，考虑到脱硫脱硝脱汞经济性，实验选取 30μL/min 为最佳加入速率。出现以上现象的原因主要有以下几点，当加入速率在低流量范围内增加时，随着

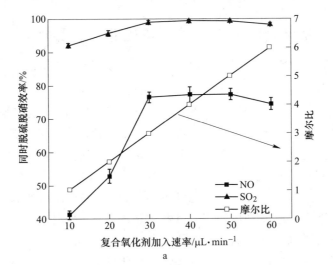

a

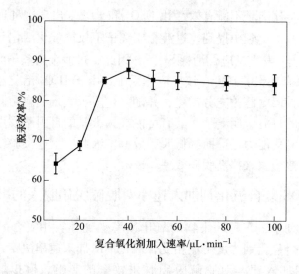

图4-3 复合氧化剂加入速率对同时脱硫脱硝（a）脱汞（b）效率的影响

加入速率的增加，类气相复合氧化剂与 SO_2、NO 和 Hg^0 间的摩尔比逐渐增加，加速了三种污染物的氧化速率，进而提高了三者的脱除效率。然而，当加入速率超过最适加入速率时，由于过量的氧化剂加入，反应系统内会产生过量的 $SO_4^{-\cdot}$ 和 $HO^{\cdot}$，进而引发自由基淬灭反应（式（4-9）到式（4-11）），导致反应系列内氧化物种数量减少，进而降低了脱硫脱硝效率。

$$SO_4^{-\cdot} + SO_4^{-\cdot} \longrightarrow S_2O_8^{2-} \tag{4-9}$$

$$HO^{\cdot} + HO^{\cdot} \longrightarrow H_2O_2 \tag{4-10}$$

$$SO_4^{-\cdot} + HO^{\cdot} \longrightarrow HSO_5^- \longrightarrow HSO_4^- + O_2 \tag{4-11}$$

4.4 H_2O_2/PDS 复合氧化剂 pH 值对脱硫脱硝脱汞的影响

溶液 pH 值会显著影响 H_2O_2 和 PDS 的存在形式及氧化电势。因此，实验考察了复合氧化剂 pH 值对脱硫脱硝脱汞效率的影响，模拟烟气流速为 $2.0L/min$，烟气停留时间为 $4.8s$，复合氧化剂的加入速率为 $30\mu L/min$，反应温度为 $110℃$，NO 浓度为 $550mg/m^3$，SO_2 浓度为 $1700mg/m^3$，Hg^0 浓度为 $50\mu g/m^3$。如图 4-4 所示，当复合氧化剂 pH 值由 2 增加到 5.5 时，脱硫脱硝脱汞效率分别保持在 97%、76% 和 87% 左右，而当 pH 值进一步增加到 7 时，三者的效率分别下降到 92%、60% 和 62% 左右。因此，考虑到强酸性溶液会加剧腐蚀作用，实验选取 5.5 为最佳复合氧化剂 pH 值。实验证明，酸性条件更有利于 H_2O_2/PDS 型复合氧化剂脱硫脱硝脱汞，这可能是由以下原因决定的。首先，在高 pH 值条件下，H_2O_2 会快速分解产生 HO_2^-（式（4-12）），其亦可反过来促进 H_2O_2 进一步分解

释放产生 O_2（式（4-13）），因此，升高溶液 pH 值会导致 H_2O_2 的氧化能力下降。其次，PDS 在酸性条件下更易分解产生 $SO_4^{-\cdot}$（式（4-14）到式（4-15）），同时，根据前人研究可知，S 在中性或弱碱性条件下，其氧化能力受到抑制，这是由于在此环境下，$SO_4^{-\cdot}$ 会逐渐转化为 $HO^{\cdot}$，尽管 $HO^{\cdot}$ 是一种强氧化剂，但其选择性较差，会被溶液中其他共存物质消耗，导致氧化能力下降。综上，酸性条件更有利于 H_2O_2/PDS 发挥氧化能力。

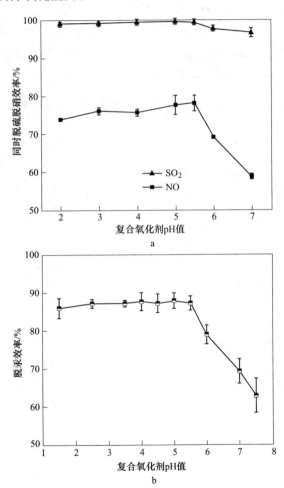

图 4-4　复合氧化剂 pH 值对同时脱硫脱硝（a）脱汞（b）效率的影响

$$H_2O_2 \longrightarrow H^+ + HO_2^- \tag{4-12}$$

$$H_2O_2 + HO_2^- \longrightarrow OH^- + O_2 + H_2O \tag{4-13}$$

$$S_2O_8^{2-} + H^+ \longrightarrow HS_2O_8^{2-} \tag{4-14}$$

$$HS_2O_8^- \longrightarrow H^+ + SO_4^{-\cdot} + SO_4^{2-} \tag{4-15}$$

4.5 热催化温度对脱硫脱硝脱汞的影响

在化学反应过程中，反应温度可显著影响化学反应速率和反应物的稳定性，因此，实验考察了反应温度对脱硫脱硝脱汞效率的影响，模拟烟气流速为 2.0L/min，烟气停留时间为 4.8s，复合氧化剂的加入速率为 30μL/min，复合氧化剂 pH 值为 5.5，NO 浓度为 550mg/m³，SO₂ 浓度为 1700mg/m³，Hg⁰ 浓度为 50μg/m³。为了使热催化气相氧化的反应温度更接近电厂真实烟气工况，参考了一个典型燃煤电厂的烟气温度条件：锅炉出口温度约为 800℃，经过省煤器、空气预热器和电除尘器，烟气温度降为 120~170℃，经过烟气循环流化床脱硫系统后，温度降为 70℃左右。因此，实验选定的温度考察范围为 70~140℃。如图 4-5 所示，在反

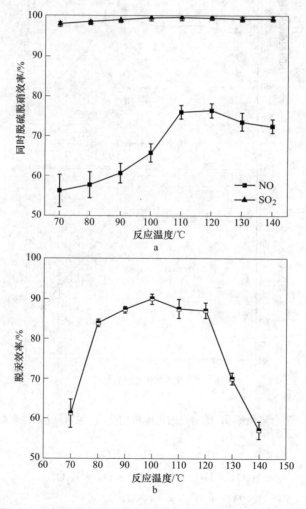

图 4-5 反应温度对同时脱硫脱硝（a）脱汞（b）效率的影响

应温度由70℃升高到140℃的过程中,脱硫效率始终稳定在98%以上,这表明反应温度对脱硫过程影响较小;对脱硝而言,反应温度在由70℃升高到110℃过程中,脱硝效率从56.2%显著增加至76%,当温度超过120℃后,脱硝效率开始下降,因此110~120℃为最佳脱硝温度;对脱汞而言,温度变化对脱汞有明显的作用,当温度较低时,提高温度能显著促进脱汞过程,而当温度过高时,脱汞效率却显著下降。当温度由70℃升高到80℃的过程中,脱汞效率增加了22%,当温度由80℃升高到120℃时,脱汞效率稳定在85%左右,而随着温度进一步增加,脱汞效率却线性下降至57%。上述实验表明脱汞反应的最佳温度为100℃,但考虑到脱硝最适温度窗,本实验选定110~120℃为脱硫脱硝脱汞的最佳温度范围。上述实验现象可能有以下几点原因引起:当温度较低时,提高反应温度有利于液相复合氧化剂的气化,并提高污染物的扩散速率和加快反应速率,因此,在一定范围内提高反应温度有利于脱硫脱硝脱汞;但当温度过高时,反应物的分解作用会加剧,这会导致复合氧化剂失效,进而降低脱硫脱硝脱汞效率。从总体上来看,110~120℃符合电除尘器出口温度范围,因此,H_2O_2/PDS型复合氧化剂喷入口可设置在电除尘器上游来实现一体化脱硫脱硝脱汞。

4.6 烟气流速及停留时间对脱硫脱硝的影响

由于烟气停留时间决定了类气相复合氧化剂与污染物的接触氧化时间,因此,本实验考察了烟气流速及停留时间对脱硫脱硝效率的影响,模拟烟气流速为2.0L/min,烟气停留时间为4.8s,复合氧化剂的加入速率为30μL/min,复合氧化剂pH值为5.5,反应温度为110℃,NO浓度为550mg/m³,SO_2浓度为1700mg/m³。如图4-6所示,当烟气流速小于1.5L/min时,对应的停留时间大于

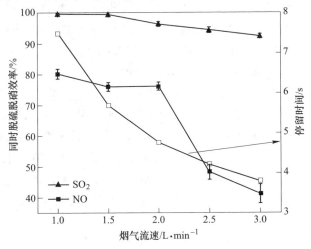

图4-6 烟气流速及停留时间对脱硫脱硝脱汞效率的影响

5.7s 时，脱硫效率稳定在99%以上；而当流速由 1.5 增加到 3.0L/min 时，对应的停留时间范围为 3.8~5.7s 时，脱硫效率由99%线性下降至88%。类似的现象也发生在脱硝过程中：当流速小于 2.0L/min 时，对应的停留时间大于 4.8s 时，脱硝效率稳定在76%左右，而随着烟气流速增加，脱硝效率出现了明显的下降。出现以上现象的原因主要由以下两方面：第一，当复合氧化剂加入速率一定时，提高烟气流速会增加烟气中污染物的浓度，而同时降低了类气相复合氧化剂的浓度，由此降低了氧化剂与污染物的摩尔比，进而导致污染物的氧化效率下降；第二，从反应动力学角度来看，烟气停留时间对化学反应具有重要的影响，当流速增加时，停留时间将会降低，导致污染物的接触氧化时间变少，最终导致了污染物氧化不充分。然而，从经济性角度来看，在实际生产中，延长停留时间会加大反应器的容积及占地面积，增加系统阻力及运行成本，因此，适宜的停留时间才能提高电厂的运行效益，实验选取 4.8s（流速为2L/min）为最佳停留时间。

4.7 烟气共存气体对脱硫脱硝脱汞的影响

实验考察了烟气共存气体对脱硫脱硝效率的影响，如 O_2、CO_2、SO_2 和 NO，模拟烟气流速为 2.0L/min，烟气停留时间为 4.8s，复合氧化剂的加入速率为 30μL/min，复合氧化剂 pH 值为 5.5，反应温度为 110℃，NO 浓度为 550mg/m³，SO_2 浓度为 1700mg/m³。如图 4-7a 和 b 所示，O_2 和 CO_2 的存在并没有影响脱硫脱硝效率。图 4-7c 给出了 SO_2 浓度变化对脱硫脱硝效率的影响，由图可看出，SO_2 浓度的变化对脱硫效率影响很小，这是由于 $Ca(OH)_2$ 作为一种高效吸收剂能耐受高浓度的 SO_2。而 SO_2 对脱硝效率却有明显的影响，该作用既有促进又有抑制，其取决于 SO_2 的浓度：当 SO_2 浓度在 700~2400mg/m³ 范围内变化时，脱硝效率缓慢地由76%提高到81%，而当 SO_2 浓度进一步增加，脱硝效率则开始出现下降，出现这种现象的原因是由于 HSO_3^- 与 $SO_4^{-·}$ 和 $HO^·$ 反应生成了 $SO_3^{-·}$（式（4-16）到式（4-18））进而促进了 NO 的氧化，而当 SO_2 浓度过高时，其会同 NO 发生竞争氧化的反应，导致脱硝效率下降。如图 4-7d 所示，NO 浓度的变化对脱硫效率没有影响，其可稳定在99%左右；然而当 NO 浓度由 500mg/m³ 增加到 1100mg/m³ 时，脱硝效率则由78%下降到了64%，这表明高浓度 NO 会抑制脱硝反应。根据现有中国火力发电运行情况，加装低氮燃烧器的锅炉，其燃煤烟气中 NO_x 浓度<500mg/m³，因此，在此条件下，热催化气相氧化法脱硝可获得80%左右的效率，可满足排放标准（<100mg/m³），同时，该法也避免了由 SCR 脱硝而带来的氨逃逸和催化剂处置问题，并实现了燃煤烟气中多污染物同时脱除的目的。

$$SO_2 + H_2O \longrightarrow HSO_3^- + H^+ \tag{4-16}$$

$$SO_4^{-·} + HSO_3^- \longrightarrow HSO_4^- + SO_3^{-·} \tag{4-17}$$

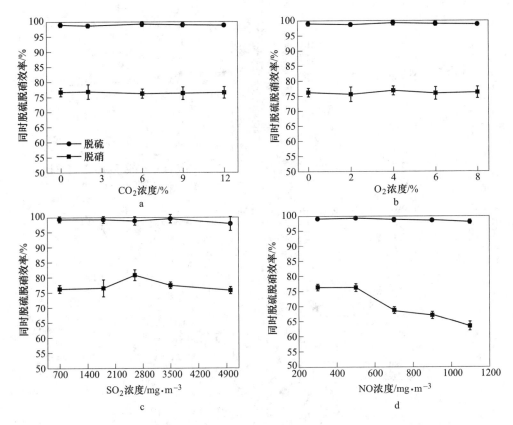

图 4-7 共存气体对脱硫脱硝效率的影响

a—CO_2；b—O_2；c—SO_2；d—NO

$$HO^{\cdot} + HSO_3^- \longrightarrow H_2O + SO_3^{\cdot -} \tag{4-18}$$

实验也考察了烟气共存气体 CO_2、O_2、SO_2 和 NO 对脱汞效率的影响。如图 4-8a 所示，当 CO_2 浓度由 0% 上升到 15% 时，脱汞效率稳定在 89% 左右，这表明 CO_2 对脱汞过程没有影响。图 4-8a 也给出了 O_2 对脱汞的影响，由图看出，随着 O_2 由 0% 上升到 12%，脱汞效率缓慢下降，这可能是由于过量的氧气捕捉了自由基而降低了反应系列的氧化能力。如图 4-8b 所示，当 SO_2 引入反应系统后，脱硫效率始终稳定在 100% 左右；而对 Hg^0，当 SO_2 浓度低于 $1100mg/m^3$ 时，脱汞效率稳定在 90%，而随着 SO_2 浓度进一步增加，脱汞效率开始出现微弱的下降，这可能是由于 SO_2 同 Hg^0 发生了竞争氧化。通常来讲，燃煤烟气中的 SO_2 浓度范围为 $2000\sim4000mg/m^3$，在此条件下，脱汞效率则可保持在 87% 左右。图 4-8c 给出了 NO 对脱汞的影响，从图中可看出，当 NO 浓度小于 $200mg/m^3$ 时，脱汞效率为 90% 左右，而后随着 NO 浓度增加至 $500mg/m^3$，脱汞效率线性增加至 95%，当 NO 浓度再进一步增加后，脱汞效率显著下降。通过上述实验可以总结

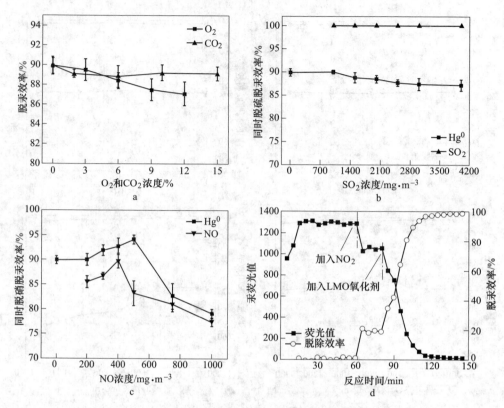

图 4-8 共存气体对脱汞效率的影响

a—CO_2 和 O_2 的影响；b—SO_2 的影响；c—NO 的影响；d—NO_2 暂态响应实验

出，低浓度的 NO 有利于脱汞反应，该结论与 Niksa 的研究结果一致，其认为 NO 在汞氧化过程中扮演了重要的角色，是促进作用还是抑制作用取决于 NO 的浓度。据报道，NO_2 在催化剂表明可直接催化氧化 Hg^0，同时，NO_2 亦可直接氧化 Hg^0，因此，可推测得到，NO 的氧化产物 NO_2 极大的促进了 Hg^0 的氧化（式（4-19）到式（4-20））。然而，高浓度的 NO 也会加剧竞争氧化现象，导致脱汞效率的降低。从目前国内火电运行工况来看，火电厂在加装低氮燃烧器后，烟气中 NO_x 浓度一般低于 $500mg/m^3$，在此条件下，脱汞效率可保持较高水平。NO 对脱硝的影响也表现为先促进后抑制，其拐点出现在 $400mg/m^3$，最高效率为 90%。

$$Hg + NO_2 \longrightarrow HgO + NO \qquad (4-19)$$

$$Hg + O_2 + 2NO_2 \longrightarrow Hg(NO_3)_2 \qquad (4-20)$$

此外，实验也进行了暂态响应实验来验证 NO_2 在脱汞过程中的作用，模拟烟气流速为 2.0L/min，烟气停留时间为 4.8s，复合氧化剂的加入速率为 40μL/min，复合氧化剂 pH 值为 5.5，反应温度为 110℃，Hg^0 浓度为 $50μg/m^3$。如图 4-8d 所示，当反应进行到 60min 时，将浓度为 400mg/m³ 的 NO₂ 注入反应系统，并将 H₂O 注入作为空白，脱汞效率增加了 20%；而在 80min 时，令复合氧化剂替换 H₂O，而后脱汞效率很快增加到 98% 并保持不变。该实验进一步验证了 NO₂ 在 Hg⁰ 的去除过程表现出的巨大促进作用。

4.8　H₂O₂/PDS 复合氧化剂同时脱硫脱硝脱汞平行实验结果

在最佳实验条件下，进行了同时脱硫脱硝脱汞实验。最佳实验条件如下：S 与 H₂O₂ 的摩尔比为 1/40(0.2/8mol/mol)，复合氧化剂的 pH 值为 5.5；反应温度 为 120℃，模拟烟气流速为 2.0L/min，复合氧化剂的加入速率为 40μL/min。在 SO₂、NO 和 Hg⁰ 浓度分别为 3000mg/m³、500mg/m³ 和 50μg/m³ 条件下，同时脱 硫脱硝脱汞的效率分别为 100%、83.2% 和 91.5%，如表 4-1 所示。

表 4-1　同时脱硫脱硝脱汞平行实验

项目	1	2	3	4	5	平均效率/%	误差
SO₂	100	100	100	100	100	100	0
NO	83.4	81.9	83.5	84.5	82.7	83.2	0.8672
Hg⁰	91	91.2	90	93	92.3	91.5	1.0936

4.9　H₂O₂/PDS 复合氧化剂脱硫脱硝脱汞反应级数

采用初始速率法计算了脱硫脱硝脱汞的反应级数。首先计算了不同浓度条件 下 SO₂ 和 NO 脱除的初始速率，而后通过反应速率的微分方程计算得到了二者的 反应级数。如图 4-9a、b 所示，直线的斜率就是 SO₂ 和 NO 的反应级数，经过拟

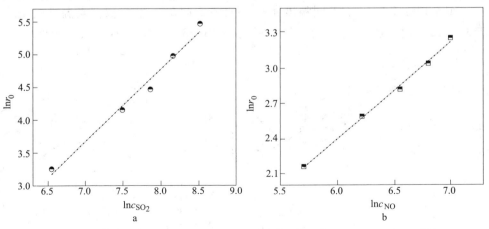

图 4-9　H₂O₂/PDS 型复合氧化剂脱硫脱硝反应级数

a—SO₂；b—NO

合，SO_2 的反应级数为 1.03216，R^2 为 0.97639，NO 的反应级数为 0.93055，R^2 为 0.99474，计算结果表明脱硫脱硝的反应级数均符合准一级动力学。如图 4-10 所示，Hg^0 荧光值的衰减与反应时间的关系呈典型的指数形式，表明脱汞宏观反应动力学亦符合准一级动力学方程。经拟合发现，$\ln(C_t/C_0)$ 与反应时间呈线性关系。根据 $\ln(C_t/C_0)$-t 拟合结果，计算得到最佳反应条件下的脱汞反应速率常数为 0.02818min^{-1}。

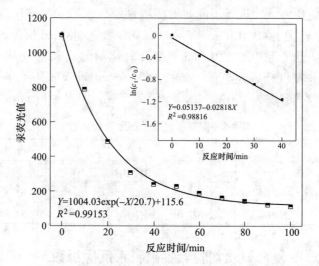

图 4-10　H_2O_2/PDS 型复合氧化剂脱汞反应级数

4.10　H_2O_2/PDS 复合氧化剂脱硫脱硝脱汞表观活化能

图 4-11a，b 给出了不同温度条件下的脱硫脱硝速率常数，当温度范围为 363 ~ 413K 时，脱硫速率常数分别为 0.01633s^{-1}、0.01947s^{-1}、0.02500s^{-1}、

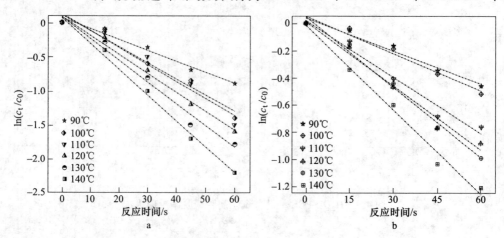

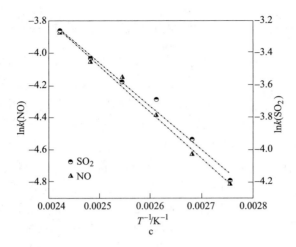

图 4-11 H₂O₂/PDS 型复合氧化剂脱硫脱硝表观活化能

$0.02787s^{-1}$、$0.03211s^{-1}$ 和 $0.03806s^{-1}$；脱硝速率常数分别为 $0.00811s^{-1}$、$0.00916s^{-1}$、$0.01386s^{-1}$、$0.01574s^{-1}$、$0.01731s^{-1}$ 和 $0.02076s^{-1}$。经拟合发现，$\ln k_{obs}$-$1/T$ 为线性关系，符合阿伦尼乌斯方程。如图 4-11 c 所示，经计算，脱硫脱硝的表观活化能分别为 22.33kJ/mol 和 23.75kJ/mol。

图 4-12 给出了不同温度条件下的 H₂O₂/PDS 脱汞的准一级动力学速率常数，当温度由 343K 增加到 413K 的时，对应的脱汞速率常数为 $0.01315min^{-1}$、$0.01913min^{-1}$、$0.02619min^{-1}$、$0.02818min^{-1}$、$0.03205min^{-1}$、$0.03600min^{-1}$、$0.04972min^{-1}$ 和 $0.05574min^{-1}$。经阿伦尼乌斯方程拟合得脱汞表观活化能为 24.11kJ/mol。

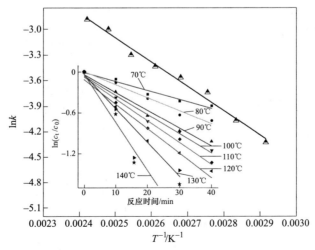

图 4-12 H₂O₂/PDS 型复合氧化剂脱汞表观活化能

4.11　H₂O₂/PDS 复合氧化剂脱硫脱硝脱汞产物分析测试与反应机理

如图 4-13 所示，新鲜 Ca(OH)₂ 的表面颗粒小而光滑，相比之下，脱硫脱硝脱汞后的 Ca(OH)₂ 的表明粗糙，并且有细小的团簇物形成，这可能是由于大量的 SO₂、NOₓ 和 Hg⁰ 的氧化产物，CaSO₄、CaSO₃、Ca(NO₃)₂ 和 Ca(NO₂)₂，被 Ca(OH)₂ 吸收而沉积在 Ca(OH)₂ 表面。为了印证猜想，对反应前后的 Ca(OH)₂ 进行了 XRD 表征，如图 4-14 所示。图 4-14a 给出了 Ca(OH)₂ 的特征峰，相比之下，图 4-14b 给出的反应后的 Ca(OH)₂ 出现了许多新的特征峰，说明在反应完成后，有许多新的物种形成，通过对比标准卡片，确定了 CaSO₄、CaSO₃、Ca(NO₃)₂ 和 Ca(NO₂)₂ 的存在，并且，CaSO₄ 和 Ca(NO₂)₂ 的特征峰明显强于 CaSO₃ 和 Ca(NO₃)₂，表明反应产物主要为 CaSO₄ 和 Ca(NO₂)₂。

图 4-13　H₂O₂/PDS 型复合氧化剂脱硫脱硝脱汞反应前后 Ca(OH)₂ 的 SEM 表征

a—反应前 Ca(OH)₂；b—反应后 Ca(OH)₂

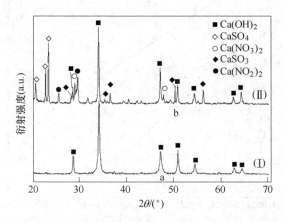

图 4-14　H₂O₂/PDS 型复合氧化剂脱硫脱硝脱汞反应前后 Ca(OH)₂ 的 XRD 表征

a—反应前 Ca(OH)₂；b—反应后 Ca(OH)₂

　　为了确定汞的氧化形态，对反应产物进行了 XPS 表征。如图 4-15 所示，反应前后均出现了 342.1eV（Ca2p），其对应于 Ca(OH)$_2$ 中 Ca 的特征峰。同时，在反应产物中也检测到了 Hg 4f 和 S 2p 的特征峰。其中，111.3eV 和 102.4eV 对应于 Hg 4f$_{5/2}$ 和 Hg 4f$_{7/2}$，其是 Hg^{2+} 的特征峰，分别对应于 HgO 和 HgSO$_4$。此外，对反应前后的 KCl 溶液进行了 CVAFS 检测，也确定了氧化汞的存在。如表 4-2 所示，在反应时间为 50min（汞渗透管在 60℃ 条件下的蒸发量约 60ng/min），KCl 溶液体积为 300mL，确定了反应后溶液中 Hg^{2+} 的浓度为 204.0ng/L，经估算得出其中的氧化汞质量为 61.2ng。事实上，在反应时间段内，有 3000ng 的 Hg^0 进入到反应系统内，而根据前文的脱汞效率为 89%，则有 2670ng 的 Hg^0 被氧化，其中有 61.2ng（2.3%w/w）的 Hg^{2+} 被 KCl 溶液吸收，剩余的 2608.8ng（97.7%w/w）的 Hg^{2+} 被 Ca(OH)$_2$ 吸收，因此，大量的 Hg^{2+} 被 Ca(OH)$_2$ 吸收，表明 Ca(OH)$_2$ 是一种优良的汞吸附剂。

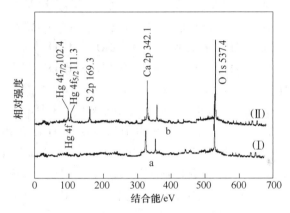

图 4-15　H$_2$O$_2$/PDS 型复合氧化剂脱硫脱硝脱汞反应前后 Ca(OH)$_2$ 的 XPS 表征

a—反应前 Ca(OH)$_2$；b—反应后 Ca(OH)$_2$

表 4-2　反应前后 KCl 溶液中 Hg^{2+} 浓度　　　　　　　　　　（ng/L）

序号	1	2	3	4	5	平均值
反应前	0	0	0	0	0	0
反应后	203.1	204.6	203.4	204.3	204.7	204.0

注：KCl 溶液的浓度为 1.0mol/L，体积为 300mL。

　　根据上面的表征结果，推测了 H$_2$O$_2$/PDS 型复合氧化剂脱硫脱硝脱汞的反应机理。在 NO 和 SO$_2$ 的脱除过程中，起主要作用的氧化剂为 H$_2$O$_2$ 和 ODS（式（4-21）到式（4-25）），这是由于二者为复合氧化剂中的一次氧化剂，除上述两种氧化剂外，二次自由基 SO$_4^{--}$ 也在 NO 的氧化剂中起了重要作用（式（4-26）到式（4-29））。其次，从电化学角度，也进一步验证了以上氧化物种氧化 NO 和

SO_2 的可行性：H_2O_2（1.770V）和 S（2.01V）明显高于 SO_4^{2-}/H_2SO_3（0.172V），SO_4^{2-}/SO_2（0.158V），NO_2/NO（1.049V），NO_3^-/NO（0.957V），NO_2^-/NO（−0.460V）和 NO_3^-/NO_2^-（0.835V）。氧化完成后，SO_2 和 NO_x 的氧化产物被后续的钙基吸收剂吸收（式（4-30）到式（4-33））。

$$H_2O_2 + NO \longrightarrow H^+ + NO_2^- \tag{4-21}$$

$$H_2O_2 + NO \longrightarrow H_2O + NO_2 \tag{4-22}$$

$$H_2O_2 + SO_2 \longrightarrow H^+ + SO_4^{2-} \tag{4-23}$$

$$S_2O_8^{2-} + NO_2^- \longrightarrow SO_4^{2-} + SO_4^{-\cdot} + NO_2 \tag{4-24}$$

$$S_2O_8^{2-} + SO_2 + H_2O \longrightarrow 3SO_4^{2-} + 2SO_4^{-\cdot} + H^+ \tag{4-25}$$

$$SO_4^{-\cdot} + NO + H_2O \longrightarrow SO_4^{2-} + NO_2 + H^+ \tag{4-26}$$

$$SO_4^{-\cdot} + NO_2^- \longrightarrow SO_4^{2-} + NO_2 \tag{4-27}$$

$$SO_4^{-\cdot} + NO_2 + H_2O \longrightarrow SO_4^{2-} + NO_3^- + H^+ \tag{4-28}$$

$$SO_4^{-\cdot} + SO_2 + H_2O \longrightarrow SO_4^{2-} + NO_2 + H^+ \tag{4-29}$$

$$Ca(OH)_2 + S(IV) \longrightarrow CaSO_3 + H_2O \tag{4-30}$$

$$Ca(OH)_2 + S(VI) \longrightarrow CaSO_4 + H_2O \tag{4-31}$$

$$Ca(OH)_2 + N(III)/N(IV) \longrightarrow Ca(NO_2)_2 + H_2O \tag{4-32}$$

$$Ca(OH)_2 + N(V) \longrightarrow Ca(NO_3)_2 + H_2O \tag{4-33}$$

在 Hg^0 脱除方面，在反应中起主要作用的物质为 H_2O_2，PDS，$SO_4^{-\cdot}$（2.5 ~ 3.1V）。通过实验现象和表征结果，也确定了 SO_2 和 NO 的氧化产物 HNO_3、HNO_2、H_2SO_4、H_2SO_3、NO_2 和 SO_3 在脱汞过程中也起到了关键作用，随后大部分汞氧化产物，如：HgO 和 $HgSO_4$，被反应器中 $Ca(OH)_2$ 吸收（式（4-34）到式（4-35））。此外，部分的氧化汞被后续的 KCl 溶液吸收。

$$HgSO_4 + Ca(OH)_2 \longrightarrow SO_4 - Hg\cdots Ca(OH)_2 \tag{4-34}$$

$$HgO + Ca(OH)_2 \longrightarrow O - Hg\cdots Ca(OH)_2 \tag{4-35}$$

5 热催化亚氯酸钠/溴化钠气相氧化脱硫脱硝脱汞性能与机理

亚氯酸钠（NaClO$_2$）是一种高效氧化剂和漂白剂，其主要用于棉纺、亚麻、纸浆漂白、食品消毒、水处理、杀菌灭藻和鱼药制造等。亚氯酸钠的产物二氧化氯也是一种高效氧化剂，其作为第四代消毒剂已在医疗卫生、食品加工、水产养殖、饮水消毒、工业水处理及干燥花工艺等方面的得到进一步运用。

相比于 H$_2$O$_2$、CH$_3$COOOH、KMnO$_4$、O$_3$、Fe(Ⅵ) 等氧化剂，NaClO$_2$ 具有价格适中而兼具强氧化性的优势，但其也有一个明显的缺点，即氯离子的腐蚀及含氯产物的二次环境问题。总体而言，NaClO$_2$ 是一种具有工业应用潜力的强氧化剂。根据文献及第 3 章实验可知，含氯试剂对脱汞反应具有明显的促进作用，因此，我们推测 NaClO$_2$ 作为一种含氯强氧化剂具有同时脱硫脱硝脱汞的能力。在本章实验中，我们利用 NaClO$_2$ 系列复合氧化剂进行了热催化气相氧化同时脱硫脱硝脱汞实验，这避免了由湿法引起的氯离子腐蚀的问题，实验考察了各反应条件对同时脱除效率的影响，最终确定了各复合氧化剂的最佳工艺条件。

H$_2$O$_2$ 系列热催化气相氧化实验验证了溴化钠（NaBr）具有极强的脱汞能力，因此，为了能更加高效彻底的去除 Hg^0，实验再次选用 NaBr 作为 NaClO$_2$ 的添加剂而制备了 NaClO$_2$/NaBr 型复合氧化剂。根据文献报道，在颗粒物存在的条件下，单质溴对 NO 具有一定的氧化去除能力，由此可推测 NaBr 的加入可能对脱硝反应也有一定的促进作用。在本章节中，首先进行了 NaClO$_2$/NaBr 型复合氧化剂热催化气相氧化同时脱硫脱硝脱汞的实验，考察了复合氧化剂各组分配比、复合氧化剂 pH 值、复合氧化剂加入速率、反应温度、烟气共存气体等对脱硫脱硝脱汞效率的影响，并以此确定了该体系的最佳工艺条件。

5.1 NaClO$_2$/NaBr 复合氧化剂组分配比对同时脱硫脱硝脱汞的影响

实验首先考察了 NaClO$_2$ 浓度对脱硫脱硝脱汞效率的影响，模拟烟气流速为 3.0L/min，复合氧化剂的加入速率为 250μL/min，复合氧化剂 pH 值为 7.0，反应温度为 413K，Hg^0 浓度为 20μg/m^3，SO$_2$ 浓度为 3000mg/m^3，NO 浓度为 550mg/m^3。如图 5-1 所示，当 NaClO$_2$ 浓度在 0.5~2.5mol/L 范围内升高时，脱硫效率基本不变。对脱汞而言，当 NaClO$_2$ 浓度由 0.5mol/L 增长到 1.5mol/L 时，脱汞效率显著由 58% 增加到 81%，随后脱汞效率基本保持不变。对脱硝而言，当

NaClO$_2$ 浓度由 0.5mol/L 增长到 1.5mol/L 时，脱硝效率快速地由 47% 增加到 85%，随后当 NaClO$_2$ 浓度由 1.5mol/L 增长到 2.5mol/L 时，脱硝效率增加缓慢。考虑到经济性，实验选取 1.5mol/L 为 NaClO$_2$ 的最适浓度。上述实验表明当 NaClO$_2$ 浓度超过最适浓度点时，模拟烟气中的类气相复合氧化剂的浓度接近于饱和，化学反应速率成为脱硝脱汞的速控步骤。由于脱硝脱汞效率较低，因此实验拟通过在 NaClO$_2$ 中添加 NaBr 来提高脱除效率。如图 5-2 所示，在 NaClO$_2$ 浓度恒定为 1.5mol/L 的条件下，考察了 NaBr 浓度变化对脱硝脱汞效率的影响。当 NaBr 浓度由 0 增长到 0.05mol/L 时，脱汞效率由 81% 增加到 93%，脱硝效率由

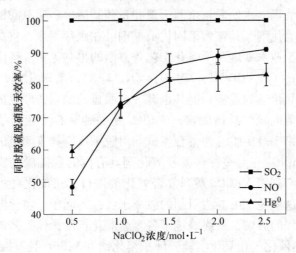

图 5-1　NaClO$_2$ 浓度对同时脱除效率的影响

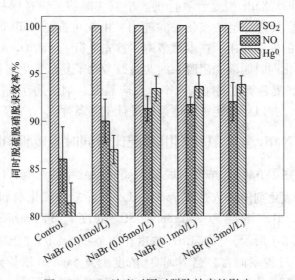

图 5-2　NaBr 浓度对同时脱除效率的影响

86%增加到92%。实验结果表明 NaBr 对脱硝脱汞的促进作用是显著的，这与前人的研究结果一致，因此，本实验中，NaBr 作为 NaClO₂ 的添加剂是可取的。通过上述实验，在考虑脱除经济性问题后，确定了 NaClO₂ 与 NaBr 的最佳浓度比为 1.5:0.05。

5.2 NaClO₂/NaBr 复合氧化剂加入速率对同时脱硫脱硝脱汞的影响

图 5-3 给出了复合氧化剂加入速率对同时脱除效率的影响，模拟烟气流速为 3.0L/min，复合氧化剂 pH 值为 7.0，反应温度为 413K，Hg^0 浓度 $20\mu g/m^3$，SO_2 浓度为 $3000mg/m^3$，NO 浓度为 $550mg/m^3$。在复合氧化剂的加入速率由 $50\mu L/min$ 升高到 $300\mu L/min$ 时，脱硫效率始终保持在 100%。然而，提高加入速率对脱硝脱汞具有显著的促进作用，当加入速率由 $10\mu L/min$ 增加至 $250\mu L/min$ 时，脱硝效率由 35%增加到 91%，当加入速率由 10 增加至 $100\mu L/min$ 时，脱汞效率由 79%增加到 91%，随着加入速率进一步增加，脱硝和脱汞效率均不再改变。因此，考虑到同时脱除效率，实验确定 $250\mu L/min$ 为复合氧化剂的最佳加入速率。在起始阶段，加入速率的提高可明显增加类气相复合氧化剂浓度，减弱 SO_2、NO 和 Hg^0 三者之间的竞争氧化，保证 NO 和 Hg^0 充分氧化进而提高二者的脱除效率。但随着加入速率的进一步增加并超过最佳加入速率后，类气相复合氧化剂的浓度接近饱和，其无法进一步加快 NO 和 Hg^0 的氧化速率，所以，脱硝脱汞效率达到了平衡。同时，在不同加入速率的条件下，计算了类气相复合氧化剂与污染物浓度的摩尔比，如图 5-3 所示，当加入速率由 $10\mu L/min$ 增加到 $300\mu L/min$ 时，其摩尔比范围为 0.2~6。

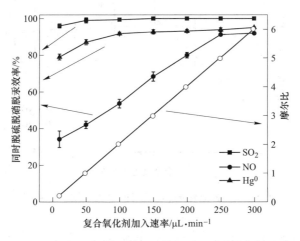

图 5-3　复合氧化剂的加入速率对同时脱除效率的影响

5.3 NaClO₂/NaBr 复合氧化剂 pH 值对同时脱硫脱硝脱汞的影响

根据参考文献可知，溶液 pH 值可显著影响 NaClO₂ 的电极电势，因此，本实验考察了复合氧化剂 pH 值对同时脱除效率的影响，模拟烟气流速为 3.0L/min，复合氧化剂的加入速率为 250μL/min，反应温度为 413K，Hg^0 浓度为 20μg/m³，SO_2 浓度为 3000mg/m³，NO 浓度为 550mg/m³。如图 5-4 所示，当复合氧化剂 pH 在 4.0~9.0 范围内变化时，脱硫效率和脱汞效率分别稳定在 100% 和 93%，这表明复合氧化剂 pH 值的变化对脱硫和脱硝反应影响较小。但是，复合氧化剂 pH 值的变化却对脱硝反应有明显的影响，当 pH 值由 4.0 增加到 6.0 时，脱硝效率缓慢地由 87% 增加到 94%，随后，脱硝效率基本保持不变。上述实验可得出如下结论：弱酸性条件更有利于复合氧化剂脱硫脱硝脱汞，这是由以下原因引起的。对脱汞而言，在酸性条件下生成的 ClO_2 和中性、碱性条件下存在的 ClO_2^- 都可实现 Hg^0 的快速氧化，尤其是当溴化物也存在于该反应体系时。复合氧化剂 pH 值升高对脱硝的促进是由以下原因引起的：第一，从电化学角度来分析，ClO_2^-（ClO_2^-/Cl^-（1.599V））的氧化电势高于 ClO_2（ClO_2/Cl^-（1.511V）），因此，在中性和碱性条件下生成更多的 ClO_2^- 有利于 NO 的氧化。第二，当 pH 值过低时，会有大量的 $NaClO_2$ 分解生成 ClO_2，ClO_2 可直接排入大气，导致大量的氧化剂失效，因此，弱酸性条件更有利于脱硝。但从总体来看，在酸性、中性和弱碱性环境下，脱硫脱硝脱汞效率均较高，因此，实验选取 7.0 为复合氧化剂最适 pH 值。

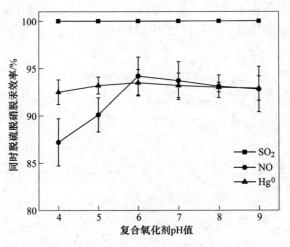

图 5-4 复合氧化剂 pH 值对同时脱除效率的影响

5.4 热催化温度对同时脱硫脱硝脱汞的影响

图 5-5 给出了反应温度对同时脱除效率的影响，模拟烟气流速为 3.0L/min，复合氧化剂的加入速率为 250μL/min，复合氧化剂 pH 值为 7.0，Hg^0 浓度 20μg/m³，SO_2 浓度为 3000mg/m³，NO 浓度为 550mg/m³。在考察的温度范围内，脱硫效率

始终稳定在99%以上，说明反应温度对脱硫反应的影响较小；但在相同的温度变化区间内，温度升高却对脱硝和脱汞产生了明显的促进作用，当反应温度由80℃升高到130℃时，脱汞效率由67%升高到92%；当反应温度由80℃升高到140℃时，脱硝效率近乎于线性增加到91%。在此过程中，温度的提升促进了复合氧化剂的汽化、氧化物种的扩散，并加速了化学反应速率，因此提高了脱除效率。当温度超过140℃后，脱硫脱硝脱汞效率均基本保持不变，因此，实验确定140℃为同时脱除反应的最佳温度。实验中，同时脱除效率均没有受到高温的明显抑制，说明复合氧化剂耐受高温、不易分解，因此，该复合氧化剂适用于高温段烟气。

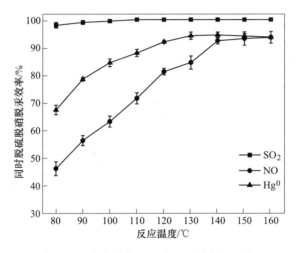

图 5-5　反应温度对同时脱除效率的影响

5.5　烟气共存气体对同时脱硫脱硝脱汞的影响

实验还考察了烟气共存气体，O_2、CO_2、NO 和 SO_2 对同时脱除效率的影响，模拟烟气流速为 3.0L/min，复合氧化剂的加入速率为 250μL/min，复合氧化剂 pH 值为 7.0，反应温度为 413K，Hg^0 浓度为 20μg/m³，SO_2 浓度为 3000mg/m³，NO 浓度为 550mg/m³。如图 5-6 所示，O_2、CO_2、NO 和 SO_2 浓度的变化对脱硫效率影响较小，说明该复合氧化剂对煤种适应性较强。因此，实验的考察重点将以脱硝和脱汞为主。如图 5-6a 所示，O_2 浓度由 2%升高到 10%时，脱硝脱汞效率均有所降低，这说明烟气中过量的氧气不利于脱硝脱汞。图 5-6b 给出了 CO_2 对脱硝脱汞的影响，当 CO_2 浓度在 0~15%范围内变化时，脱硝脱汞效率基本保持不变，这有可能是由于 CO_2 气体的惰性性质决定的。根据文献可知，SO_2 和 NO 对 Hg^0 的脱除有显著的影响，促进作用还是抑制作用依赖于二者的浓度；SO_2 和 NO 浓度的变化却对脱硝效率的影响很小。如图 5-6c 所示，当 NO 浓度从 0 增至

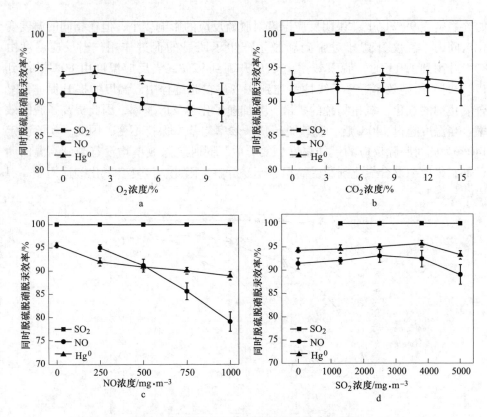

图 5-6 烟气共存气体对同时脱除效率的影响

a—O_2；b—CO_2；c—NO；d—SO_2

$200mg/m^3$ 时，脱汞效率下降了 3% 左右，而后，脱汞效率保持不变；当 NO 浓度由 $250mg/m^3$ 增加到 $1000mg/m^3$ 时，脱硝效率由 96% 线性下降至 78%。对脱汞反应而言，初始效率的降低是由于 NO 和 Hg^0 发生了竞争氧化现象；而随着 NO 浓度继续由 $250mg/m^3$ 升高到 $1000mg/m^3$，尽管竞争氧化现象会加剧，但 NO 的氧化产物 NO_2 和 NO_3^- 会促进 Hg^0 的氧化（式（5-1）），因此，在此段浓度区间，脱汞效率变化较小。脱硝效率的快速下降是由于升高 NO 浓度将导致类气相复合氧化剂与 NO 的摩尔比降低，降低 NO 的氧化速率。如图 5-6d 所示，当 SO_2 浓度由 0 提升至 $4000mg/m^3$ 时，脱汞效率增至 95%；SO_2 浓度由 0 提升至 $2500mg/m^3$ 时，脱硝效率增至 92%；而后，随着 SO_2 浓度的进一步增加，脱汞效率和脱硝效率又分别降至 93% 和 89%。通过以上实验现象可知，SO_2 浓度的变化对脱硝和脱汞反应影响较小。需要指出的是，根据前人研究，SO_3 和 H_2SO_4 可加速 Hg^0 的氧化（式（5-2）），但在实验中并没有发现类似的促进现象，其可能的原因是在脱汞效率已高达 93% 时，SO_3 和 H_2SO_4 的促进作用已不再显著。

$$Hg + NO + ClO_2/ClO_2^- \longrightarrow Hg(NO_3)_2 \tag{5-1}$$

$$\text{Hg} + \text{SO}_2 + \text{ClO}_2/\text{ClO}_2^- \longrightarrow \text{HgSO}_4 \tag{5-2}$$

5.6　NaClO₂/NaBr 复合氧化剂同时脱硫脱硝脱汞平行实验结果

通过以上实验，确定了 NaClO₂/NaBr 复合氧化剂的最佳制备条件及最佳实验条件：NaClO₂ 与 NaBr 的摩尔浓度比为 1.5∶0.05，复合氧化剂的 pH 值为 7.0，反应温度为 140℃，模拟烟气流速为 3.0L/min，复合氧化剂的加入速率为 250μL/min。在 SO₂ 浓度为 3000mg/m^3、NO 浓度为 550mg/m^3 和 Hg⁰ 浓度为 $20\mu\text{g/m}^3$ 的条件下，脱硫脱硝脱汞效率分别达到 100%，91% 和 93%。相比于 H₂O₂ 体系复合氧化剂可看出 NaClO₂/NaBr 型复合氧化剂烟气净化能力更强，因此，若今后能降低该试剂体系成本，该型复合氧化剂将具有更好的应用前景。

5.7　NaClO₂/NaBr 复合氧化剂脱硫脱硝脱汞产物测试分析与反应机理

图 5-7 为 NaClO₂/NaBr 型复合氧化剂脱硫脱硝脱汞反应前后 Ca(OH)₂ 的 SEM 表征图片。其中，图 5-7a 为 300 目的分析纯 Ca(OH)₂，其散布在台面上，细小而分散；图 5-7b 为反应完成后的 Ca(OH)₂，其表面出现了明显的团簇现象，且形状不规则而高度聚合。相比于 H₂O₂ 系列复合氧化剂，NaClO₂ 系列的复合氧化剂使反应前后的 Ca(OH)₂ 形态差异更大。图 5-8 也给出了反应后 Ca(OH)₂ 的 XRD 表征图谱，通过 XRD 表征，再次验证了 CaSO₄，CaSO₃，Ca(NO₃)₂ 和 Ca(NO₂)₂ 的存在。而且，CaSO₃ 和 Ca(NO₃)₂ 的特征峰强于 CaSO₄ 和 Ca(NO₂)₂，证明 CaSO₃ 和 Ca(NO₃)₂ 为主要产物。图 5-9 给出了反应后 Ca(OH)₂ 的 EDS 表征图谱，从图中可看出，有 S、Cl 和 Br 峰的出现，这也证明了含硫物种的存在，也说明了含 Cl 氧化剂和含 Br 氧化剂在氧化反应中的作用。

图 5-7　NaClO₂/NaBr 型复合氧化剂脱硫脱硝脱汞反应前后 Ca(OH)₂ 的 SEM 表征
a—反应前 Ca(OH)₂；b—反应后 Ca(OH)₂

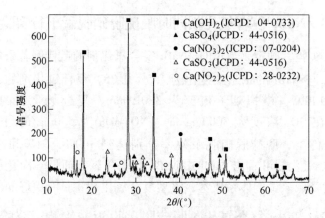

图 5-8 NaClO$_2$/NaBr 型复合氧化剂脱硫脱硝脱汞反应后 Ca(OH)$_2$ 的 XRD 表征

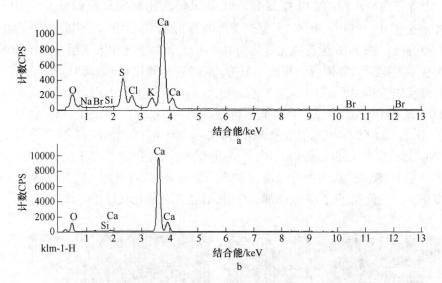

图 5-9 NaClO$_2$/NaBr 型复合氧化剂脱硫脱硝脱汞反应前后 Ca(OH)$_2$ 的 EDS 表征

a—反应后 Ca(OH)$_2$；b—反应前 Ca(OH)$_2$

为了验证 Hg^0 的氧化，对 KCl 吸收液进行了 CVAFS 检测。如表 5-1 所示，空白溶液为反应前 KCl 和 Ca(OH)$_2$ 溶液，KCl 溶液为反应后溶液，Ca(OH)$_2$ 溶液为反应后溶液。通过表中数据可看出，空白溶液中没有 Hg^{2+}，而反应后的 KCl 溶液和 Ca(OH)$_2$ 溶液均检测出了 Hg^{2+}，由此证明了 Hg^0 的氧化。同时，通过对比 KCl 溶液和 Ca(OH)$_2$ 溶液中的 Hg^{2+} 的浓度也证明了 Ca(OH)$_2$ 对氧化汞具有优异的吸收能力。

表 5-1 反应前后 KCl 溶液和 Ca(OH)$_2$ 溶液中 Hg^{2+} 浓度   （ng/L）

序号	1	2	3	4	5	平均值
空白	0	0	0	0	0	0
KCl 溶液	75.1	77.6	73.4	74.3	74.7	75.0
Ca(OH)$_2$	53.2	52.1	52.6	53.4	52.5	52.8

注：反应时间为 30min，KCl 溶液的体积为 300mL，Ca(OH)$_2$ 溶液为稀释到 10L。

在 NaClO$_2$/NaBr 型复合氧化剂中，主要的氧化物种有 ClO$_2^-$、ClO$_2$、Cl$_2$、Cl$^-$ 和 Br$_2$。从电化学角度来看，ClO$_2^-$/Cl$^-$（1.599V），ClO$_2$/Cl$^-$（1.511V），Cl$_2$/Cl$^-$（1.396V）和 Br$_2$/Br$^-$（1.09V）远远高于 Hg^{2+}/Hg^0（0.796V），SO$_4^{2-}$/H$_2$SO$_3$（0.172V），SO$_4^{2-}$/SO$_2$（0.158V），NO$_2$/NO（1.049V），NO$_3^-$/NO（0.957V），NO$_2^-$/NO（−0.460V）和 NO$_3^-$/NO$_2^-$（0.835V），证明了 NaClO$_2$/NaBr 型复合氧化剂能够氧化 SO$_2$，NO 和 Hg^0。在该反应体系中，ClO$_2^-$ 是最主要的氧化剂，其在 SO$_2$、NO 和 Hg^0 起了主导作用（式（5-3）到式（5-9））。

$$Hg + ClO_2^- + H_2O \longrightarrow Hg^{2+} + OH^- + Cl^- \tag{5-3}$$

$$SO_2 + ClO_2^- + H_2O \longrightarrow H^+ + SO_4^{2-} + Cl^- \tag{5-4}$$

$$NO + ClO_2^- \longrightarrow NO_2 + Cl^- \tag{5-5}$$

$$NO + ClO_2^- \longrightarrow NO_2 + ClO^- \tag{5-6}$$

$$NO_2 + ClO_2^- + OH^- \longrightarrow NO_3^- + Cl^- + H_2O \tag{5-7}$$

$$NO + ClO_2^- + OH^- \longrightarrow NO_2^- + Cl^- + H_2O \tag{5-8}$$

$$NO_2^- + ClO_2^- \longrightarrow NO_3^- + Cl^- \tag{5-9}$$

除 ClO$_2^-$ 之外，NaClO$_2$/NaBr 氧化体系中的 ClO$_2$（由 ClO$_2^-$ 和 H$^+$ 反应得到）在氧化反应中也起了重要作用（式（5-10）到式（5-12））。并且，ClO$_2$ 与 SO$_2$ 和 NO 可反应生成含氯自由基 Cl$^·$ 和 Cl$_2$（式（5-13）到式（5-15））。而这些氯自由基也是一种高效汞氧化剂（式（5-16））。

$$H^+ + ClO_2^- \longrightarrow ClO_2 + H_2O + Cl^- \tag{5-10}$$

$$H_2O + Hg + ClO_2 \longrightarrow Hg^{2+} + Cl^- + OH^- \tag{5-11}$$

$$H_2O + SO_2 + ClO_2 \longrightarrow SO_4^{2-} + Cl^- + OH^- \tag{5-12}$$

$$SO_2 + ClO_2 \longrightarrow SO_3 + Cl^· \tag{5-13}$$

$$NO + ClO_2 \longrightarrow NO_2 + Cl^· \tag{5-14}$$

$$NO_2^- + ClO_2 \longrightarrow NO_3^- + Cl^· \tag{5-15}$$

$$Cl^· + Cl^· \longrightarrow Cl_2 + Hg \longrightarrow Hg^{2+} + Cl^- \tag{5-16}$$

前面的图 5-2 中已经证实，NaBr 的加入对 NO 和 Hg^0 的脱除起到了一定的促进作用，说明溴氧化剂对 NO 和 Hg^0 的氧化有促进作用。根据文献可知，起作用

的溴氧化剂为 Br_2（式（5-17）到式（5-19））。

$$Br^- + ClO_2^- \longrightarrow Br_2 + Hg \longrightarrow Hg^{2+} + Br^- \tag{5-17}$$

$$Br^- + ClO_2 \longrightarrow Br_2 + Hg \longrightarrow Hg^{2+} + Br^- \tag{5-18}$$

$$H_2O + Br_2 + NO \longrightarrow NO_2 + H^+ + Br^- \tag{5-19}$$

6 热催化过氧化氢/亚氯酸钠气相氧化脱硫脱硝脱汞性能与机理

<<<<<<<<<<<<<<<<<<<<<<<<<<<<<<<<<<<<<<<<<<<<<<<<<<<<<<<<<<<<<<<<<<<<<<<<<<

上面的实验证实了以 NaClO₂ 为主的复合氧化系列在同时脱除烟气中二氧化硫、一氧化氮和元素态汞方面具有良好的效果，但同时需要指出的是该复合氧化系列存在试剂成本偏高的不足，因此，为了便于今后工业应用，实验拟在 NaClO₂ 中加入经济绿色的 H_2O_2，制备一种 H_2O_2/NaClO₂ 型复合氧化剂。在本节中，开展了 H_2O_2/NaClO₂ 型复合氧化剂热催化气相氧化脱硫脱硝脱汞实验，考察了复合氧化剂各组分配比、复合氧化剂 pH 值、复合氧化剂加入速率、反应温度、烟气共存气体等对脱除效果的影响，并确定了该体系的最佳工艺条件。

6.1 H_2O_2/NaClO₂ 复合氧化剂组分配比对同时脱硫脱硝脱汞的影响

如图 6-1 所示，实验首先考察了 H_2O_2 浓度对同时脱除效率的影响，模拟烟气流速为 3.0L/min，停留时间为 6.3s，复合氧化剂的加入速率为 200μL/min，复合氧化剂 pH 值为 4.5，反应温度为 150℃，Hg^0 浓度 20μg/m³，SO_2 浓度为 4000mg/m³，NO 浓度为 500mg/m³。当 H_2O_2 浓度由 2mol/L 升高到 4mol/L 时，脱硫脱硝脱汞效率显著增加，而随着 H_2O_2 浓度进一步增加，同时脱除效率基本保持不变，因此，4mol/L 是最适 H_2O_2 浓度，与其对应的脱硫效率为 100%、脱汞效率为 90% 和脱硝效率为 59.5%。实验结果表明单一 H_2O_2 能很好的完成脱硫和脱汞，但脱硝效率不能满足排放标准，这与之前的研究结果相一致。为了提高脱硝效率，实验制备了 H/NaClO₂ 复合氧化剂，通过实验确定了 H_2O_2 与 NaClO₂ 之间的协同作用：二者之间的反应可释放出大量的高活性氧化物种，如：HO_2^- 和 ClO_2，其对 NO 的氧化具有明显的促进作用，此外，含氯物种的引入也提高了脱汞效率，因此，H_2O_2 与 NaClO₂ 的组合将有益于提高同时脱硫脱硝脱汞效率。

为了获得最佳经济效益，首先对工业级 H_2O_2 和工业级 NaClO₂ 的成本进行了计算。经计算得出工业级 NaClO₂ 的价格 10 倍于工业级 H_2O_2，即使用 1mol 的 H_2O_2 的花费等于 0.1mol 的 NaClO₂。组合 1（NaClO₂（0.1mol/L）/H_2O_2（4mol/L））的成本等于组合 2（NaClO₂（0.2mol/L）/H（3mol/L）），而二者均高于组合 3（NaClO₂（0.2mol/L）/H_2O_2（4mol/L））。然而，组合 1 获得的同时脱除效率明显高于组合 2 和组合 3，这说明组合 1 更具经济效益。随后，当控制 NaClO₂ 浓度为 0.1mol/L 时，考察了 H_2O_2 浓度变化对同时脱除效率的影响。如图 6-1 所示，当

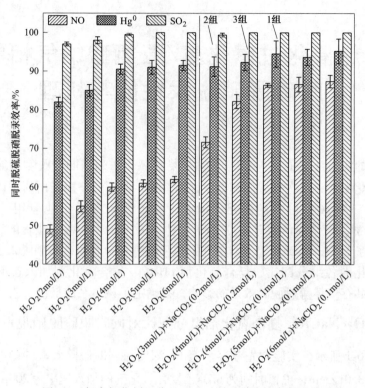

图 6-1　复合氧化剂组分及配比对同时脱除效率的影响

将 H_2O_2 浓度由 4mol/L 增至 6mol/L 时，同时脱除效率增加不明显，因此，实验最终确定 H_2O_2 与 $NaClO_2$ 的最佳配比为 4:0.1（摩尔比），与其对应的同时脱硫脱硝脱汞效率分别为 100%，92.7% 和 85.5%。实验结果表明：H_2O_2 与 $NaClO_2$ 之间浓度比例的变化会导致同时脱除效率的改变，这是由以下原因造成的。$NaClO_2$ 的加入会改变 H_2O_2 的存在状态进而提高脱硝脱汞效率。首先，$NaClO_2$ 的加入会提高复合氧化剂的 pH 值，导致 H_2O_2 分解为 HO_2^-，HO_2^- 会加强 NO 的氧化。其次，$NaClO_2$ 与 H_2O_2 相遇会提高 $NaClO_2$ 的氧化能力，这是由于在 H_2O_2 酸性介质中，$NaClO_2$ 会分解产生 ClO_2，其是一种具有强氧化性的气相氧化剂，因此，该物质的生成有助于 NO 的快速氧化。然而，当过量的 $NaClO_2$ 加入到复合氧化剂中时，如 0.2mol/L，复合氧化剂的 pH 值会发生突升，过高的 pH 值会导致 H_2O_2 的剧烈分解并释放出 O_2，因此过量的 $NaClO_2$ 会导致复合氧化剂失效。而且通过实验验证了该推论：当 $NaClO_2$ 浓度由 0.1mol/L 升高到 0.2mol/L 时（H_2O_2 浓度恒定为 4.0mol/L），复合氧化剂 pH 值由 4.5 升高到 5.8；同时，由烟气分析仪检测到的 O_2 浓度也迅速增加，这表明 pH 值的升高加速了复合氧化剂中的 H_2O_2 分解。

6.2 $H_2O_2/NaClO_2$ 复合氧化剂加入速率对同时脱硫脱硝脱汞的影响

如图 6-2 所示，实验考察了复合氧化剂加入速率对同时脱除效率的影响，模拟烟气流速为 3.0L/min，停留时间为 6.3s，复合氧化剂 pH 值为 4.5，反应温度为 150℃，Hg^0 浓度为 20μg/m³，SO_2 浓度为 4000mg/m³，NO 浓度为 500mg/m³。在复合氧化剂加入速率变化的过程中，脱硫效率基本保持不变；然而，提高加入速率对脱硝脱汞具有显著的促进作用，当加入速率由 50μL/min 增加至 250μL/min 时，脱硝效率由 47%增加到 87%，脱汞效率由 82%增加到 92%，随着加入速率进一步增加，脱硝和脱汞效率都不再改变。因此，实验确定 200μL/min 为最佳加入速率。在起始阶段，加入速率的提高可明显增加类气相复合氧化剂浓度，加速 NO 和 Hg^0 的氧化进而提高二者的脱除效率，并减弱 SO_2、NO 和 Hg^0 三者之间的竞争氧化，但随着加入速率的进一步增加，当超过最佳加入速率后，如：200~300μL/min，类气相复合氧化剂的浓度接近饱和，无法进一步加快 NO 和 Hg^0 的氧化速率，所以，脱硝脱汞反应趋于平衡。此外，在不同复合氧化剂加入速率条件下，计算了类气相复合氧化剂与三种污染物浓度的摩尔比，如图 6-2 所示，当加入速率范围为 50~300μL/min，其对应的摩尔比的范围为 1.8~9.0。

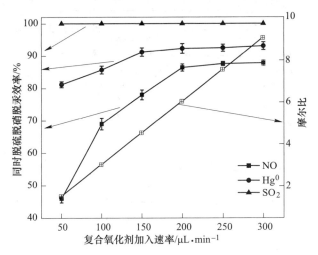

图 6-2 复合氧化剂加入速率对同时脱除效率的影响

6.3 $H_2O_2/NaClO_2$ 复合氧化剂 pH 值对同时脱硫脱硝脱汞的影响

根据参考文献可知，溶液 pH 值可显著影响 H_2O_2 和 $NaClO_2$ 的电极电势，因此，实验考察了复合氧化剂 pH 值对同时脱除效率的影响，模拟烟气流速为 3.0L/min，停留时间为 6.3s，复合氧化剂的加入速率为 200μL/min，反应温度为

150℃，Hg^0 浓度为 $20\mu g/m^3$，SO_2 浓度为 $4000mg/m^3$，NO 浓度为 $500mg/m^3$。如图 6-3 所示，当复合氧化剂 pH 值在 3.0~7.0 范围内变化时，脱硫效率稳定在 100%，表明 pH 值的变化对脱硫影响较小。而复合氧化剂 pH 值的变化却对脱硝脱汞反应有明显的影响，当 pH 值由 3.0 增加到 4.5 时，脱硝和脱汞效率分别稳定在 88% 和 94%，而当 pH 值由 4.5 增至 7.0 时，脱硝效率由 87% 下降至 58%，脱汞效率由 94% 缓慢下降至 88%。上述实验可得出如下结论：酸性条件有利于复合氧化剂脱硫脱硝脱汞，但考虑到强酸性溶液带来的腐蚀，$H_2O_2/NaClO_2$ 型复合氧化剂的最适 pH 值宜定为 4.5。上述现象可能是由以下原因引起：对脱汞而言，$NaClO_2$ 在此过程中起了主导作用，其在酸性条件下可分解产生 ClO_2，在中性、碱性条件下则以 ClO_2^- 为主，二者均可较好地实现 Hg^0 的氧化，因此，复合氧化剂 pH 值的升高对脱汞反应的抑制作用有限。对脱硝而言，$NaClO_2$ 和 H_2O_2 均起了重要作用，众所周知，酸性环境有利于 H_2O_2 发挥氧化能力和 $NaClO_2$ 释放 ClO_2，因此，酸性环境有利于脱硝；而当 pH 值超过 4.5 后，H_2O_2 会因过度分解而导致复合氧化剂快速失效，并且此过程也会减少 ClO_2 的生成，从而降低 NO 的氧化效率，导致脱硝效率下降。

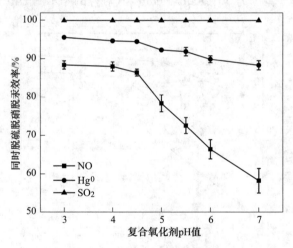

图 6-3   复合氧化剂 pH 值对同时脱除效率的影响

6.4   热催化温度对同时脱硫脱硝脱汞的影响

图 6-4 给出了反应温度对同时脱除效率的影响曲线，反应条件如下：模拟烟气流速为 3.0L/min，停留时间为 6.3s，复合氧化剂的加入速率为 $200\mu L/min$，复合氧化剂 pH 值为 4.5，Hg^0 浓度为 $20\mu g/m^3$，SO_2 浓度为 $4000mg/m^3$，NO 浓度为 $500mg/m^3$。在温度范围为 100~150℃时，脱硫效率始终稳定在 100% 左右。当

反应温度由 90℃升高到 150℃时，脱硝效率由 64%升高到 87%，当反应温度由 90℃升高到 140℃时，脱汞效率由 83%增加到 92%。因此，实验确定 150℃为同时脱除反应的最佳温度。关于温度对同时脱除效率的影响机理在前文已有详细讨论，在此不再赘述。

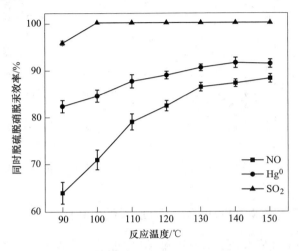

图 6-4　反应温度对同时脱除效率的影响

6.5　烟气流速及停留时间对同时脱硫脱硝脱汞的影响

为了确定模拟烟气的最佳停留时间，实验考察了烟气流速及停留时间对同时脱硫脱硝脱汞效率的影响，复合氧化剂的加入速率为 $200\mu L/min$，复合氧化剂 pH 值为 4.5，反应温度为 150℃；Hg^0 浓度为 $20\mu g/m^3$，SO_2 浓度为 $4000mg/m^3$，NO 浓度为 $500mg/m^3$。如图 6-5 所示，烟气流速及其停留时间的变化对脱硫效率影响较小，但对脱硝脱汞影响显著。当烟气流速由 1L/min 增至 5L/min 时，对应的停留时间由 19s 降至 3.8s 时，脱硝效率由 93%快速下降至 63%，脱汞效率由 94%下降至 83%。出现以上现象的原因主要由以下两方面：第一，当复合氧化剂加入速率一定时，提高烟气流速会导致烟气中污染物浓度的增加，同时降低了类气相复合氧化剂的浓度，因此，氧化剂与污染物的摩尔比降低，导致了污染物的氧化效率下降；第二，从反应动力学角度来看，烟气停留时间对化学反应具有重要影响，流速增加会降低停留时间，导致污染物的接触氧化时间变少，使污染物氧化不充分。然而，从经济性角度来看，在实际生产中，延长停留时间会加大反应器的容积及占地面积，并增加系统阻力及运行成本，因此，合适的停留时间能提高电厂的运行效益。本实验中，实验选取 6.3s 为最佳停留时间。

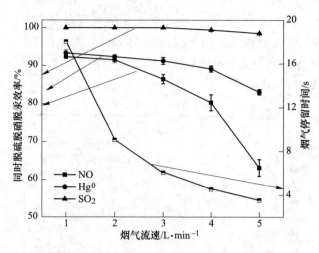

图 6-5 烟气流速对同时脱除效率的影响

6.6 烟气共存气体对同时脱硫脱硝脱汞的影响

根据文献和上面实验可知，SO_2 和 NO 浓度的变化对脱汞过程具有重要影响，同时，二者亦会对彼此的脱除产生一定的影响，因此，实验考察了烟气共存气体，O_2、CO_2、NO 和 SO_2 对同时脱除效率的影响。

为了确定 SO_2 和 NO 在脱汞过程中的作用，首先考察了 SO_2 和 NO 的浓度变化对脱汞效率的影响，模拟烟气流速为 3.0L/min，停留时间为 6.3s，复合氧化剂的加入速率为 200μL/min，复合氧化剂 pH 值为 4.5，反应温度为 150℃，Hg^0 浓度 20μg/m³，SO_2 浓度为 4000mg/m³，NO 浓度为 500mg/m³，氧化剂仅使用 6.0mol/L 的 H_2O_2。如图 6-6a 所示，当将浓度为 500mg/m³ 的 NO 和浓度为 200mg/m³ 的 SO_2 引入反应系统内，脱汞效率分别增加了 65% 和 55%；当二者一起引入反应系统后，脱汞效率增加更为显著。上述实验确定了 SO_2 和 NO 对脱汞反应具有显著的促进作用，并且 SO_2 的促进作用强于 NO。主要的促进机理如下：（1）NO 的氧化产物 NO_2 能直接氧化或催化氧化 Hg^0；（2）SO_2 的氧化产物 SO_3 及其衍生物 H_2SO_4 亦可有效的氧化 Hg^0。

实验也以 H_2O_2/$NaClO_2$ 为复合氧化剂进行了烟气组分影响实验以验证 $NaClO_2$ 在脱汞过程中的作用。对比图 6-6a 和 b，我们可以清楚地看出，当 $NaClO_2$ 加入 H_2O_2 后，单一脱汞效率由 25% 增至 53%，说明 $NaClO_2$ 可有效促进汞的脱除。当向反应系统中引入 NO 和 SO_2 后，脱汞效率增至 90%，这一现象说明 NO 和 SO_2 对脱汞的促进作用是巨大的。同时，图 6-6b 也指出，过量的 NO（500～1000mg/m³）和 SO_2（2000～4000mg/m³）均没有明显的降低脱汞效率，说明 NO 和 SO_2 与 Hg^0 之间的竞争氧化并不剧烈。

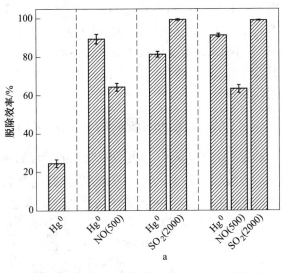

a

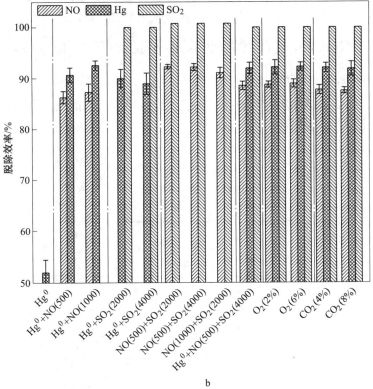

b

图 6-6 烟气共存气体对同时脱除效率的影响

随后实验还考察了 SO$_2$ 和 NO 浓度的变化对脱硫脱硝效率的影响，实验结果表明二者浓度的改变对同时脱硫脱硝影响较小，脱硫效率基本稳定在 100%，脱硝效率可保持在 89% 左右。如图 6-6b 所示，O$_2$ 和 CO$_2$ 对同时脱除效率的影响也较小。综上，利用 H$_2$O$_2$/NaClO$_2$ 型复合氧化剂进行热催化气相氧化同时脱硫脱硝脱汞可适应多种煤种及不同的锅炉负荷，该方法是切实可行的，其不仅能满足排放标准，亦能保证脱除经济性。

6.7　H$_2$O$_2$/NaClO$_2$ 复合氧化剂同时脱硫脱硝脱汞平行实验结果

通过以上实验，确定了 H$_2$O$_2$/NaClO$_2$ 复合氧化剂的最佳制备条件及最佳实验条件：H$_2$O$_2$ 和 NaClO$_2$ 的浓度比为 4 : 0.1，复合氧化剂的 pH 值为 4.5，反应温度为 150℃，模拟烟气流速为 3.0L/min，复合氧化剂的加入速率为 200μL/min。在最优实验条件下和 SO$_2$ 浓度为 4000mg/m^3、NO 浓度为 500mg/m^3 和 Hg^0 浓度为 20μg/m^3 时，脱硫脱硝脱汞效率分别达到了 100%，87% 和 92%。通过与前文制备的 NaClO$_2$/NaBr 型复合氧化剂对比，尽管该型复合氧化剂脱硝效率有少许下降，但其试剂成本大大降低，因此，该复合氧化剂更具应用潜力。

6.8　H$_2$O$_2$/NaClO$_2$ 复合氧化剂脱硫脱硝脱汞产物测试分析与反应机理

由图 6-7 和表 6-1 可得出 NaClO$_2$/H$_2$O$_2$ 型复合氧化剂在 SO$_2$、NO 和 Hg^0 的脱除过程中起到了关键作用，其脱硫脱硝脱汞反应机理已在前述章节进行了详细的论述，在此不再详加论述。

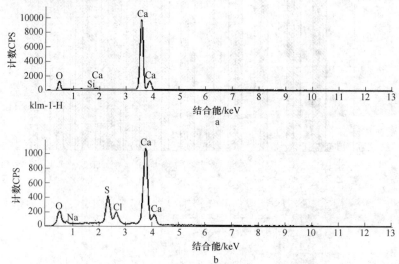

图 6-7　NaClO$_2$/H$_2$O$_2$ 型复合氧化剂脱硫脱硝脱汞反应前后 Ca(OH)$_2$ 的 EDS 表征

a—反应前 Ca(OH)$_2$；b—反应后 Ca(OH)$_2$

表 6-1　反应前后 KCl 溶液和 Ca(OH)$_2$ 溶液中 Hg^{2+}浓度　　　（ng/L）

序号	1	2	3	4	5	平均值
空白	0	0	0	0	0	0
KCl 溶液	65.3	67.2	63.5	70.3	69.7	67.2
H$_2$SO$_4$-KMnO$_4$	21.2	22.4	21.3	21.8	22.3	21.8

注：反应时间为 60min，KCl 溶液体积为 300mL，H$_2$SO$_4$-KMnO$_4$ 溶液为稀释到 10L。

7 热催化亚氯酸钠/过硫酸钠气相氧化脱硫脱硝脱汞性能与机理

<<<<<<<<<<<<<<<<<<<<<<<<<<<<<<<<<<<<<<<<<<<<<<<<<<<<<<<<<<<

在本章中，我们首次发现碱性的 $NaClO_2$ 与酸性的 $Na_2S_2O_8$ 具有强协同作用，二者复配过程产生了高反应活性的自由基物质，以二者复配溶液为自由基前体，在热催化作用下实现了极佳的同时脱硫脱硝脱汞效率，深入考察了 $NaClO_2$ 与 $Na_2S_2O_8$ 浓度配比、复合氧化剂加入速率、反应温度、烟气共存气体等对脱除效果的影响，确定了氧化物质属性，确定了最佳工艺条件，并最终提出了同时脱硫脱硝脱汞反应机理。

7.1 $NaClO_2/Na_2S_2O_8$ 复合氧化剂组分配比对脱硫脱硝脱汞的影响

首先研究了 $Na_2S_2O_8$ 或 $NaClO_2$ 浓度对脱硫脱硝的影响。从表 7-1 中可以看出，当 $Na_2S_2O_8$ 浓度（质量分数）从 0% 增加到 10% 时，脱硫脱硝效率分别从 97.5% 和 2.3% 增加到 99.3% 和 25.5%。如表 7-1 所示，当 $NaClO_2$ 浓度（质量分数）从 0% 增加到 5%，SO_2 和 NO 的脱除效率分别从 97.5% 和 2.3% 增加到 100.0% 和 45.3%。结果表明，两种氧化剂对 SO_2 的脱除没有明显的促进作用，这是由于 HA-Na 的吸收过程是脱硫的主导因素。而对于 NO 的脱除，可以发现随着氧化剂浓度的增加，NO 脱除效率增加，说明 NO 的氧化是 NO 脱除的关键步骤，$S_2O_8^{2-}$ 和 ClO_2^- 是主要的氧化剂。另外值得注意的是，从 NO 脱除角度来看，$NaClO_2$ 的效果优于 $Na_2S_2O_8$，但仅使用 $NaClO_2$ 的效果还不够理想。因此，项目组尝试了 $NaClO_2$ 与 $Na_2S_2O_8$ 联合使用开展深度脱硝的可行性研究。由于试剂成本是该方法在工业应用中的一个重要因素，因此在寻找 $NaClO_2$ 与 $Na_2S_2O_8$ 最佳质量浓度比之前，先调查了这两种试剂的价格。根据阿里巴巴网站提供的数据，工业级 $NaClO_2$（99%，质量分数）的价格为 1500~2250 美元/t，这个价格大约是工业级 $Na_2S_2O_8$ 的两倍，工业级 $Na_2S_2O_8$（99.5%，质量分数）的价格为 825~1125 美元/t，即 1%$NaClO_2$（质量分数）的成本等于 2%$Na_2S_2O_8$ 的成本。

图 7-1 中七组氧化剂配比的试剂成本是一样的，所以脱硫脱硝效率可以直接反映出 $NaClO_2$ 与 $Na_2S_2O_8$ 的最佳质量比。随着质量比的变化，脱硫效率始终接近 100%，然而脱硝效率显著增加。当 $NaClO_2$ 与 $Na_2S_2O_8$ 浓度比从 0%：12% 增加到 4%：4%（质量比）时，脱硝效率从 35.1% 增加到 82.7%；随着比例进一

表 7-1 Na$_2$S$_2$O$_8$ 或 NaClO$_2$ 质量浓度对协同脱除的影响

测试	$w(Na_2S_2O_8)$/%	$w(NaClO_2)$/%	SO$_2$/%	NO/%
1	—	—	97.5	2.3
2	2	—	98.3	5.1
3	4	—	98.6	8.2
4	6	—	98.8	13.1
5	8	—	98.6	21.3
6	10	—	99.3	25.2
7	—	1	98.7	15.3
8	—	2	99.2	24.3
9	—	3	99.6	29.6
10	—	4	100.0	36.3
11	—	5	100.0	45.3

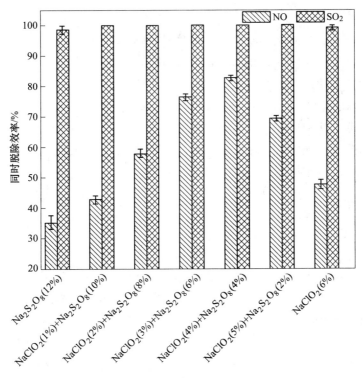

图 7-1 Na$_2$S$_2$O$_8$/NaClO$_2$ 复合氧化剂组分对同时脱硫脱硝的影响

（模拟烟气入口流量为 3.0L/min，停留时间为 1.5s，加药速率为 200μL/min，复合氧化剂 pH 值为 9，

反应温度为 413K，NO 浓度为 500mg/m^3，SO$_2$ 浓度为 3000mg/m^3）

步增加，NO 脱除效率下降，因此二者最佳质量浓度比例为 4%∶4%。对比 4% $Na_2S_2O_8$（质量分数）（8.2%）和 4%$NaClO_2$（质量分数）（36.3%）的脱硝效率，可以看出 4% 的 $Na_2S_2O_8$（质量分数）和 4% 的 $NaClO_2$（质量分数）混合后的脱硝效率增加到 82.7%，说明 $Na_2S_2O_8$ 和 $NaClO_2$ 的复配确实大幅提高了反应体系的氧化能力，由此可以推断，在两者混合的过程中产生了一些新的氧化物质，不仅仅包括 ClO_2^- 和 $S_2O_8^{2-}$。根据相关文献，新产生的高活性氧化物质可能包括 ClO_2、SO_4^- 和 $HO·$，具体生成机理见反应机理部分。

图 7-2a 给出了 $Na_2S_2O_8$、$NaClO_2$ 和 $Na_2S_2O_8$-$NaClO_2$ 复合时的脱汞效率，氧化剂的气相浓度是基于液相氧化剂浓度（质量分数,%）、氧化剂泵入速率（μL/min）和烟气流量（L/min）来进行计算确定。其中，C 是气相氧化剂浓度；$C_{Na_2S_2O_8}$ 是 $Na_2S_2O_8$ 的质量浓度，g/L；C_{NaClO_2} 是 $NaClO_2$ 的质量浓度，g/L；v 是氧化剂泵入速率，L/min；Q 是烟气流量，L/min；$M_{Na_2S_2O_8}$ 是 $Na_2S_2O_8$ 的摩尔质量，g/mol、M_{NaCO_2} 是 $NaClO_2$ 的摩尔质量，g/mol。

$$C = 22.4 \times 10^3 \times \left(\frac{C_{NaClO_2} \cdot v}{Q \cdot M_{NaClO_2}} + \frac{C_{Na_2S_2O_8} \cdot v}{Q \cdot M_{Na_2S_2O_8}} \right) \tag{7-1}$$

如图 7-2a 所示，随着 $Na_2S_2O_8$ 的浓度从 94×10^{-6} 增加到 470×10^{-6}，脱汞效率从 24.6% 增加到 83.8%；而随着 $NaClO_2$ 浓度从 5×10^{-6} 增加到 508×10^{-6} 时，脱汞效率由 34.8% 增加到 98.1%。随后我们又考察了 $Na_2S_2O_8$-$NaClO_2$ 的脱汞特性：当使用 4.5×10^{-6} 的 $Na_2S_2O_8$-$NaClO_2$（即 $Na_2S_2O_8$ 为 3×10^{-6}，$NaClO_2$ 为 1.5×10^{-6}）时，脱汞效率高达 96.5%，这证明二者的复合远优于二者单独脱汞时的效果。因此，在二者复配过程中，极有可能产生了某种高活性的氧化物质，而这种高活性氧化物质主导了脱汞反应过程。

$$W = \frac{453.6 \times 10^6 \cdot (C_{NaClO_2} \cdot P_{NaClO_2} + C_{Na_2S_2O_8} \cdot P_{Na_2S_2O_8}) \cdot v}{\eta \cdot C_{HgO} \cdot Q} \tag{7-2}$$

为了清晰了解不同反应体系的脱汞经济效益，后续又进行了经济性分析计算。根据阿里巴巴工业原料网站，工业级 $Na_2S_2O_8$ 和工业级 $NaClO_2$ 的中位价格分别为 1180 USD/t（82%，质量分数）和 840 USD/t（99%，质量分数）。不同剂量氧化剂的成本，计算结果如图 7-2b 所示。注：该成本为脱除一磅汞所需的费用。其中，W 为成本，USD/lb-Hg^0；$C_{Na_2S_2O_8}$ 为 $Na_2S_2O_8$ 的质量浓度，g/L；C_{NaCO_2} 为 $NaClO_2$ 的质量浓度，g/L；$P_{Na_2S_2O_8}$ 为 $Na_2S_2O_8$ 的工业价格，USD/g；P_{NaCO_2} 是 $NaClO_2$ 的工业价格，USD/g；v 为氧化剂泵入速率，L/min；η 为脱汞效率,%；C_{HgO} 为气相汞浓，μg/m³（标态）；Q 为烟气流量，m³/min（标态）。$Na_2S_2O_8$-$NaClO_2$ 的泵入速率为 100μL/min，烟气流量为 2.0L/min。

单独使用 $Na_2S_2O_8$ 进行脱汞时，其脱汞成本范围为 1739～2552 USD/lb-Hg^0；

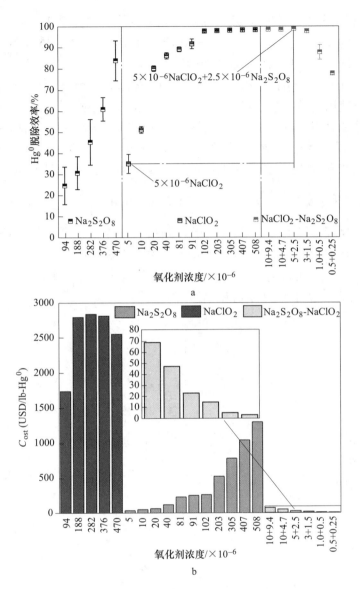

图 7-2　Na₂S₂O₈/NaClO₂ 复合氧化剂组分对协同脱汞效率的影响（a）和
不同复合氧化剂的脱汞成本分析（b）

单独使用 NaClO₂ 进行脱汞时，其脱汞成本范围为 37～1299USD/lb-Hg⁰；二者的
脱汞成本远远高于使用 Na₂S₂O₈-NaClO₂ 的脱汞成本（3～69USD/lb-Hg⁰）。若想
实现更为高的脱汞效率，如至少 85%，则 Na₂S₂O₈、NaClO₂ 和 Na₂S₂O₈-NaClO₂
的脱汞成本分别需要 2552USD、119USD 和 5.4USD，因此使用 Na₂S₂O₈-NaClO₂
进行脱汞是一个理想的方案。若想实现更好的脱汞效率，比如 95.5%，则仅需要

4.5×10^{-6}的 $Na_2S_2O_8$-$NaClO_2$，其对应的脱汞成本仅为 14.7USD。与之相比，使用活性炭脱汞的成本据报道为 211 ~ 29900 USD/lb-Hg^0。显然，本项目提出的脱汞方案更为经济有效，且无须处理废弃的活性炭。

　　随后项目组又进行了脱汞动力学研究，脱汞反应速率可以表示为公式（7-3）。由于本项目使用的是一个栓塞流反应器，而根据 Qu 的研究结论，脱汞效率可表达为烟气停留时间（t）、汞与氧化剂表观反应速率（k）和氧化剂浓度（C）的一个函数关系。其中 η 是脱汞效率；k 是脱汞速率常数；C 是氧化剂浓度，×10^{-6}；t 是烟气在反应器内的停留时间，s。为了进行线性拟合，我们将公式（7-4）变形为公式（7-5）。随后进行了 $\ln C$ 和 $\ln^2\left(\dfrac{1}{1-\eta}\right)$ 的线性拟合，斜率为氧化剂的反应分级数，截距可用来计算反应速率。拟合结果如图 7-3 所示，$Na_2S_2O_8$、$NaClO_2$ 和 $Na_2S_2O_8$-$NaClO_2$ 的脱汞速率常数分别为 $4.0 \times 10^{-5}s^{-1}$，$1.8 \times 10^{-2}s^{-1}$ 和 $0.21s^{-1}$。可以看出 $Na_2S_2O_8$-$NaClO_2$ 的脱汞反应速率常数是 $Na_2S_2O_8$ 和 $NaClO_2$ 脱汞速率常数的 5250 倍和 11.7 倍。

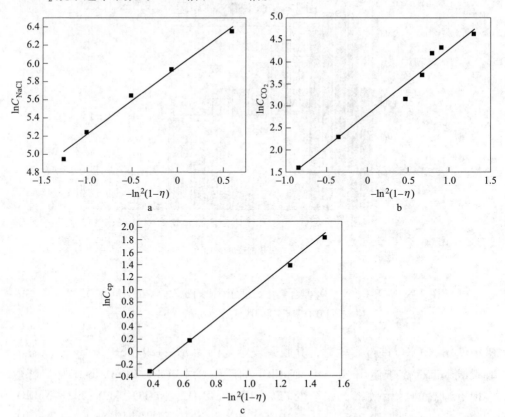

图 7-3　利用 $Na_2S_2O_8$、$NaClO_2$ 和 $Na_2S_2O_8$-$NaClO_2$ 复合氧化剂协同脱汞的动力学拟合结果

$$\frac{d[Hg^0]}{dt} = k \cdot [Oxi]^\alpha [Hg^0] \tag{7-3}$$

$$\eta = [1 - \exp(-k \cdot C^\alpha \cdot t)] \times 100\% \tag{7-4}$$

$$\frac{1}{\alpha}\ln\left(\frac{1}{kt}\right) + \frac{1}{\alpha}\ln^2\left(\frac{1}{1-\eta}\right) = \ln C \tag{7-5}$$

7.2 NaClO$_2$-Na$_2$S$_2$O$_8$ 复合氧化剂加入速率对脱硫脱硝脱汞的影响

由于 NO 脱除依赖于氧化剂的浓度，因此本书研究了复合氧化剂加药速率对协同脱除的影响。如图 7-4 所示，当加药速率超过 150μg/min，脱硫效率不再变化。随着加药速率从 50μL/min 增加到 200μL/min，NO 的脱除效率从 32.2%增加到 82.7%，随着加药速率进一步增加，脱除效率增加缓慢。考虑经济因素，最适合的加药速率被选定为 200μg/min。在最初阶段，随着加药速率的增加，蒸发态的氧化剂与气态污染物的摩尔比增大，这显著促进了 NO 的氧化。但当氧化剂浓度远大于污染物浓度时，反应速率的控制步骤为氧化反应过程，从而减弱了加药速率增加对 NO 脱除的加强作用。此外，蒸发态的氧化剂与气态污染物的摩尔比如图 7-4 所示，加药速率在 50~300μg/min，摩尔比为 0.13~0.78；在最佳加药速率 200μg/min 时，摩尔比为 0.52。根据数据和实验结果可以得出，许多 SO$_2$ 没有被氧化，这表明这种方法可以避免 SO$_2$ 消耗氧化剂，这对经济操作和控制 SO$_3$ 生成有益。

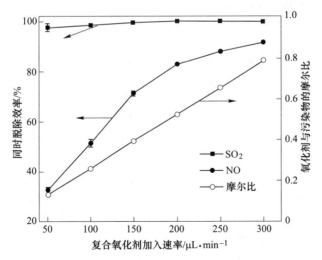

图 7-4　复合氧化剂加入速率对协同脱除的影响

（模拟烟气入口流量为 3.0L/min，停留时间为 1.5s，复合氧化剂 pH 值为 9，

反应温度为 413K，NO 浓度为 500mg/m^3，SO$_2$ 浓度为 3000mg/m^3）

　　图 7-5 显示了烟气中 $Na_2S_2O_8$-$NaClO_2$ 浓度对 Hg^0 去除的影响。通过改变 $Na_2S_2O_8$-$NaClO_2$ 溶液的泵送速度来调节烟气中的 $Na_2S_2O_8$-$NaClO_2$ 浓度。$Na_2S_2O_8$-$NaClO_2$ 浓度，蒸汽分压，烟气湿度和 $Na_2S_2O_8$-$NaClO_2$ 溶液的泵送速率之间的关系在图 7-6 和图 7-7 中阐明。当将 $Na_2S_2O_8$-$NaClO_2$ 浓度从 $0.45×10^{-6}$ 增加到 $4.5×10^{-6}$ 时，Hg^0 去除效率从 43.1% 线性增加到 92.5%，但当 $Na_2S_2O_8$-$NaClO_2$ 浓度从 $4.5×10^{-6}$ 进一步增加到 $13.5×10^{-6}$ 时，Hg^0 去除率略有下降。转折点为 $4.5×10^{-6}$，其对应的 $Na_2S_2O_8$-$NaClO_2$ 与 Hg^0 的摩尔比为 80。最初阶段脱汞效率提高的原因是由于摩尔当量比（从 8 增加到 80）促进了 Hg^0 的氧化，摩尔当量比为 80 时足以进行深度脱汞。与其他研究结果相比，本研究提出的脱汞方法更为经济有效，如：（1）当反应时间为 15s 时，$52×10^{-6}Br_2$ 去除约 50% 的 Hg^0；（2）使用 $5×10^{-6}$ SCl_2 或 S_2Cl_2 配合 $40g/m^3$ 的烟气粉煤灰可去除约 90% 的 Hg^0；（3）使用 $4×10^{-6}$ HBr 以 1.4s 的停留时间可去除 50% 的 Hg^0。尽管理论上增加摩尔当量比可以提高 Hg^0 的去除率，但我们的计算结果表明，随着 $Na_2S_2O_8$-$NaClO_2$ 浓度从 $4.5×10^{-6}$ 增加到 $13.5×10^{-6}$（抽流速从 $10\mu L/min$ 到 $300\mu L/min$），蒸汽分压将从 4.5kPa 上升到 27kPa，湿度则从 $50g/m^3$（标态）增加到 $150g/m^3$（标态），反应温度会降低 5~10℃。蒸汽压的增加和热催化温度的降低均会引起 $Na_2S_2O_8$-$NaClO_2$ 的汽化效果变差，将会严重影响 Hg^0 的去除率。另外，当蒸汽压增加时，水蒸气对自由基的清除作用也将会更加严重。

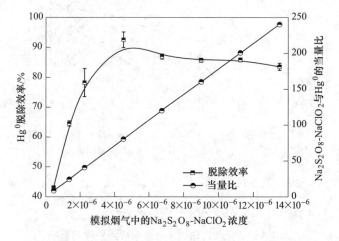

图 7-5　$Na_2S_2O_8$-$NaClO_2$（缩写为 CP）浓度对 Hg^0 去除的影响

（$Na_2S_2O_8$-$NaClO_2$ 浓度为 $4.5×10^{-6}$；烟气停留时间为 8.25s；

热催化温度为 403K；Hg^0 浓度为 $0.056×10^{-6}$）

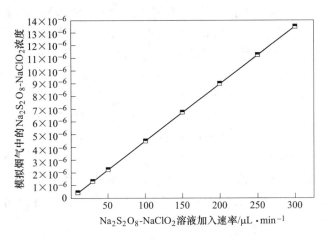

图 7-6　复合氧化剂加入速率与气相浓度之间的关系

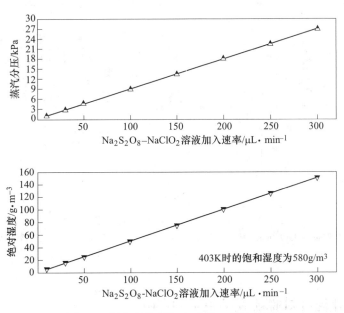

图 7-7　复合氧化剂加入速率、蒸汽分压
与绝对湿度之间的关系

7.3　NaClO₂-Na₂S₂O₈ 复合氧化剂 pH 值对脱硫脱硝脱汞的影响

　　溶液 pH 值对 Na₂S₂O₈ 和 NaClO₂ 的氧化电位和存在形式有显著影响。因此，本书研究了复合氧化剂 pH 值对协同脱除的影响。如图 7-8 所示，碱性环境有利于脱硫，脱硫效率稳定在 100%。同样，pH 值从 5.0 提高到 12.0，NO 的脱除率

从 67.1% 提高到 84.8%。因此复合氧化剂的最佳 pH 值为 9.0。实验结果表明，碱性环境有利于协同脱除，尤其 pH 值在 9 以上对于 NO 的脱除有利。以下原因可以解释这一现象。一方面，酸性环境不能激活 PS 产生自由基；另一方面，强酸环境会使得 $NaClO_2$ 分解为 ClO_2，这导致大量 ClO_2 排入大气中，造成氧化剂浪费。相反的，当 pH 值从 5.0 增加到 9.0，PS 被激活并且 ClO_2 产生速率减缓，这对 NO 的氧化有利。但在 pH 值为 6~8 时，NO 脱除效率增加趋势不明显，这是因为 pH 值突变范围是 6~8，这意味着 pH 值在 7 左右的变化对 $Na_2S_2O_8$-$NaClO_2$ 的组分影响不大，因此，NO 的脱除效率不能明显被提高。之后，当 pH 值在 9~12 之间，$NaClO_2$ 的分解被抑制，同时 PS 的激活效率更高，而后者在这个过程中起了主导作用，因此，NO 的脱除效率略有提高。反应机理部分将具体分析 pH 值于 ClO_2 生成之间的关系。

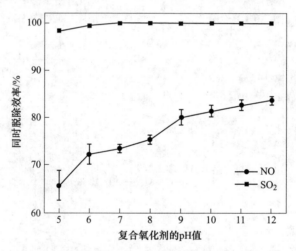

图 7-8　复合氧化剂 pH 值对协同脱除的影响

（模拟烟气入口流量为 3.0L/min，停留时间为 1.5s，加药速率为 200μL/min，复合氧化剂 pH 值为 9，反应温度为 413K，NO 浓度为 500mg/m³，SO_2 浓度为 3000mg/m³）

7.4　热催化温度对脱硫脱硝脱汞的影响

如图 7-9 所示，温度变化对脱硫效率影响不大，但对 NO 脱除有显著影响。当温度从 353K 增加到 413K，脱硝效率从 34.3% 增加到 82.8%，随后保持稳定。因此，最佳反应温度应为 413K。在实验过程中，蒸汽态氧化剂氧化 SO_2 和 NO 过程主要受蒸发速率的影响，反应物的扩散速率和化学反应速率主要取决于反应温度。反应温度从 353K 增加到 413K 将会加速上述速率，促进 NO 的脱除。另外，可以发现，413~433K 的高温对协同脱除没有明显的抑制作用，这说明氧化剂对高温有较好的适应性。

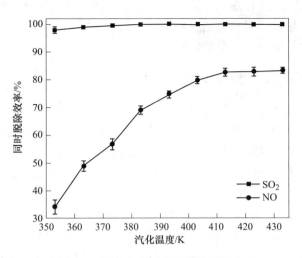

图 7-9 温度变化对协同脱除的影响

（模拟烟气入口流量为 3.0L/min，停留时间为 1.5s，加药速率为 200μL/min，复合氧化剂 pH 值为 9，

反应温度为 413K，NO 浓度为 500mg/m³，SO₂ 浓度为 3000mg/m³）

图 7-10 显示了热催化温度对 Hg⁰ 去除的影响。总体而言，在所有温度条件下，$4.5×10^{-6}$ 的 NaClO₂-Na₂S₂O₈ 的脱汞效率始终高于 $1.5×10^{-6}$ 的 NaClO₂-Na₂S₂O₈ 的脱汞效率。随着热催化温度从 80℃ 升高到 140℃，Hg⁰ 的去除效率逐渐增加，但超过 140℃ 后，Hg⁰ 的去除效率迅速降低。在 120~140℃ 的温度范围内，可获得最佳的 Hg⁰ 去除率。研究过程还发现在低温区的时候（例如 80℃），NaClO₂-Na₂S₂O₈ 不能有效蒸发，而中温区的时候（如 120~140℃）则可使 NaClO₂-Na₂S₂O₈

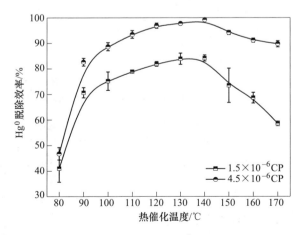

图 7-10 热催化温度对 Hg⁰ 去除的影响

（CP 浓度为 $4.5×10^{-6}$；烟气停留时间为 8.25s；热催化温度为 403K；Hg⁰ 浓度为 $0.056×10^{-6}$）

快速蒸发，因此，需要将热催化温度升高至一定水平才能保证良好的汽化和快速反应速率。但当热催化温度超过 140℃后，Hg^0 的去除率降低，这可能是由于自由基或其他活性氧化物质热分解所致。

7.5　烟气停留时间对脱硫脱硝脱汞的影响

氧化剂与空气污染物的接触时间对化学反应有显著影响，因此本书研究了烟气停留时间对协同脱除的影响。烟气流量与停留时间的系数近似等于 6。在图 7-11 中，烟气停留时间低于 1.5s 时，脱硫效率下降。当停留时间从 3s 降至 1.5s 时，NO 脱除效率由 93.1% 缓慢降低到 82.2%，然后在 1.5～1.0s 范围内，由 82.2% 迅速降至 68.3%。显然，较长的烟气停留时间有利于化学反应，这是由于下列原因。一方面，随着烟气流量的增加，氧化剂浓度降低，同时，反应器单位时间通过的空气污染物量增加，导致氧化剂与污染物的摩尔比降低；另一方面，烟气停留时间缩短使得氧化变得困难，这对 NO 脱除时不利的。但从经济性方面考虑，烟气停留时间增加会使得反应器体积和运行成本增加，因此应当选择适当的停留时间，1.5s 是合适的停留时间。值得注意的是，本方法获得的停留时间远小于之前研究中的，如 $Na_2S_2O_8/H_2O_2$ 方法需要 4.8s，赤铁矿催化 H_2O_2 方法需要 15.0s。因此，$NaClO_2$-$Na_2S_2O_8$ 的复合氧化剂更加适合工业使用。

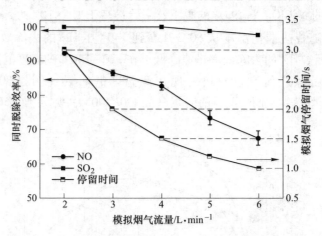

图 7-11　模拟烟气停留时间对协同脱除的影响

（模拟烟气入口流量为 3.0L/min，停留时间为 1.5s，加药速率为 200μL/min，复合氧化剂 pH 值为 9，
反应温度为 413K，NO 浓度为 500mg/m³，SO_2 浓度为 3000mg/m³）

项目组还研究了烟气停留时间对 Hg^0 去除的影响。如图 7-12 所示，当气体流量从 1.0L/min 增至 2.0L/min 时（即烟气停留时间从 16.0s 降至 8.0s），Hg^0 去除效率缓慢下降；而后 Hg^0 的去除效率随着气体流量从 2.0L/min 升至 3.5L/min（停留时间从 8.0s 至 4.6s）呈线性下降趋势。显然，较低的气体流速和较长的停留时间

将有利于 Hg^0 的去除。然而，烟气的停留时间过长将增加反应器的体积和成本。实验结果表明，停留时间为 8s 是比较合适的，此时的 Hg^0 去除效率比较理想，因此 8s 的停留时间基本可以实现 Hg^0 的深度氧化。相比之下，使用 Br_2 作为氧化剂脱汞时的烟气停留时间高达 15.0s，因此本研究方法更为实用。

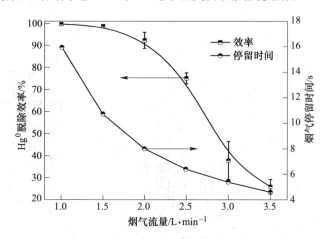

图 7-12 烟气流量对 Hg^0 去除的影响

（CP 浓度为 4.5×10^{-6}；烟气停留时间为 8.25s；热催化温度为 403K；Hg^0 浓度为 0.056×10^{-6}）

7.6 烟气共存气体对脱硫脱硝脱汞的影响

试剂烟气中共存气体的浓度随运行条件的不同而变化，因此本书进行了不同浓度的 NO、SO_2、O_2 和 CO_2 的一系列实验。图 7-13 展示了 SO_2 浓度从 $2000mg/m^3$ 变化到 $4000mg/m^3$ 对脱硫的影响，超过 $3000mg/m^3$ 后其效率随 SO_2 浓度增加。有趣的是，SO_2 对 NO 脱除的影响取决于 SO_2 的浓度。如果不引入 SO_2，脱硝效率为76.8%；当 SO_2 浓度从 $2000mg/m^3$ 增加到 $3500mg/m^3$，NO 的脱除效率从 78.6%增加到 83.2%，随后 SO_2 浓度进一步升高到 $4000mg/m^3$，脱硝效率降低。NO 脱除效率增加的原因如下。适当增加 SO_2 浓度可以促进吸收来自 NO 氧化的 NO_2（式（7-6）和式（7-7）），同时这个过程能够在一定程度上抑制 NO_2 水化产生 NO，因此脱硝效率增加，这在之前的研究中已经被证实。然而当 SO_2 浓度超过 $3500mg/m^3$，少量的 SO_2 会与 NO 竞争气相中有限的氧化剂，更糟的是，SO_2和 NO_x 之间的竞争吸收也会发生在 HA-Na 中，导致 NO_x 与液相之间的传质阻力增大，从而降低脱硝效率。

$$NO_2 + HSO_3^- + H_2O \longrightarrow H^+ + NO_2^- + SO_4^{2-} \tag{7-6}$$

$$NO_2 + SO_3^{2-} + H_2O \longrightarrow H^+ + NO_2^- + SO_4^{2-} \tag{7-7}$$

NO 对于协同脱除的影响如图 7-13 所示。当没有 NO 被引入到反应系统当中，

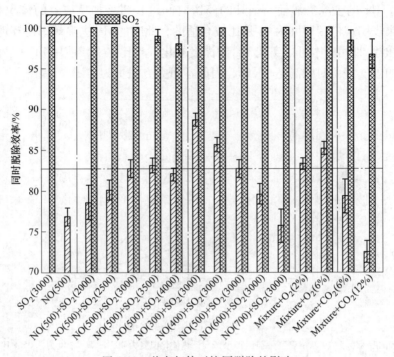

图 7-13   共存气体对协同脱除的影响

（模拟烟气入口流量为 3.0L/min，停留时间为 1.5s，加药速率为 200μL/min，
复合氧化剂 pH 值为 9，反应温度为 413K，复合氧化剂为 $Na_2S_2O_8/NaClO_2$ 的混合物，
NO 浓度为 500mg/m³，SO_2 浓度为 3000mg/m³）

脱硫效率为 100%。如图 7-13 所示，NO 浓度的增加对脱硫的影响可以忽略不计，但会导致脱硝效率线性下降。脱硝效率降低可以通过氧化剂与 NO 的摩尔比降低来解释。对脱硫而言，由于 SO_2 的脱除主要依赖于 HA-Na 的吸收，而不是复合氧化剂的氧化，因此，NO 的少量增加不会影响 HA-Na 溶液中 SO_2 的吸收。通过上述对 SO_2 和 NO 的影响分析，可以得出 SO_2 和 NO 的最佳范围应分别被控制为 2000~3000mg/m³ 和低于 500mg/m³。

图 7-13 中展示了 O_2 和 CO_2 对协同脱除的影响。可以发现，O_2 的存在有利于 NO 的脱除，当 6% 的 O_2 被引入反应体系，NO 脱除效率增加至 85.6%。效率增加的原因不仅是 O_2 能够促进 NO 的氧化，还能够促进 NO 和 NO_2 在水溶液中的协同吸收。相反，CO_2 在协同脱出中起抑制作用，当 CO_2 浓度从 0% 增加到 12%，SO_2 脱除效率从 100% 降低至 96.8%，NO 脱除效率从 82.7% 降低到 73.2%。这种抑制是由于吸收剂 HA-Na 消耗了 CO_2 溶于水产生的 H^+，从而导致了对 SO_2 和 NO_x 的吸收。

$$NO_2 + NO + O_2 + H_2O \longrightarrow H^+ + NO_3^- \tag{7-8}$$

$$CO_2 + H_2O \rightarrow H^+ + HCO_3^- \longrightarrow H^+ + CO_3^{2-} \tag{7-9}$$

据报道，在液相氧化和非均相催化氧化过程中 NO、SO_2 和 O_2 在 Hg^0 氧化中表现出有利，不利或可忽略的作用。因此，我们研究了 SO_2、NO 和 O_2 对 Hg^0 去除的影响。如图 7-14 所示，添加 O_2 轻微促进了 Hg^0 去除过程。此后，还研究了 SO_2 的影响：随着 SO_2 浓度从 0 增加到 $100mg/m^3$（标态）、$500mg/m^3$（标态）和 $1000mg/m^3$（标态），Hg^0 的去除效率从 84.5% 降低到 74.5%，39.6% 和 24.8%。因此，SO_2 对 Hg^0 的去除具有明显的抑制作用，这可能是由于 Hg^0 与 SO_2 之间的竞争反应和亚硫酸盐对 $SO_4^{-\cdot}$ 和 $HO^\cdot$ 的清除作用所致（式（7-10）和式（7-11））。当 SO_2 浓度为 $100mg/m^3$（标态）、$500mg/m^3$（标态）和 $1000mg/m^3$（标态）时，SO_2 与 Hg^0 的摩尔比为 625、3125 和 6250。为检查是否是由于 SO_2 消耗了 $NaClO_2$-$Na_2S_2O_8$ 而导致 Hg^0 氧化效果不佳，我们提高了 $NaClO_2$-$Na_2S_2O_8$ 浓度，结果发现将 $NaClO_2$-$Na_2S_2O_8$ 浓度提高到 67.5×10^{-6}，在 SO_2 浓度为 $500mg/m^3$（标态）和 $1000mg/m^3$（标态）的条件下，Hg^0 去除效率分别提高到 83.2% 和 71.3%。因此，SO_2 抑制脱汞的原因是由于氧化剂减少所致。

$$SO_4^{-\cdot} + SO_3^{2-} \longrightarrow SO_4^{2-} + SO_3^{-\cdot} \tag{7-10}$$

$$HO^\cdot + SO_3^{2-} \longrightarrow HO^- + SO_3^{-\cdot} \tag{7-11}$$

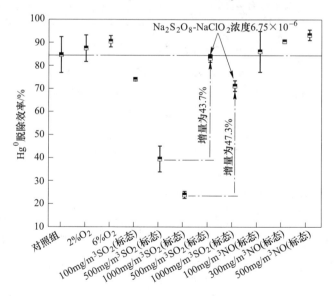

图 7-14 共存气体对 Hg^0 去除的影响

（CP 浓度为 4.5×10^{-6}；烟气停留时间为 8.25s；热催化温度为 403K；Hg^0 浓度为 0.056×10^{-6}）

上述研究结论证实 SO_2 对 $NaClO_2$-$Na_2S_2O_8$ 的消耗明显抑制了 Hg^0 的氧化，而提高 $NaClO_2$-$Na_2S_2O_8$ 浓度可消除这种抑制作用。因此，SO_2 与 $NaClO_2$-$Na_2S_2O_8$

的摩尔比（m）是决定 Hg^0 去除效率的关键因素。为此，项目组建立了一个经验模型来描述 Hg^0 去除效率（η）和摩尔比（m）之间的关系，如式（7-12）所示。拟合结果如图 7-15 所示，当 SO_2 浓度为 $500mg/m^3$（标态）和 $1000mg/m^3$（标态）时，67.5×10^{-6} 的 $NaClO_2$-$Na_2S_2O_8$ 的理论脱汞效率预计为 80.5% 和 75.5%（黑色方块），而实验的脱汞效率在相同条件下分别为 83.2% 和 71.3%。因此，该经验模型是预测 SO_2 对 Hg^0 去除影响的一个有用工具。

$$\eta = 14.6 + 71.2\exp(-0.03m) \tag{7-12}$$

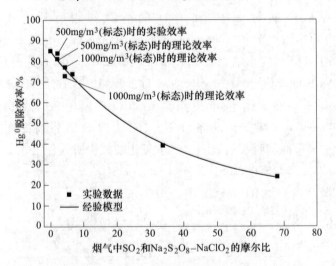

图 7-15　SO_2 对 Hg^0 去除影响的经验模型

（CP 浓度为 4.5×10^{-6}；烟气停留时间为 $8.25s$；热催化温度为 $403K$；Hg^0 浓度为 0.056×10^{-6}）

实验结果表明，当 NO 浓度为 $100mg/m^3$（标态）、$300mg/m^3$（标态）和 $500mg/m^3$（标态）时，NO 可以促进 Hg^0 的去除，并且脱汞效率分别提高到 85.1%，89.8% 和 93.2%，这是由于 NO_2 的产生增强了 Hg^0 的气相氧化（式（7-13）），特别是在飞灰吸附剂或催化剂的帮助下。在本研究中，钠盐晶体会形成并存在于烟气中，例如 Na_2SO_4 和 NaCl，它们可以提供许多活性吸附位点，以促进 Hg^0 的非均相氧化以及 Hg^{2+} 的进一步吸附，这在我们的前期工作中得到了证实。

$$M + NO_2 + Hg^0 \longrightarrow M + NO + HgO \tag{7-13}$$

为了进一步研究 $NaClO_2$-$Na_2S_2O_8$ 浓度，SO_2 和 NO 浓度对 Hg^0 去除的作用，后续又进行了瞬态响应实验。在不同条件下，Hg^0 浓度与反应时间的关系曲线如图 7-16 所示。首先，添加 4.5×10^{-6} 的 $NaClO_2$-$Na_2S_2O_8$ 会迅速将 Hg^0 浓度降低至约 $100\mu g/m^3$（标态）；然后添加 $500mg/m^3$（标态）的 SO_2 会使 Hg^0 浓度增加到 $670\mu g/m^3$（标态）。显然，SO_2 的存在会导致脱汞效率显著降低。然后，我们将

NaClO$_2$-Na$_2$S$_2$O$_8$浓度增加到6.75×10^{-6}和45.0×10^{-6}，Hg^{0}浓度则降低了170μg/m^3（标态），表明增加NaClO$_2$-Na$_2$S$_2$O$_8$剂量确实可以促进Hg^{0}的去除。此后，我们将NaClO$_2$-Na$_2$S$_2$O$_8$浓度更改为4.5×10^{-6}，Hg^{0}浓度则恢复为680μg/m^3（标态）。一段时间后，又引入了100mg/m^3 NO，可以看到即使存在SO$_2$，NO也会促进Hg^{0}的去除，最终证明了NO是脱汞促进剂。

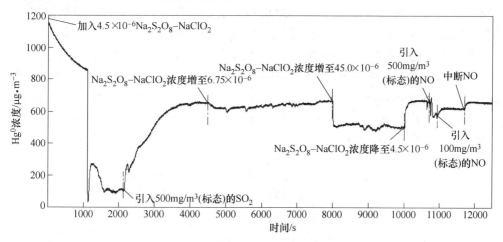

图7-16　瞬态响应实验

（CP浓度为4.5×10^{-6}；烟气停留时间为8.25s；热催化温度为403K；Hg^{0}浓度为0.056×10^{-6}）

7.7　NaClO$_2$-Na$_2$S$_2$O$_8$复合氧化剂脱硫脱硝脱汞产物测试分析与反应机理

我们对脱硫脱硝产物进行了XRD和FT-IR表征，如图7-17和图7-18所示，主要化合物为Na$_2$SO$_4$、NaNO$_3$和HA。在阐明NaClO$_2$和Na$_2$S$_2$O$_8$之间的协同作用机理之前，首先分析了Na$_2$S$_2$O$_8$和NaClO$_2$的溶液特性。图7-19显示了不同质量浓度的Na$_2$S$_2$O$_8$的pH值，质量浓度从2%增加到12%，Na$_2$S$_2$O$_8$溶液的pH值从3.11下降到2.00，呈现透明色。图7-20示出了不同质量浓度的NaClO$_2$的pH值，当质量浓度从1%增加到6%时，NaClO$_2$溶液的pH值从10.75增加到11.66，并且它们的颜色也是透明的。图7-21中展示出了不同质量浓度配比的Na$_2$S$_2$O$_8$/NaClO$_2$组合，可以看出，随着Na$_2$S$_2$O$_8$与NaClO$_2$比值的增加，pH值从10.57降低至3.09，颜色也随比值的增加而变化。随着NaClO$_2$质量浓度的增加，黄色逐渐加深，这归因于NaClO$_2$的酸性分解产生的ClO$_2$。项目组利用UV-Vis光谱仪于360nm波长处对ClO$_2$进行了定量分析。结果表明，当Na$_2$S$_2$O$_8$与NaClO$_2$的比例为2:5、4:4、6:3、8:2和10:1时，其对应的吸光度分别为10.4、10.9、8.6、6.4和3.7。4%:4%中的ClO$_2$的比其他组的都多（质量分数），这与NO去除的实验现象一致，表明当使用Na$_2$S$_2$O$_8$/NaClO$_2$作氧化剂时，ClO$_2$是关键的氧化物质之一。另外，项目组还计算了不同比例下每摩尔 $NaClO_2$ 的 ClO_2 理论产率，当 pH 值为 10.57、9.20、8.40、5.21 和 3.09 时，ClO_2 的理论产率分别为 2.1、2.7、2.9、3.2 和 3.7。显然，ClO_2 产率随 pH 值的增加而降低，说明酸性环境有利于 ClO_2 产生。但总的来说，最好的比例依然是 4%:4%（质量分数），它可以平衡 $NaClO_2$ 浓度和溶液 pH 值之间的关系以产生更多的 ClO_2。$Na_2S_2O_8$ 在 NO 氧化中也起着重要作用，这可以从补充实验结果中得到证实。如果使用 pH 值为 9.20 的 4%$NaClO_2$（质量分数）作为氧化剂，则 NO 去除效率仅为 47.7%；如果使用 pH 值为 9.20 的 4%$Na_2S_2O_8$（质量分数）作为氧化剂，则 NO 去除效率仅为 16.1%，两者均远低于 $Na_2S_2O_8/NaClO_2$ 的脱硝效率（pH 值为 9.2 时为 82.7%）。$Na_2S_2O_8$ 对 NO 氧化的促进作用可以解释为以下原因：经过热活化和碱催化后，$S_2O_8^{2-}$ 衍生出了多种高活性自由基，如 $SO_4^{-\cdot}$（2.5~3.1V）和 $HO\cdot$（2.80V），其可在短时间内与 ClO_2^-，ClO_2 和 $S_2O_8^{2-}$ 一起将 NO 氧化。

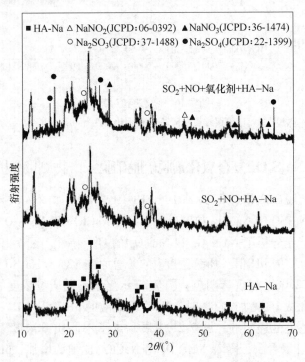

图 7-17 新鲜的和反应后的 HA-Na 的 XRD 图谱

根据上述实验现象和检测分析结果，可以推测出 $Na_2S_2O_8/NaClO_2$ 与 HA-Na 同时去除 SO_2 和 NO 的反应机理如下。如果反应体系中没有复合氧化剂，则碱性 HA-Na 负责通过吸收过程去除 SO_2（式（7-14））。

$$SO_2 + OH^- \longrightarrow SO_3^{2-} + H_2O \tag{7-14}$$

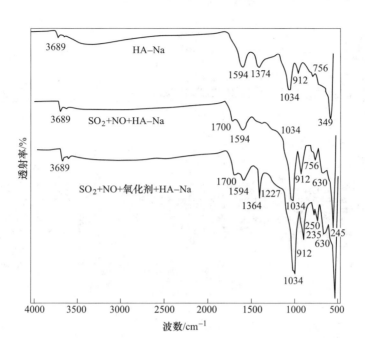

图 7-18 新鲜的和反应后的 HA-Na 的 FT-IR 图谱

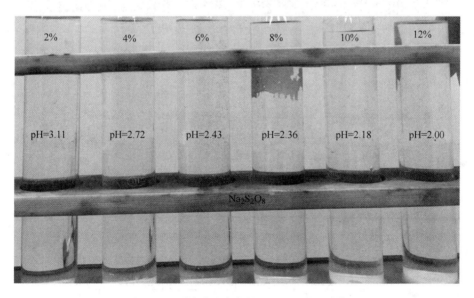

图 7-19 不同质量浓度的 Na$_2$S$_2$O$_8$ 的 pH 值

如果在系统中加入复合氧化剂，Na$_2$SO$_4$ 的主要生成途径可归纳为：（1）Na$_2$S$_2$O$_8$ 的还原产物；（2）复合氧化剂在气相中氧化 SO$_2$；（3）残留氧化剂或

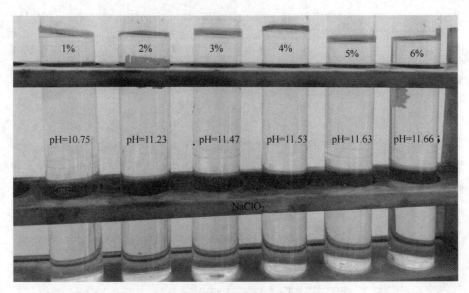

图 7-20　不同质量浓度的 $NaClO_2$ 的 pH 值

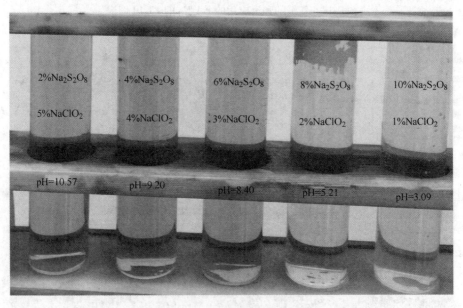

图 7-21　$Na_2S_2O_8$-$NaClO_2$ 不同质量浓度配比的颜色变化

NO_2 在液相中氧化亚硫酸盐。至于 NO 的反应途径，ClO_2 和多种自由基是 NO 氧化的关键物质，如式（7-15）~式（7-18）所示。

$$NO + ClO_2 \longrightarrow NO_2 + Cl \cdot \tag{7-15}$$

$$NO_2^- + ClO_2 \longrightarrow NO_3^- + Cl^· \tag{7-16}$$

$$SO_4^{·-} + NO_2^- \longrightarrow SO_4^{2-} + NO_2 \tag{7-17}$$

$$HO^· + NO \longrightarrow H^+ + NO_2^- \tag{7-18}$$

另外，ClO$_2^{2-}$ 和 S$_2$O$_8^{2-}$ 也是 NO 氧化的次要因素（式（7-19）~式（7-26））。在前期工作中，我们已经总结了 HA-Na 中硫酸盐、亚硝酸盐和硝酸盐的吸收反应路径。

$$NO + ClO_2^- \longrightarrow NO_2 + Cl^- \tag{7-19}$$

$$NO + ClO_2^- \longrightarrow NO_2 + ClO^- \tag{7-20}$$

$$NO_2 + ClO_2^- + OH^- \longrightarrow NO_3^- + Cl^- + H_2O \tag{7-21}$$

$$NO + ClO_2^- + OH^- \longrightarrow NO_2^- + Cl^- + H_2O \tag{7-22}$$

$$NO_2^- + ClO_2^- \longrightarrow NO_3^- + Cl^- \tag{7-23}$$

$$H_2O + S_2O_8^{2-} + NO \longrightarrow SO_4^{2-} + NO_2 + H^+ \tag{7-24}$$

$$H_2O + S_2O_8^{2-} + NO \longrightarrow SO_4^{2-} + NO_2^- + H^+ \tag{7-25}$$

$$H_2O + S_2O_8^{2-} + NO \longrightarrow SO_4^{2-} + NO_3^- + H^+ \tag{7-26}$$

图 7-22 显示了在不同气体条件下，NaCl、KCl 和 KMnO$_4$ 溶液中的汞分布。在 N$_2$ 氛围下，NaCl 和 KCl 中 Hg^{2+}的比例分别为 26.2%和38.2%，剩下的 35.6% 的 Hg^0/Hg^{2+} 被 KMnO$_4$ 吸收。在没有 SO$_2$ 和 NO 的情况下，使用 0.01% : 0.01%（质量比）的 NaClO$_2$-Na$_2$S$_2$O$_8$ 去除 Hg^{0}的效率为 85.5%，因此可以计算出有大约 20%的 Hg^{2+}从 NaCl-KCl 溶液逃逸到 KMnO$_4$ 溶液里。当向反应体系中引入 SO$_2$ 和 NO 后，NaCl 中的 Hg^{2+}比例分别增至 30.9%和34.3%，而 KCl 中的 Hg^{2+}比

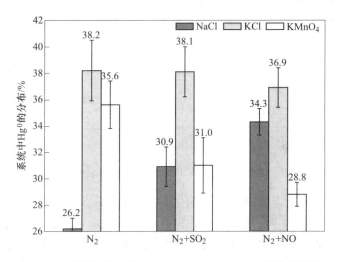

图 7-22　不同气体条件下 NaCl、KCl 和 KMnO$_4$ 中的汞分布

例比较稳定，$KMnO_4$ 中的 Hg^0/Hg^{2+} 分别降至 31.0% 和 28.8%，$KMnO_4$ 中 Hg^{2+} 比例的减少是由于上游 NaCl 溶液捕集效率增加所致。研究结果说明 SO_2 和 NO 促进了 NaCl 对 Hg^{2+} 的截留，可能是由于生成了 $HgSO_4$ 和 $Hg(NO_3)_2$。

图 7-23～图 7-25 给出了 NaCl 捕集溶液的 Cl 2p、Hg 4f 和 S 2p 的 XPS 光谱。结合能 198.7eV 和 200.3eV 可分配给 Cl^-，前者归因于 NaCl（192.6～199.1eV），后者（2p 3/2）归因于 $HgCl_2$（198.9～200.7eV）。Hg 4f 的结合能可分解为三个单独的峰 100.2eV、101.1eV 和 102.4eV，其中 100.2eV 可归因于 Hg^0（Hg 4f7/2），101.1eV 是由于 $HgSO_4$ 生成（Hg 4f7/2），而 102.4eV 则归因于 $HgCl_2$（Hg 4f7/2）。S 2p3/2 的结合能由三个独立的峰 168.3eV、168.9eV 和 169.6eV 组成，这三个峰均归因于 Na_2SO_4 和 $HgSO_4$ 的形成。图 7-26～图 7-31 显示了 SO_2 和 NO 存在条件下的 NaCl 中 Cl 2p，Hg 4f 和 S 2p 的 XPS 光谱。SO_2 和 NO 的添加产生了以下变化：（1）出现了一个新的 Cl 峰 199.5eV，但 Hg^0 峰（100.2eV）消失了；（2）$HgSO_4$ 峰（101.1eV）变高并转移到更高的能级；（3）$Hg(NO_3)_2$ 位于 102.6eV 的峰值扩大并移至更高的能级。（4）S 2p 峰没有明显变化。此外，SO_2 和 NO 的存在会产生额外的 $HgSO_4$ 和 $Hg(NO_3)_2$。

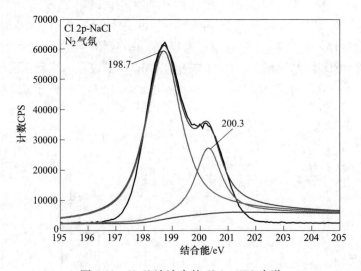

图 7-23　NaCl 溶液中的 Cl 2p XPS 光谱

为了探究脱汞反应机理，通过化学法确定了 $Na_2S_2O_8$-$NaClO_2$ 热催化过程产生的活性氧化物质。ClO_2 被认为是一种高活性氧化剂，其可以通过 $NaClO_2$ 衍生出来。因此，项目组采用紫外可见光谱仪对 360nm 处的 ClO_2 进行了定量研究。如图 7-32（0.03%$NaClO_2$，质量分数）和图 7-33（0.03%∶0.03%（质量比）$Na_2S_2O_8$-$NaClO_2$，对应于 $4.5×10^{-6}$）所示，结果表明 ClO_2 未出现。但是在图

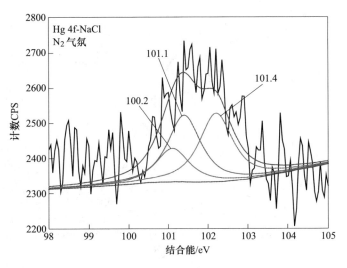

图 7-24 NaCl 溶液中的 Hg 4f XPS 光谱

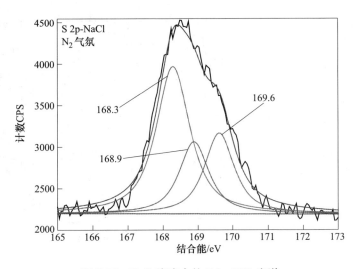

图 7-25 NaCl 溶液中的 S 2p XPS 光谱

7-34（0.3% ：0.3%（质量比）Na$_2$S$_2$O$_8$-NaClO$_2$，对应于 45.0×10^{-6}）和图 7-35（用于吸收从汽化反应器中逸出的 ClO$_2$ 的去离子水）中检测到了 ClO$_2$。UV-Vis光谱结果表明，Na$_2$S$_2$O$_8$ 和 NaClO$_2$ 的组合产生了 ClO$_2$，其生成机理推测可能是由于氧化还原反应（式（7-27））和 NaClO$_2$ 的酸性分解，而热催化过程加速了这两个反应过程，从而提高了 ClO$_2$ 产率。

$$S_2O_8^{2-} + ClO_2^- \longrightarrow SO_4^{2-} + ClO_2 \tag{7-27}$$

为了检查是否产生自由基，又进行了 ESR 测试。如图 7-36 所示，经过加热

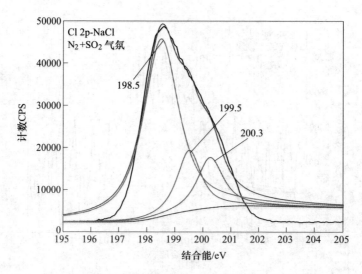

图 7-26 O_2 存在条件下 NaCl 溶液中的 Cl 2p XPS 光谱

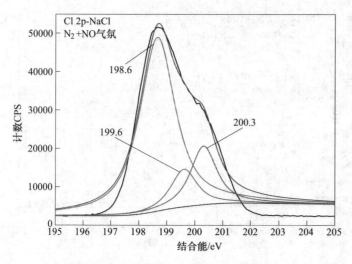

图 7-27 NO 存在条件下 NaCl 溶液中的 Cl 2p XPS 光谱

的 1% $NaClO_2$（质量分数）（60℃）观察到了 DMPO-OH 加合物的信号；经过加热的 1%（质量分数）$Na_2S_2O_8$（60℃）和 0.5%：0.5%（质量比）$NaClO_2$-$Na_2S_2O_8$（60℃）也检测到了 DMPO-OH 加合物和 DMPO-SO_4 加合物的信号。结果表明，热催化 $Na_2S_2O_8$ 可以产生 SO_4^- 和 HO·，热催化 $NaClO_2$ 只能产生 HO·，并且 0.5%：0.5%（质量比）$NaClO_2$-$Na_2S_2O_8$ 的信号强度比 1% $NaClO_2$（质量分数）和 1% $Na_2S_2O_8$（质量分数）的都强，说明与单独的 $Na_2S_2O_8$ 和单独的 $NaClO_2$ 相比，$NaClO_2$ 和 $Na_2S_2O_8$ 的组合能产生更多的 SO_4^- 和 HO·，表明

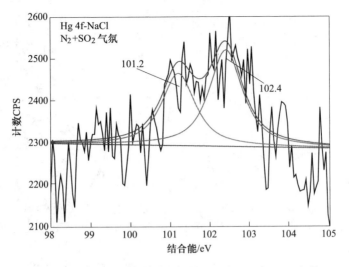

图 7-28 SO$_2$ 存在条件下 NaCl 溶液中的 Hg 4f XPS 光谱

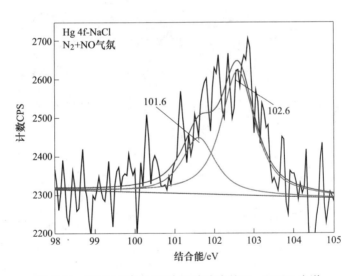

图 7-29 NO 存在条件下 NaCl 溶液中的 Hg 4f XPS 光谱

NaClO$_2$ 和 Na$_2$S$_2$O$_8$ 之间具有强协同作用。根据参考文献，紫外线可以催化 ClO$_2^-$ 生成（ClO$_2^-$）*（式（7-28）），ClO$_2$ 和 O$^-$·（式（7-29）），然后 O$^-$· 会与 H$_2$O 生成 HO·（式（8-30），$k = 1.8 \times 10^6$（mol/L））。因此，热催化还可能分解 ClO$_2^-$ 产生 ClO$_2$ 和 HO·。NaClO$_2$-Na$_2$S$_2$O$_8$ 复合之后 SO$_4^-$· 和 HO· 产率增加的另一个原因可能是强热和强碱对 Na$_2$S$_2$O$_8$ 的协同催化作用（式（7-31）和式（7-32））。综上，除了 ClO$_2$ 之外，Na$_2$S$_2$O$_8$-NaClO$_2$ 的热催化过程还产生了更多的 SO$_4^-$· 和 HO·。

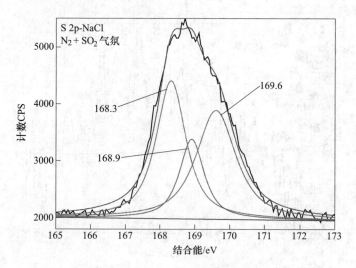

图 7-30　SO$_2$ 存在条件下 NaCl 溶液中的 S 2p XPS 光谱

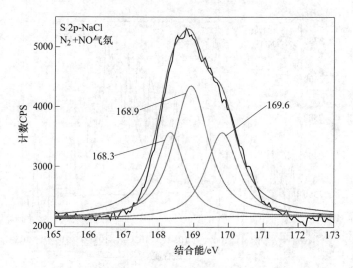

图 7-31　NO 存在条件下 NaCl 溶液中的 S 2p XPS 光谱

$$ClO_2^- \longrightarrow (ClO_2^-)^* \tag{7-28}$$

$$ClO_2^- + (ClO_2^-)^* \longrightarrow ClO_2 + ClO^- + O^{-\cdot} \tag{7-29}$$

$$O^{-\cdot} + H_2O \longrightarrow HO^{\cdot} + OH^- \tag{7-30}$$

$$S_2O_8^{2-} \longrightarrow SO_4^{-\cdot} \tag{7-31}$$

$$SO_4^{-\cdot} + OH^- \longrightarrow SO_4^{2-} + HO^{\cdot} \tag{7-32}$$

　　为了确定自由基对 Hg^0 去除的贡献率，项目组还以叔丁醇（t-BuOH）作为自由基清除剂进行了自由基淬灭测试。如图 7-37 所示，向反应系统内泵入 1%

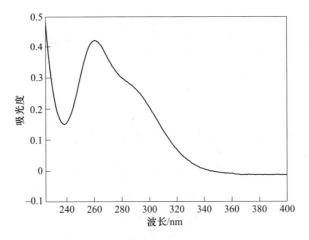

图 7-32 0.03%的 NaClO₂（质量分数）的 UV-Vis 光谱

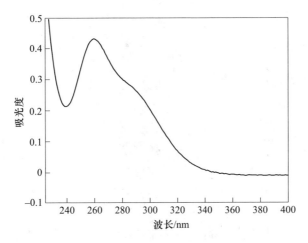

图 7-33 0.03%:0.03%（质量比）的 NaClO₂-Na₂S₂O₈ 的 UV-Vis 光谱

t-BuOH 可使 Hg^0 的去除效率从 89.8%降低到 66.0%，这说明 $SO_4^{-·}$/$HO^·$ 对 Hg^0 的去除贡献率仅为 23.8%，因此，ClO_2 可能在脱汞过程中起主导作用，而 $SO_4^{-·}$ 和 $HO^·$ 在脱汞中起着次要作用。

$Na_2S_2O_8$-$NaClO_2$ 的最佳比例是 $NaClO_2$ 为 3.0×10^{-6}，$Na_2S_2O_8$ 为 1.5×10^{-6}，即 $NaClO_2$ 与 $Na_2S_2O_8$ 的摩尔比为 2。因此，$NaClO_2$ 与 $Na_2S_2O_8$ 之间的协同作用主要归因于氧化还原反应（式（7-27））。如图 7-38 所示，在热催化之前，$Na_2S_2O_8$-$NaClO_2$ 溶液中已经形成了气态 ClO_2，这对于随后的 Hg^0 均相氧化是有利的。此外，热催化 ClO_2 还可产生大量活化 ClO_2（ClO_2^*），据报道它可衍生出少量 $HO^·$。因此，ClO_2^* 和多元自由基是 $Na_2S_2O_8$-$NaClO_2$ 能高效脱汞的关键原因。

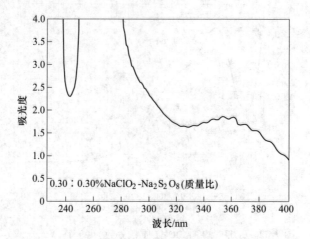

图 7-34 0.3%：0.3%（质量比）的 $NaClO_2$-$Na_2S_2O_8$ 的 UV-Vis 光谱

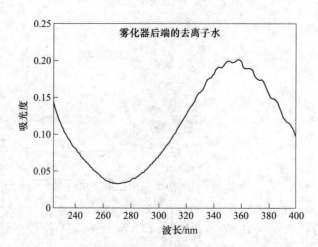

图 7-35 位于 $NaClO_2$-$Na_2S_2O_8$（0.3%：0.3%（质量比））后端的去离子水的 UV-Vis 光谱

式（7-33）~式（7-37）为热催化 $Na_2S_2O_8$-$NaClO_2$ 的脱汞机理。

$$S_2O_8^{2-} + Hg^0 \longrightarrow SO_4^{2-} + Hg^{2+} \tag{7-33}$$

$$H_2O + ClO_2^- + 2Hg^0 \longrightarrow H^- + Cl^- + Hg^{2+} \tag{7-34}$$

$$H_2O + ClO_2 + Hg^0 \longrightarrow OH^- + Cl^- + Hg^{2+} \tag{7-35}$$

$$SO_4^{\cdot-} + Hg^0 \longrightarrow SO_4^{2-} + Hg^{2+} \tag{7-36}$$

$$HO^{\cdot} + Hg^0 \longrightarrow H_2O + HgO \tag{7-37}$$

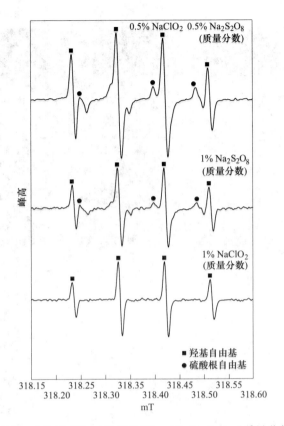

图 7-36　1% NaClO$_2$（质量分数）、1% Na$_2$S$_2$O$_8$（质量分数）
和 0.5%：0.5%（质量比）NaClO$_2$-Na$_2$S$_2$O$_8$ 的 ESR 测试

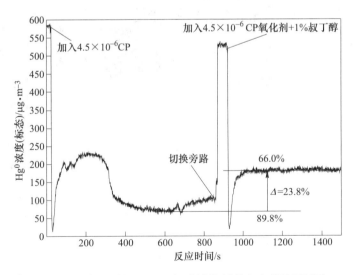

图 7-37　以叔丁醇（t-BuOH）为清除剂的自由基淬灭试验

图 7-38　1% $NaClO_2$、1% $Na_2S_2O_8$（质量分数）和 0.5% : 0.5%（质量比）的颜色

8 光/热协同催化过氧化氢气相氧化脱硫脱硝性能与机理

>>>

　　图 8-1 给出了项目组自制的一种光/热协同催化反应器构造图，其光催化反应系统为紫外光催化反应器，两支紫外灯管插入到两个圆柱型反应器内心之中。光催化反应器位于热催化反应器下游，通过热催化形成的 H_2O_2 蒸汽雾进入到光催化反应器中，被高能光子激发变成 $HO\cdot$，H_2O_2 和 $HO\cdot$ 均参与到脱硫脱硝反应中。光/热协同催化反应系统的其他配件与第 3 章中的热催化反应系统完全一样，但所用 H_2O_2 剂量大幅降低，而自由基产率大幅提高，脱硫脱硝效率出现大幅提升。该反应体系集成了热催化和光催化两种催化体系的优势，因而性能更好，项目组利用该系统进行了一系列实验，并取得了良好的烟气净化效果。

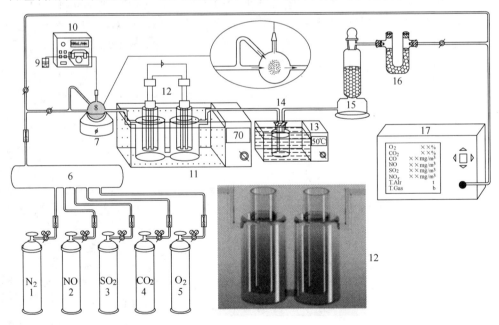

图 8-1　光/热协同催化反应器系统流程图

1—N_2 钢瓶；2—NO 钢瓶；3—SO_2 钢瓶；4—CO_2 钢瓶；5—O_2 钢瓶；6—缓冲瓶；

7—调温电热套；8—汽化器；9—氧化剂溶液；10—蠕动泵；11—油浴锅；12—UV 反应器；

13—恒温水溶锅；14—鼓泡吸收瓶；15—$CaCl_2$ 干燥剂；16—变色硅胶；17—多功能烟气分析仪

8.1   H₂O₂ 浓度对同时脱硫脱硝的影响

图 8-2 展示了 H_2O_2 质量浓度对脱硫脱硝的影响。可以看出，不加入 H_2O_2 时脱硫效率约为 99%；而加入 H_2O_2 后脱硫效率增加至 100%。腐殖酸钠吸收作用是 SO_2 脱除的主要途径，具体反应过程为方程式（8-1）和式（8-2）。图 8-2 还表明 H_2O_2 和 HO˙ 氧化 NO 在脱硝过程中起主导作用。如果反应体系中没有 H_2O_2，无论紫外线是否存在，脱硝效率稳定在 4%~5%。当将 H_2O_2 引入反应体系，脱硝效率开始增加。对于无紫外线的反应体系，随着 H_2O_2 的质量浓度增加，其脱硝效率由 4.2% 快速提高至 46.1%，随后由 46.1% 缓慢提高至 56.3%，转折点是 H_2O_2 浓度（质量分数）为 5%。当紫外灯打开后，NO 脱除效率提升，H_2O_2 质量浓度为 15% 时得到最佳去除效率为 87.8%。可见，紫外光显著提高了 H_2O_2 的氧化能力。考虑到经济因素，15% 是最适质量浓度。在有紫外线条件下，当 H_2O_2 质量浓度范围为 0~15% 时，NO 去除率显著增加是由于氧化物质与 NO 的摩尔比增加所致，促进了 NO 的氧化和进一步脱除。而 H_2O_2 进一步增加对 NO 的脱除没有明显的促进作用，这是由以下几个原因导致：一方面，随着 H_2O_2 浓度的增加，大量 HO˙ 在短时间内生成，引起了一系列的副反应，如自由基湮灭和 H_2O_2 分解（式（8-3）~式（8-6））；另一方面，当自由基浓度远高于 NO 时，高摩尔比所带来的促进作用减弱。

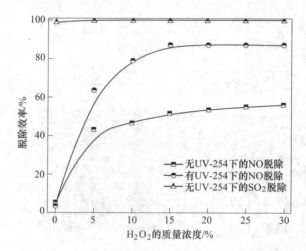

图 8-2 H_2O_2 的质量浓度对协同脱除的影响

（模拟烟气停留时间为 4.2s，烟气流速为 4.0L/min，能量密度为 0.064W/cm³，
H_2O_2 的 pH 值为 6，热催化温度为 403K，紫外催化温度为 363K，
NO 浓度为 500mg/m³，SO_2 浓度为 2500mg/m³）

$$SO_2 + H_2O \longrightarrow HSO_3^- + H^+ \longrightarrow SO_3^{2-} + H^+ \tag{8-1}$$

$$A^- + H^+ \longrightarrow HA \downarrow \tag{8-2}$$

$$HO^\cdot + HO \longrightarrow H_2O_2 \tag{8-3}$$

$$HO^\cdot + H_2O_2 \longrightarrow HO_2^\cdot + H_2O \tag{8-4}$$

$$HO_2^\cdot + HO_2^\cdot \longrightarrow H_2O_2 + O_2 \tag{8-5}$$

$$HO^\cdot + HO_2^\cdot \longrightarrow H_2O + O_2 \tag{8-6}$$

与 Liu 等人提出的湿法相比,该方法的 H_2O_2 利用率更高。众所周知,在鼓泡反应器中由于氧化剂与 NO 的接触面积小,部分 H_2O_2 不能参与氧化反应。在液相反应中,紫外线催化高浓度 H_2O_2 会在短时间内产生大量 $HO^\cdot$,这会导致 $HO^\cdot$ 湮灭和 H_2O_2 快速分解产氧。更严重的是,大量释放的 O_2 可能威胁反应系统的安全运行。与 Ding 等人研究的赤铁矿催化 H_2O_2 方法相比,本书采用的方法 H_2O_2 消耗量更低。Ding 的方法中,实验条件如下:氧化剂 H_2O_2 注入速率为 0.4mL/min;H_2O_2 的质量浓度为 30%,烟气流速为 240mL/min。而本书的氧化剂注入速率为 0.2mL/min,H_2O_2 的质量浓度为 15%,烟气流速为 4000mL/min,可见本方法的 H_2O_2 用量更低。在 Ding 的方法中,H_2O_2 与 NO 的摩尔比为 500,远高于本方法。并且本方法所得脱硝效率更高。因此,本方法似乎更适合实际应用。

8.2 紫外线波长和能量密度对同时脱硫脱硝的影响

$HO^\cdot$ 的产率主要依靠 UV 的能量,因此项目组也研究了不同紫外线能量密度对脱硫脱硝的影响。如图 8-3 所示,能量密度对 SO_2 脱除的影响可以忽略不计,但对 NO 脱除的影响显著。当能量密度从 0 增长至 $0.064W/cm^3$,脱硝效率从 56.8% 增加到 87.8%;随着能量密度的进一步增大,NO 的脱除效率趋于稳定。显然,能量密度从 0 增加到 $0.064W/cm^3$ 对脱硝有显著的促进作用,主要是由于 $HO^\cdot$ 产率的增加(式(8-7))。增加能量密度加快了反应速率,而能量密度拐点出现在 $0.064W/cm^3$,在该能量密度下产生的 $HO^\cdot$ 量不仅可以实现好的 NO 氧化效果,还能抑制自由基淬灭等副反应的发生。能量利用率会随着能量密度的增加而下降,这是因为当能量密度饱和时,反应器中产生了更多的自由基并且出现了如下两种现象:一是 NO 氧化过程被促进,二是发生了一系列副反应,如自由基湮灭或者 H_2O_2 被分解成 O_2,而后者是主要过程,因此能量密度进一步增加并不能再次提高能量利用率,因此最佳能量密度为 $0.064W/cm^3$。此外,项目组还对不同波长的紫外线影响进行了研究。如图 8-3 所示,利用 185nm 的紫外光时,NO 的出口浓度小于使用 254nm 紫外光时,说明短波紫外光的催化能力更强。但由于 185nm 紫外光的辐射距离短,因此 254nm 更适合实际应用。实验结果也可以发现 NO 随时间的去除率符合准一级反应动力学规律。当反应进行到 60~100s

时，反应速率（NO 和 H_2O_2 间的反应速率 k_1）成为 NO 脱除的速控步骤。打开紫外线灯后，反应速率（NO 与 HO$^·$ 间的反应速率 k_2）增大，NO 的氧化过程加强。

$$H_2O_2 + h\nu \longrightarrow 2HO^· \tag{8-7}$$

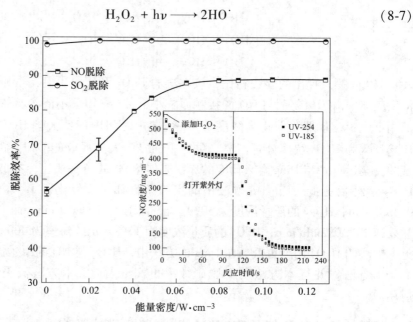

图 8-3　紫外线波长和能量密度对于协同脱除的影响
（模拟烟气停留时间为 4.2s，烟气流速为 4.0L/min，能量密度为 0.064W/cm^3，H_2O_2 的 pH 值为 6，热催化温度为 403K，紫外催化温度为 363K，NO 浓度为 500mg/m^3，SO_2 浓度为 2500mg/m^3）

8.3　H_2O_2 溶液 pH 值对同时脱硫脱硝的影响

根据前期研究结果，pH 值对 H_2O_2 的存在形式和氧化电位有显著影响。因此，本书研究了 H_2O_2 的 pH 值对于同时脱硫脱硝的影响。如图 8-4 所示，将 H_2O_2 的 pH 值从 2 增加到 9 对脱硫影响不大，脱硫效率始终稳定在 100%。但是 NO 的去除明显受到 pH 值升高的影响，当 H_2O_2 的 pH 值超过 6 后，脱硝效率显著下降。结果表明，在无紫外线时，当 H_2O_2 的 pH 值在 2~6 之间变化时，脱硝效率稳定在 55.7%，当紫外线被引入后，在相同的 pH 值范围内，脱硝效率提高至 83%；然后随着 H_2O_2 的 pH 值的进一步升高，脱硝效率降低。考虑综合脱除效果，最终选择 H_2O_2 的最佳 pH 值为 5。如前所述，脱硫过程以 HA-Na 吸收为主，H_2O_2 存在形态的变化对脱硫效果影响不大。但是 H_2O_2 的 pH 值对脱硝影响显著。酸性环境有利于脱除 NO，这是因为酸性条件有利于 H_2O_2 保持稳定状态（HO—OH），有利于 HO$^·$ 的生成。而中性和碱性环境则表现出不利的影响，这是因为 OH⁻ 浓度增加会导致 HO_2^- 浓度增加（式（8-8）），而 HO_2^- 会大量消耗 $HO^·$（式（8-9））。更严重的是，HO_2^- 及其衍生物 O_2^{2-} 也将会进一步加速 H_2O_2 分解产氧（式（8-10）到式（8-11）），因此 H_2O_2 的氧化能力随着 pH 值的增加而降低。然而，也有学者持相反观点，认为碱性条件会使反应式（8-12）到式（8-15）向右移动，反而有利于 NO 脱除。但在本书研究过程中，项目组没有观察到这种现象。

$$H_2O_2 \longrightarrow HO_2^- + H^+ \tag{8-8}$$

$$HO^· + HO_2^- \longrightarrow HO_2^· + OH^- \tag{8-9}$$

$$H_2O_2 + HO_2^- \longrightarrow H_2O + O_2 + OH^- \tag{8-10}$$

$$H_2O_2 + O_2^{2-} \longrightarrow HO_2^- \longrightarrow O_2 + OH^- \tag{8-11}$$

$$H_2O_2 + NO_2 \longrightarrow NO_3^- + H^+ \tag{8-12}$$

$$HO^· + NO \longrightarrow NO_2^- + H^+ \tag{8-13}$$

$$HO^· + NO \longrightarrow NO_3^- + H^+ + H^· \tag{8-14}$$

$$HO^· + NO_2 \longrightarrow NO_3^- + H^+ \tag{8-15}$$

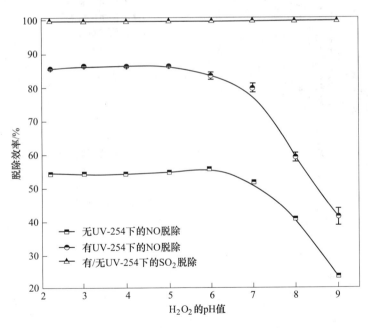

图 8-4　H_2O_2 的 pH 值对于协同脱除的影响

（模拟烟气停留时间为 4.2s，烟气流速为 4.0L/min，能量密度为 0.064W/cm³，H_2O_2 的 pH 值为 6，热催化温度为 403K，紫外催化温度为 363K，NO 浓度为 500mg/m³，SO_2 浓度为 2500mg/m³）

8.4　热催化温度对同时脱硫脱硝的影响

项目组还研究了热催化温度对同时脱硫脱硝的影响。如图 8-5 所示，除了 363K 之外，热催化温度对脱硫影响不大。但当温度从 363K 升至 413K 时，脱硝效果明显提升，在紫外光照射条件下，脱硝效率从 76.4% 提高至 87.8%，在无紫外光辐射下，脱硝效率由 47.1% 提高到 54.8%，随着热催化温度进一步升高，脱硝效率保持不变。探寻一种能保证 H_2O_2 充分快速汽化的热催化温度对 HO·产生和 NO 气相氧化具有重要意义，只有当 H_2O_2 蒸汽分散良好时，NO 的氧化效率才会更高。显然，403K 是一个合适的热催化温度，可以很好地满足 H_2O_2 的蒸发要求。嵌入图如图 8-5 所示，紫外催化温度对同时脱硫脱硝的影响很小，与其他因素相比，紫外催化温度不是主要的影响因素。只要紫外催化温度超过 353K，H_2O_2 蒸汽进入 UV 反应器后就可以保证 NO 的高效氧化。

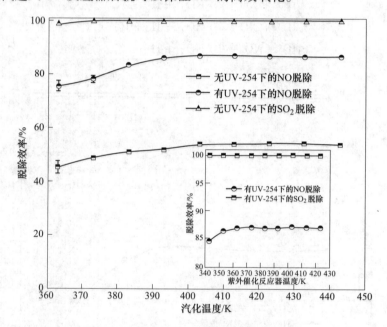

图 8-5　热催化温度对同时脱硫脱硝的影响

（模拟烟气停留时间为 4.2s，烟气流速为 4.0L/min，能量密度为 0.064W/cm³，H_2O_2 的 pH 值为 6，热催化温度为 403K，紫外催化温度为 363K，NO 浓度为 500mg/m³，SO_2 浓度为 2500mg/m³）

8.5　烟气停留时间对同时脱硫脱硝的影响

项目组也研究了烟气停留时间对同时脱硫脱硝的影响。从图 8-6 中可以看出，烟气停留时间对脱硫的影响可以忽略不计，这是由于 SO_2 的脱除是通过吸收过程而不是氧化过程来实现的。但是停留时间的增加显著促进了脱硝效果：在紫外光照射条件下，烟气停留时间从 2.1s 增加到 4.2s 时，脱硝效率迅速增加；在 4.2~6.3s 时，脱硝效率则缓慢提升；当无紫外光照射时，脱硝效率与停留时间是线性增长关系。总体来说，烟气流速越高则烟气停留时间越短，越不利于化学反应，这是由于氧化剂与污染物摩尔比降低和接触反应时间缩短所致。但过长的停留时间会导致系统体积增大和基建成本增加，所以适当延长停留时间是可取的。显然，该反应体系的最适烟气停留时间应为 4.2s。

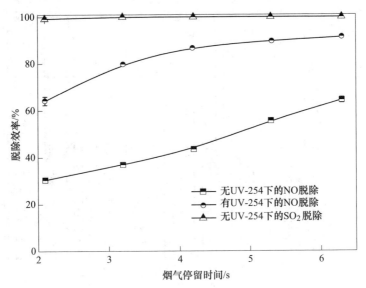

图 8-6　烟气停留时间对同时脱硫脱硝的影响

（能量密度为 0.064W/cm³，H_2O_2 的 pH 值为 6，热催化温度为 403K，紫外催化温度为 363K，NO 浓度为 500mg/m³，SO_2 浓度为 2500mg/m³）

8.6　共存气体和自由基清除剂对同时脱硫脱硝的影响

图 8-7 中给出了 NO 和 SO_2 浓度变化对脱硫脱硝的影响规律，可以看出，脱硫过程对 SO_2 和 NO 浓度变化表现出良好的适应性。当 SO_2 浓度在 3000~4000mg/m³ 时，脱硫效率略有下降。而 SO_2 对脱硝过程的影响则取决于 SO_2 浓度。当紫外光照射时，SO_2 对脱硝过程的影响不大。当关闭紫外光时，SO_2 影响显著：当 SO_2 浓度从 1500mg/m³ 增加到 3500mg/m³ 时，NO 去除效率提高，但是随着 SO_2 浓度的进一步增加，SO_2 对脱硝起到明显的抑制作用。实验结果表明，适量的 SO_2 可以促进 NO 的脱除，这是由于 SO_2 强化了 NO_2 的去除。NO_2 是脱硝过程的关键中间体，其最终去向可以分为两个路径：（1）NO_2 变成 NO_3^-（式

(8-16))；（2）NO_2 通过歧化反应生成 NO（式（8-17））。显然，后一个过程对脱硝是有害的，而 SO_2 引入后，其可与 NO_2 发生协同吸收反应来抑制 NO 产生，同时适量的 SO_2 也不会引起 SO_2 和 NO 之间的竞争氧化，因此，加入适量 SO_2 可以促进 NO 脱除。但是当 SO_2 增加过高时，SO_2 会同 NO 发生竞争氧化现象，所以 NO 的去除效率明显下降。

$$NO_2 + H_2O \longrightarrow NO_3^{2-} + NO + H^+ \tag{8-16}$$

$$H_2O + NO_2 + SO_2 \longrightarrow NO_2^- + SO_4^{2-} + H^+ \tag{8-17}$$

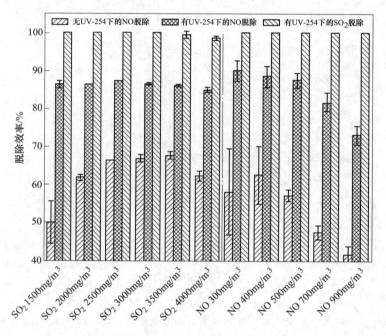

图 8-7 SO_2 和 NO 浓度对协同脱除的影响

（模拟烟气停留时间为 4.2s，烟气流速为 4.0L/min，能量密度为 0.064W/cm³，H_2O_2 的 pH 值为 6，蒸发温度为 403K，紫外线催化温度为 363K，NO 浓度为 500mg/m³，SO_2 浓度为 2500mg/m³）

此外还研究了 O_2 对脱硝效率的影响。如图 8-8 所示，当 O_2 浓度在 0~8% 之间时，脱硝效率有所增加，这表明 O_2 的存在有利于 NO 氧化。虽然 254nm 紫外光的光子能量低于 185nm 紫外光，但是部分 O_2 分子仍能被分解为 $O(^3P)$，然后与 O_2 反应生成 O_3（式（8-18））。生成的 O_3 又将被进一步活化成 $O(^1D)$（式（8-19）），随后攻击 H_2O 产生两分子的 HO·（式（8-20）），从而促进 NO 的氧化。除此之外，O_2 也会促进 NO_x 的吸收（式（8-21）到式（8-22））。叔丁醇是 HO·的高效清除剂，通常被用来检测 HO·是否存在。当将叔丁醇引入反应体系后，可以发现 NO 氧化过程被明显抑制，后续又研究了不同浓度的叔丁醇对脱硝的影响。如图 8-8 所示，提高叔丁醇浓度可显著抑制脱硝过程，当叔丁醇浓度从 0%

增加到 5% 时 NO 的去除效率线性下降，这充分说明了 HO· 是脱硝的主要活性物质。

$$O(^3P) + O_2 + M \longrightarrow O_3 + M \tag{8-18}$$

$$O_3 + h\nu(254nm) \longrightarrow O_2 + O(^1D) \tag{8-19}$$

$$H_2O + O(^1D) \longrightarrow HO· \tag{8-20}$$

$$NO_2 + O_2 + H_2O \longrightarrow NO_3^- + H^+ \tag{8-21}$$

$$H_2O + NO_2 + NO + O_2 \longrightarrow NO_3^- + H^+ \tag{8-22}$$

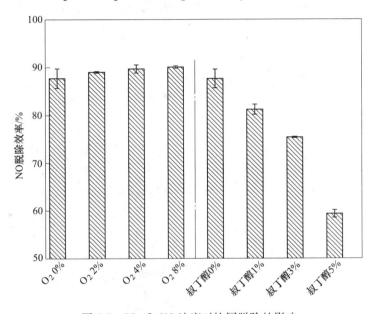

图 8-8 SO_2 和 NO 浓度对协同脱除的影响

（模拟烟气停留时间为 4.2s，烟气流速为 4.0L/min，能量密度为 0.064W/cm³，H_2O_2 的 pH 值为 6，蒸发温度为 403K，紫外线催化温度为 363K，NO 浓度为 500mg/m³，SO_2 浓度为 2500mg/m³）

8.7 紫外-热协同催化 H_2O_2 同时脱硫脱硝产物测试分析与反应机理

反应产物的上清液首先通过干燥和研磨，然后再经过 XRD 表征；而沉淀物先通过分离再进行干燥，再进行 FTIR 表征。不同反应产物的 XRD 表征如图 8-9 所示。与新鲜的 HA-Na 吸收剂相比，经过脱硫脱硝后的反应产物 XRD 图谱中出现了一些新的峰，包括亚硫酸钠，但没有含氮的物质的特征峰。UV-H_2O_2 在脱硝中的关键作用也得到了体现，当 UV-H_2O_2 引入反应体系后，一些含氮物质的特征峰出现了，其可归属于 $NaNO_3$ 和 $NaNO_2$，且 $NaNO_3$ 的特征峰明显高于 $NaNO_2$ 的特征峰高。随后当 SO_2 引入后，Na_2SO_4 和 $NaNO_3$ 出现了，其特征峰高明显高于 Na_2SO_3 和 $NaNO_2$，说明 Na_2SO_4 和 $NaNO_3$ 是主要反应产物。

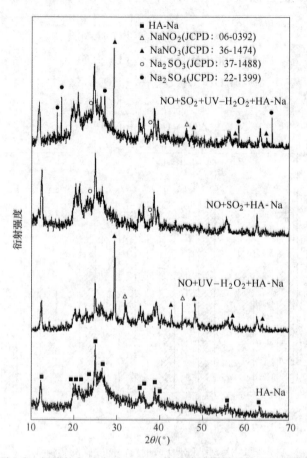

图 8-9　新鲜的和反应后 HA-Na 的上清液干燥后的 XRD 图谱

　　图 8-10 给出了产物的红外图谱，首先，HA-Na 的特征振动峰主要出现在 3689cm^{-1}（—NH$_2$ 的伸缩振动峰），1594cm^{-1} 和 1374cm^{-1}（羧酸盐的反对称和对称 COO$^-$ 伸缩振动），1034cm^{-1}（C—N 伸缩振动峰），912cm^{-1} 和 756cm^{-1}（芳香环的 C—H 基团的平面外弯曲振动峰）。相比于新鲜的 HA-Na 吸收剂，当经过脱硫脱硝后，出现了六个新的特征峰，包括 1700cm^{-1}，1350cm^{-1}，1227cm^{-1}，828cm^{-1}，735cm^{-1} 和 630cm^{-1}。其中位于 1700cm^{-1} 的吸收峰归属于—COOH 的 C ＝ O 键，这表明部分的 HA-Na 转化成 HA 沉淀。而位于 1350cm^{-1} 的吸收峰是由于硝酸盐的产生，位于 828cm^{-1} 的微弱小峰是由于亚硝酸盐产生。1227cm^{-1} 和 735cm^{-1} 的特征峰可归结于硫酸盐的产生，而 630cm^{-1} 的微弱小峰则归因于亚硫酸盐的产生。图 8-11 给出了反应产物的 IC 分析结果，可以看出主要的阴离子是 SO$_4^{2-}$，NO$_3^-$ 和 NO$_2^-$。

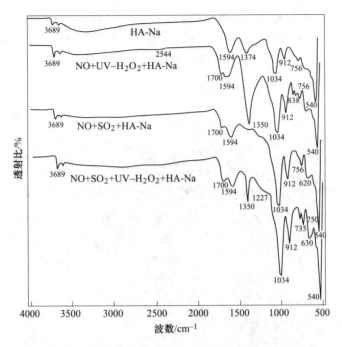

图 8-10　新鲜的和反应后 HA-Na 的沉淀物的 FTIR 图谱

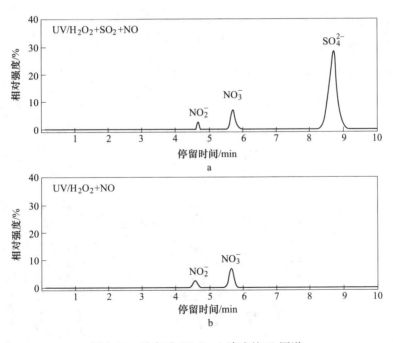

图 8-11　反应后 HA-Na 上清液的 IC 图谱

图 8-12 给出了脱硫脱硝的反应机理图，具体分析如下：首先，H_2O_2 和 $HO^{\cdot}$ 将 NO 氧化为 NO_2 或 NO_3^-，而 NO_2 则被 H_2O_2 和 $HO^{\cdot}$ 进一步氧化为 NO_3^-。而脱硫主要是通过 HA-Na 吸收过程实现的，同时副产亚硫酸钠，但亚硫酸钠随后又被 H_2O_2、$HO^{\cdot}$、NO_2 氧化形成硫酸钠。

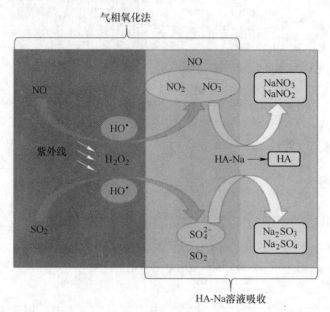

图 8-12　反应机理图

气相氧化耦合尾部吸收一体化脱硫脱硝流程示意图，如图 8-13 所示。

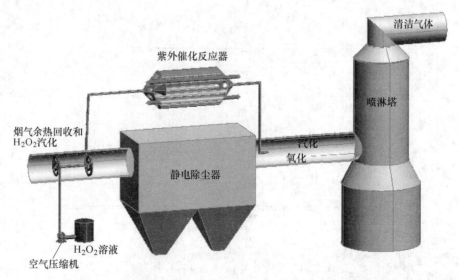

图 8-13　气相氧化耦合尾部吸收一体化脱硫脱硝流程示意图

UV 光催化反应器原理图，如图 8-14 所示。

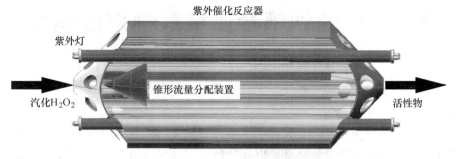

图 8-14 UV 光催化反应器原理图

H_2O_2 热催化反应器原理图，如图 8-15 所示。

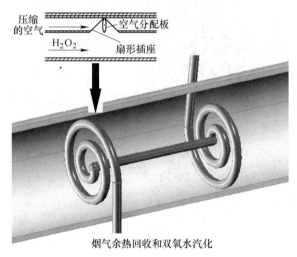

图 8-15 H_2O_2 热催化反应器原理图

9 亚氯酸钠耦合腐植酸钠双区调控脱硫脱硝体系构建与优化

亚氯酸钠和腐殖酸钠配合使用可实现同时脱硫脱硝脱汞目标，效率稳定，能满足 SO_2 和 NO 的超低排放标准。但在分析前期研究成果时，也发现亚氯酸钠的用量普遍较高，质量浓度达 1%~2%，易导致反应废液中的氯离子含量过高，因此如何降低亚氯酸钠使用剂量是一个需要思考的问题。此外，虽然亚氯酸钠和腐殖酸钠配合使用很高效，但二者在反应过程中依然会存在交互影响，因此，将这两种试剂分别置于两个吸收器内以此来构建一套双区调控系统将有可能避免这种抑制现象。因此，本章将探究构建一种新型烟气双循环脱硫脱硝系统（即分区调控），以期降低试剂用量和减少交互抑制效应。

9.1 氧化区亚氯酸钠浓度和吸收区腐殖酸钠浓度对同时脱除 SO_2 和 NO 的影响

图 9-1 给出了 NaClO₂ 和 HA-Na 分区调控下的同时脱硫脱硝性能。表 9-1 和表 9-2 为图 9-1 各组的 NaClO₂ 和 HA-Na 的浓度。从图 9-1 可以看出，所有组的脱硫效率均稳定在 99% 以上，SO_2 排放浓度均低于 35mg/m³，符合 SO_2 的超低排放标准。因此，后续的研究重点将集中在脱硝上。可以发现，随着 NaClO₂ 和 HA-Na 分区浓度的改变，NO 去除率以及残留 NO_2 浓度也会随之改变，引起上述现象的原因很复杂。具体分析如下：比较第 1 组和第 2 组结果，可以发现降低 HA-Na 浓度会导致 SO_2 和 NO 去除率降低且 NO_2 排放浓度升高，这表明 HA-Na 会影响 SO_2 吸收以及 NO 和 NO_2 的协同吸收。比较第 1 组和第 3 组结果，可以发现降低 NaClO₂ 浓度会降低 NO 去除率，这是因为 NO 氧化变差所致。但令人惊奇的是，对比第 2、3、4 组结果，NaClO₂ 浓度（质量分数）从 1% 降低到 0.5% 导致 NO 去除率增加，但也同时增加了 NO_2 浓度，同时脱硝穿透时间缩短。造成这种现象的可能原因是，减少 NaClO₂ 剂量降低了溶液 pH 值，加速了 $SO_2 + H_2O + ClO_2^-$ 中 ClO_2 的生成速率，从而促进了 NO 的气相氧化，导致更多 NO_2 产生。而 NaClO₂/NO 摩尔比的降低又必然会缩短反应时间。根据第 3、4、5 组的结果，当 NaClO₂ 浓度（质量分数）固定在 0.5% 时，将 HA-Na 浓度（质量分数）从 5% 降至 0.5%，NO 去除率下降，但 NO_2 浓度增加，因此 HA-Na 是协同去除 NO 和 NO_2 的关键物质。这与前面章节的研究结论一致。

表 9-1　各组实验条件

条件	烟气流量 /L·min^{-1}	双反应器的 体积/mL	NaClO$_2$ 和 HA-Na 的组合 （质量分数） /%	双反应器 的 pH 值	双反应器的 温度/℃	SO$_2$ 浓度 /mg·m^{-3}	NO 浓度 /mg·m^{-3}
3.1	2.6	500/500	—	初始	50/50	2000	300
3.2	2.6	500/500	0.03:1.0	—	50/50	2000	300
3.3	2.6	500/500	0.03:1.0	6/12	—	2000	300
3.4	2.6	500/500	0.03:1.0	6/12	50/50	—	—
3.5	2.6	500/500	0.03:1.0	6/12	50/50	2000	300

表 9-2　NaClO$_2$ 和 HA-Na 的质量浓度比

组别	预吸收器中 NaClO$_2$ 浓度 （质量分数）/%	反吸收器中 HA-Na 浓度 （质量分数）/%
1	1	5
2	1	1
3	0.5	5
4	0.5	1
5	0.5	0.5
6	0.3	1
7	0.2	1
8	0.1	1
9	0.05	2
10	0.05	1
11	0.03	3
12	0.03	2
13	0.03	1
14	0.03	0.5
15	0.03	0
16	0.02	2
17	0.02	1
18	0.02	0.5

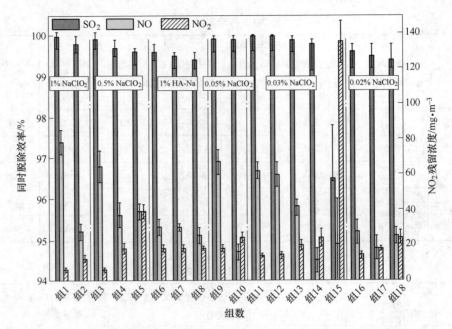

图 9-1 NaClO$_2$ 和 HA-Na 的双区浓度配比对同时脱硫脱硝的影响

为了获取 NaClO$_2$ 的最小有效浓度，又进一步研究了其 0.02%~0.3% 浓度（质量分数）范围的脱硫脱硝性能，结果如第 6、7、8、10、13 和 17 组的结果所示。可以看出，当 HA-Na 浓度（质量分数）固定在 1% 时，降低 NaClO$_2$ 浓度会导致 NO 转化率略有下降（除第 13 组 NO 的去除率增加到 95.6%），并且 NO$_2$ 浓度也仅为 22mg/m^3 左右。因此，NaClO$_2$ 确实在 NO 去除过程中起着关键作用，并且 NaClO$_2$ 与 HA-Na 之间的浓度能明显影响 SO$_2$ 和 NO 的协同去除效果。从以上结果可以发现，NaClO$_2$ 的最佳浓度（质量分数）为 0.02%~0.03%。因此，将 NaClO$_2$ 与 HA-Na 进行分区调控确实可以大幅降低 NaClO$_2$ 的使用剂量，相比之前的 NaClO$_2$/HA-Na 复合溶液，NaClO$_2$ 的最佳使用剂量降低了近 100 倍，其经济效益更突出。

之后，又研究了 HA-Na 浓度变化的影响实验。当将 NaClO$_2$ 浓度（质量分数）固定为 0.03% 时，我们将 HA-Na 浓度（质量分数）从 3% 逐渐降至 0，结果表明减少 HA-Na 用量对同时脱硫脱硝有严重的抑制作用，特别是当 HA-Na 浓度为 0 时，SO$_2$ 去除率降至 96.4%，而 NO 去除率降至 94.1%，更糟的是 NO$_2$ 的残留浓度高达 139mg/m^3，这将会对环境造成巨大危害。对比第 12~14 组和第 16~18 组的实验结果，可以发现，第 12~14 组的同时脱硫脱硝效果比第 16~18 组的好一点，此外，第 12~14 组的反应穿透时间也比第 16~18 组长。因此，NaClO$_2$ 的理想浓度（质量分数）应为 0.03%。综合试剂成本和同时脱硫脱硝效率来看，第 13 组优于其他组，因此 NaClO₂ 和 HA-Na 的分区调控的浓度（质量分数）配比适合定在 0.03% : 1%。

9.2 氧化区和吸收区双区溶液 pH 值对同时脱除 SO₂ 和 NO 的影响

图 9-2 给出了双区 pH 对同时脱硫脱硝的影响规律，其中 pH_1 为第一反应器中的 NaClO₂ 的 pH 值和 pH_2 为第二反应器中的 HA-Na 的 pH 值。首先研究了 pH_1 值对同时脱硫脱硝的影响。如图 9-2 所示，pH_1 值变化对 SO₂ 和 NO 的去除没有明显影响，二者去除率分别稳定在 99.5% ~ 100% 和 94.4% ~ 95.8%。弱酸性或中性条件（如 4、5、6 和 7）更有利于 SO₂ 和 NO 的去除。但考虑到 NO₂ 浓度，pH_1 值为 6 或 7 时更合适。在实际应用中，WFGD 系统中的浆液 pH 值一般定为 5.5 ~ 6，因此项目组选择 pH_1 = 6。需要注意的是，pH_1 = 4 或 7 时的效果与 6 的效果几乎一样好，因此在实践中也可以采用 pH_1 = 4 或 7。pH_2 值的变化对脱硫的影响很微弱，但对 NO 和 NO₂ 去除的影响却很明显。如图 9-2 所示，pH_2 值从 8 增加到 13 使 NO 的去除率从 93.4% 增加到 96%，并且残留的 NO₂ 浓度也明显降低，这表明提高 pH_2 值会促进 NO₂ 的水解作用，同时也会促进 NO 和 NO₂ 的协同吸收。但是，在实验过程中观察到了异常现象：当 pH_2 值从 12 增加到 13 时，NO₂ 浓度微弱增加，具体原因尚不清楚。从结果来看，pH_2 值宜为 12。因此，将双区的 pH 值分别为 6 和 12。

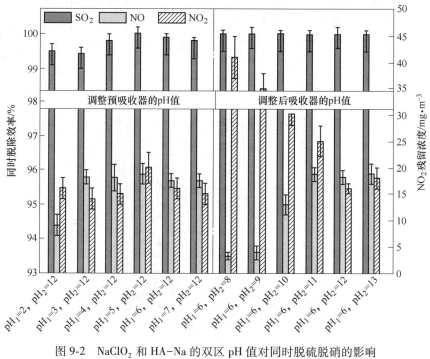

图 9-2　NaClO₂ 和 HA-Na 的双区 pH 值对同时脱硫脱硝的影响

9.3 氧化区和吸收区双区温度对同时脱除 SO$_2$ 和 NO 的影响

图 9-3 显示了反应温度对同时脱硫脱硝的影响。如图 9-3a 所示，在所有温度条件下，SO$_2$ 的去除率均超过 99.4%，SO$_2$ 排放浓度低于 15mg/m^3。从图 9-3a 中可以看出，T_1（第一反应器的温度）和 T_2（第二反应器的温度）对脱硫过程没有明显影响，其效率始终稳定在 99.9% 以上。图 9-3b 显示了 T_1 和 T_2 对 NO 去除的影响。可以发现，T_2 对 NO 的去除具有明显的影响：当 T_2 高于 55℃ 时，NO 的去除率超过 95%，当 T_2 继续增加时，NO 的去除率略有增加。而 T_1 的影响比较复杂，当 T_1 低于 35℃ 或高于 60℃，且 T_2 低于 55℃ 时，NO 的去除率低于 94.3%，实验结果表明 T_1 在 40~60℃ 范围内是有利于 NO 去除的。上述现象的原因可能是较高的 T_2 能加快化学反应以及 HA-Na 溶解。而 T_1 的变化会影响 ClO$_2$ 的形成和排放（如第 11 章所述），较低的 T_1 有利于抑制 ClO$_2^-$ 产生 ClO$_2$，但会导致 NO 去除率降低。但是，较高的 T_1 如 65~70℃ 会导致 ClO$_2^-$ 剧烈分解，生成大量的 ClO$_2$ 又会迅速释放到大气环境中，从而弱化 NO 氧化过程。图 9-3c 给出了 NO$_2$ 的浓度分布特征，从图 9-3c 可以看出，T_2 为 55~70℃ 时，NO$_2$ 浓度低于 20mg/m^3，这与图 9-3b 中的 NO 去除结果一致，进一步证实了较高的 T_2 有利于 NO$_x$ 的去除。实际上，当 T_2 超过 40℃ 时，NO$_2$ 和 NO 的浓度之和已低于 50mg/m^3，符合 NO$_x$ 的超低排放标准。此外，应注意将 T_2 从 30℃ 升高到 70℃ 会促进 NO$_2$ 的水解作用。对于 T_1 的影响，我们可以发现当 T_1 从 30℃ 增加到 70℃ 会增加 NO$_2$ 的残留浓度，这意味着升高 T_1 会提高 NO$_2$ 产量，这是因为 T_1 升高会加快 ClO$_2$ 生成。

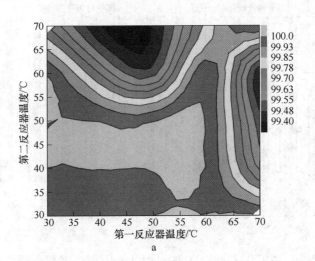

a

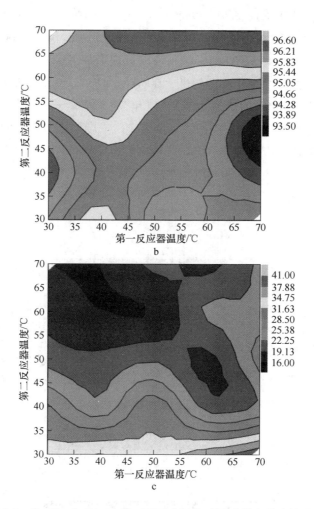

图 9-3　NaClO₂ 和 HA-Na 的双区反应温度对同时脱硫脱硝的影响

a—脱硫效率；b—脱硝效率；c—NO₂ 浓度

9.4　共存气体对同时脱除 SO₂ 和 NO 的影响

SO_2 和 NO 对脱硫的协同影响如图 9-4a 所示：随着 SO_2 和 NO 浓度的增加，SO_2 的去除率降低。当 SO_2 浓度在 $1500mg/m^3$ 以下时，无论 NO 浓度如何，SO_2 去除率均稳定在 99.9%以上。但之后随着 SO_2 浓度从 $1500mg/m^3$ 增加到 $3000mg/m^3$，增加 NO 浓度也会提高脱硫效率。总的来说，SO_2 的去除效率始终高于 99.4%，相应的浓度低于 $18mg/m^3$，因此双反应器系统在脱硫方面是稳定可靠的。图9-4b 给出了 SO_2 和 NO 对 NO 去除的耦合影响。有趣的是，SO_2 对 NO 去除的影响取决于 SO$_2$ 浓度。当 NO 浓度低于 200mg/m^3 时，SO$_2$ 的浓度从 1000gm/mn^3 增加到 2500mg/m^3 会促进 NO 的去除，而随着 SO$_2$ 浓度进一步增加到 3000mg/m^3，NO 的去除率会略微降低。对于 NO 的影响，可以发现增加 NO 浓度对 NO 的去除有明显的抑制作用，并且当 SO$_2$ 浓度超过 2500mg/m^3 时，抑制作用会更强，这是由于 SO$_2$ 和 NO 之间存在严重的竞争反应。SO$_2$ 和 NO 对 NO$_2$ 排放的耦合影响如图9-4c 所示。NO$_2$ 的浓度受 NO 的影响很大：随着 NO 浓度增加，NO$_2$ 的浓度也相应增加。增加 SO$_2$ 浓度能有效控制 NO$_2$，这是由于 SO$_2$ 与 NO$_2$ 之间的氧化还原反应所致。总体而言，NO$_2$ 浓度能被控制在 23mg/m^3 以下。

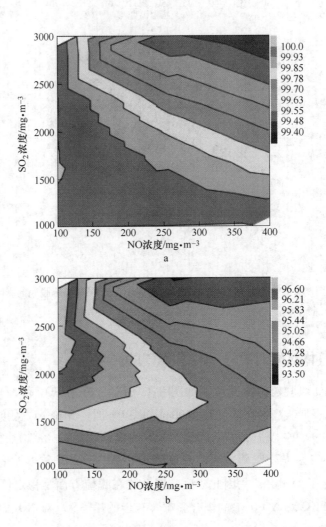

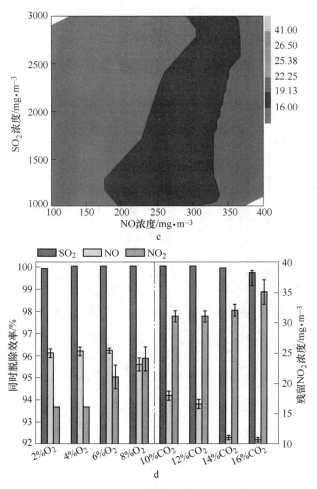

图 9-4　共存气体对同时脱硫脱硝的影响

a—脱硫效率；b—脱硝效率；c—NO_2 浓度；d—O_2 和 CO_2 的影响

　　此外，还研究了 O_2 和 CO_2 的影响。从图 9-4d 中可以看出，O_2 含量的增加对 SO_2 的去除没有影响，而在此过程中 NO_2 浓度直线增加。CO_2 的存在明显抑制了 SO_2 和 NO_x 的去除：当 CO_2 含量从 10% 增加到 16%，NO 去除率直线降低，NO_2 浓度增加。因此，CO_2 在 NO 去除过程中起抑制剂的作用，这是由于 CO_2 和 NO_2 对 HA-Na 的竞争消耗所致。由 CO_2 引起的抑制机理具体可分为两个方面：（1）在第一个反应器中，CO_2 的水解过程会加剧 ClO_2 的产生和排放，因此 NO_2 产率增加；（2）在第二个反应器中，酸性 CO_2 和碱性 HA-Na 之间的酸碱中和反应也会导致 NO_2 吸收以及 NO/NO_2 协同吸收变差，因此引入 CO_2 会降低 NO 去除率和升高 NO_2 浓度。

9.5 氧化区和吸收区双区阴离子对同时脱除 SO$_2$ 和 NO 的影响

图 9-5a 显示了阴离子存在于 NaClO$_2$ 时对同时脱硫脱硝的影响。可以发现，Cl$^-$，NO$_3^-$ 和 SO$_4^{2-}$ 对 SO$_2$ 和 NO 的去除没有明显影响，二者去除率分别保持在

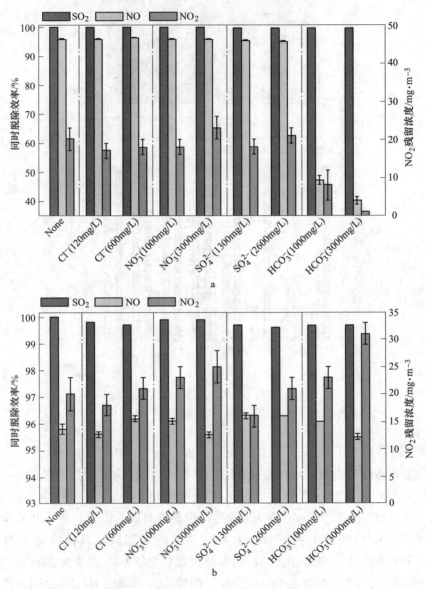

图 9-5 阴离子对同时脱硫脱硝的影响

a—阴离子添加到初级吸收区；b—阴离子添加到次级吸收区

99.9%~100%和95.4%~96%。在相同条件下，NO_2的浓度略有变化，但依然保持在 18~23mg/m³。与其他阴离子相比，HCO_3^-对 NO 的去除具有明显的抑制作用：当 HCO_3^- 的浓度为 1000mg/L 时，NO 的去除率降至 44%，NO_2 的浓度也降至 8mg/m³。然后，随着 HCO_3^- 的浓度进一步增加到 3000mg/L，NO 去除率降至 40%，NO_2 浓度降至 1mg/m³，因此 HCO_3^- 的存在不利于 NO 去除。作为缓冲成分的 HCO_3^- 可以与 SO_2 反应，消耗 SO_2 水解产生的 H^+，从而减慢 ClO_2^- 的酸性分解产生 ClO_2，同时大量的惰性 HCO_3^- 分子可以包围 ClO_2 并导致 ClO_2 与 NO 之间的反应受阻，从而抑制了 NO 的去除，并减少了 NO_2 的产生。

此外，还研究了 HA-Na 中阴离子对同时去除的影响。如图 9-5b 所示，Cl^-、SO_4^{2-} 和 HCO_3^- 的加入导致 SO_2 去除率略有下降。3000mg/L 的 NO_3^- 和 3000mg/L 的 HCO_3^- 均会微弱抑制 NO 去除，而在其他条件下，添加阴离子对 NO 的去除没有明显的抑制作用，或者表现出轻微的促进作用，如 Cl^- 和 SO_4^{2-}。如前所述，HA-Na 中存在的阴离子对 NO 的去除没有明显影响，NO 去除率总体可稳定在 95.5%~96.2%，能满足 NO_x 的超低排放标准。至于残留的 NO_2 浓度，如图 9-5b 所示，SO_4^{2-} 对 NO_2 的吸收没有抑制作用，但其他阴离子对 NO_2 的吸收有轻度抑制作用，NO_2 的浓度会随着 Cl^-、NO_3^- 和 HCO_3^- 的增加而逐渐增加。尤其是加入 3000mg/m³ 的 HCO_3^- 会导致 NO_2 浓度显著增加（达到 31mg/m³），因此，HCO_3^- 的控制是双区调控方法应用的关键。

9.6 产物表征和反应机理

图 9-6 显示了未反应和反应后的 $NaClO_2$ 和 HA-Na 的 XRD 结果。图 9-6a 显示了纯 $NaClO_2$、反应 1h 和 2h 的 $NaClO_2$ 的特征光谱，图 9-6b 显示了纯 HA-Na、反应 1h 和 2h 的 HA-Na 的特征光谱。图 9-7 显示了未反应和反应过的 $NaClO_2$、HA-Na 和释放的 ClO_2 的 EDS 图谱。图 9-8 和图 9-9 显示了反应进行 2h 后 $NO+SO_2+NaClO_2$ 和 $NO+SO_2+HA-Na$ 的 XPS 结果。XRD 结果显示 NaCl、Na_2SO_4 和 $NaNO_3$ 是第一级的主要反应产物。第二级反应器中，腐殖酸（HA）是主要反应产物，与之前的研究结果一致。EDS 结果表明，NO_3^- 和 SO_4^{2-} 的产生也提升了产物中的含氧量。XPS 结果表明第一级反应器中的主要产物是 Cl^-，同时也有少量 ClO_3^- 生成，含硫和含氮产物是 Na_2SO_4 和 $NaNO_3$，没有亚硫酸盐和亚硝酸盐。第二级反应器的产物中也检测出了 Cl^-、NO_3^- 和 SO_4^{2-}，这证实了 ClO_2 从第一级反应器转移到第二级反应器中，并发生了 SO_2/SO_3^{2-} 氧化和 NO/NO_2 氧化吸收。双区调控系统可以持续完成 NO 到 NO_3^- 的深度氧化，从而抑制有毒的 NO_2^- 的形成。

双区反应系统的脱硫脱硝机理如图 9-10 所示，可以归结为如下两步：（1）在第一级反应器中 SO_2 和 NO 被 $NaClO_2$ 氧化；（2）在第二级反应器中 SO_2 和

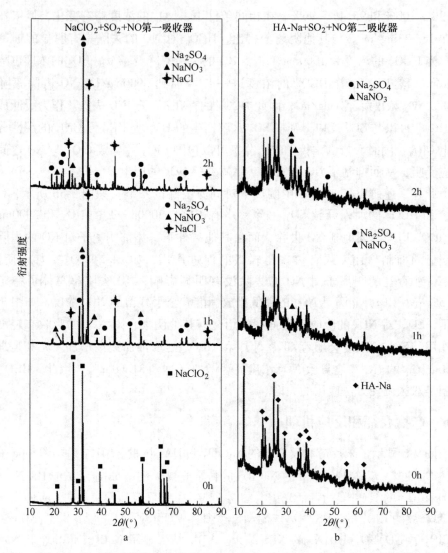

图 9-6 同时脱硫脱硝反应前后 NaClO$_2$（a）和 HA-Na（b）的 XRD 图谱

NO/NO$_2$ 被 HA-Na 吸收去除。在氧化步骤当中，ClO$_2^-$ 氧化 SO$_2$ 和 NO（式（9-1）到式（9-4））产生大量的气态 ClO$_2$（式（9-5））也是主要的氧化物质。ClO$_2$ 加速了 NO 和 SO$_2$ 的氧化（式（9-6）到式（9-8））。

$$NO + ClO_2^- \longrightarrow NO_2 + NO + ClO^- \longrightarrow NO_2 + Cl^- \qquad (9-1)$$

$$NO + ClO_2^- + H_2O \longrightarrow NO_3^- + H^+ + Cl^- \qquad (9-2)$$

$$NO_2 + ClO_2^- + H_2O \longrightarrow NO_3^- + H^+ + Cl \qquad (9-3)$$

$$SO_2 + ClO_2^- + H_2O \longrightarrow SO_4^{2-} + H^+ + Cl^- \qquad (9-4)$$

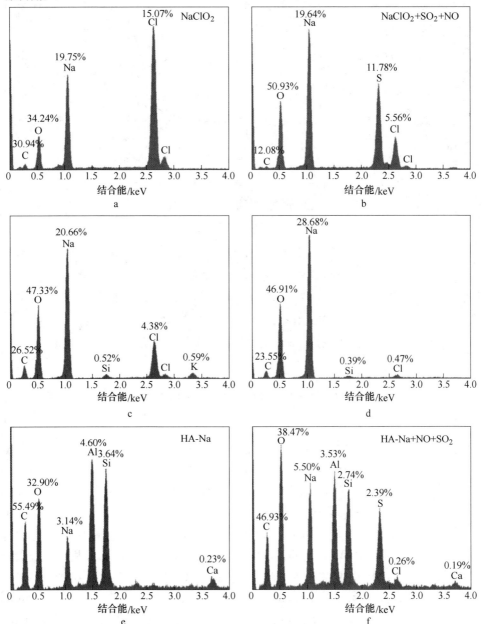

图 9-7 不同反应条件下同时脱硫脱硝反应前后吸收剂的 EDS 图谱

a—新鲜 NaClO₂；b—脱硫脱硝后的 NaClO₂；c—第一级 NaOH 吸收液中氯的含量；

d—第二级 NaOH 吸收液中氯的含量；e—新鲜 HA-Na；f—脱硫脱硝后的 HA-Na

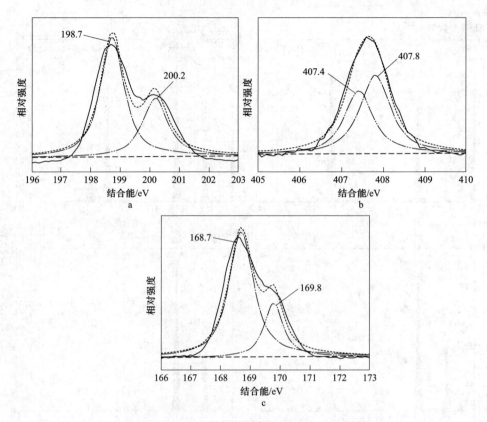

图 9-8 NaClO₂ 同时脱硫脱硝 2h 后的 XPS 图谱

a—Cl 2p；b—N 1s；c—S 2p

$$ClO_2^- + H^+ \longrightarrow ClO_2 \uparrow + H_2O + Cl^- \tag{9-5}$$

$$NO + ClO_2 \longrightarrow NO_2 + Cl \cdot \tag{9-6}$$

$$SO_2 + ClO_2 + H_2O \longrightarrow SO_4^{2-} + H^+ + Cl^- \tag{9-7}$$

$$SO_2 + ClO_2 \longrightarrow SO_3 + Cl \cdot \tag{9-8}$$

对于吸收过程而言，HA-Na 对 $SO_2/NO_2/NO$ 的吸收是主要的反应途径（式 (9-9) 到式 (9-11)）。此外，也同时发生了 $NO_2+SO_2+H_2O$ 气相氧化还原反应（式 (9-12)）和 ClO_2 氧化 NO_2^-/SO_3^{2-} 反应（式 (9-13) 到式 (9-14)）。

$$SO_2 + H_2O \longrightarrow SO_3^{2-} + H^+ + A^- \longrightarrow HA \downarrow \tag{9-9}$$

$$NO_2 + NO + H_2O \longrightarrow NO_2^- + H^+ + A^- \longrightarrow HA \downarrow \tag{9-10}$$

$$NO + H_2O \longrightarrow NO_3^- + NO + H^+ + A^- \longrightarrow HA \downarrow \tag{9-11}$$

$$NO_2 + SO_2/SO_3^{2-} + H_2O \longrightarrow H^+ + NO_2^- + SO_4^{2-} + A^- \longrightarrow HA \downarrow \tag{9-12}$$

$$NO_2^- + ClO_2 \longrightarrow NO_3^- + Cl \cdot \tag{9-13}$$

$$SO_3^{2-} + ClO_2 \longrightarrow SO_4^{2-} + Cl \cdot \tag{9-14}$$

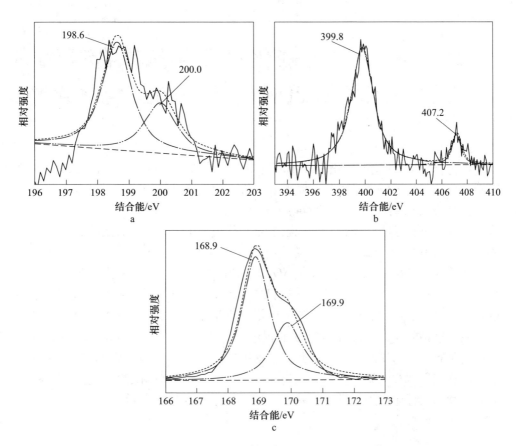

图 9-9　HA-Na 同时脱硫脱硝 2h 后的 XPS 图谱

a—Cl 2p；b—N 1s；c—S 2p

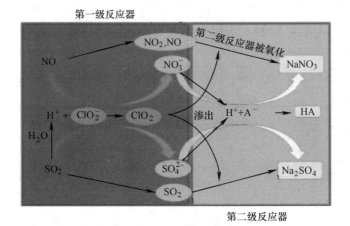

图 9-10　$NaClO_2/HA$-Na 双区调控烟气同时脱硫脱硝反应机理示意图

10 光/热协同催化过氧化氢耦合氨法双循环烟气脱硫脱硝系统构建与优化

将光/热协同催化过氧化氢氧化耦合亚硫酸盐吸收有望实现一体化深度脱硫脱硝的目的，为了成本最小化和脱除效率最大化，项目组构建了一种气相氧化耦合双循环吸收的新型烟气多污染物协同净化系统。其具体工艺流程如下：（1）首先烟气经过初级吸收器，利用低浓度氨水将烟气中的 SO_2 吸收脱除，并副产高浓度亚硫酸铵溶液；（2）经过预洗涤的烟气再进入到光/热协同催化过氧化氢的气相氧化区，利用 H_2O_2/$HO^{·}$ 氧化 NO 和残留的 SO_2；（3）随后生成的氧化产物如 NO_2、H_2SO_4、SO_3、NO_3^- 等进入到最后的次级吸收区，利用初级吸收区产生的亚硫酸铵废液对这些氧化产物进行一体化吸收脱除，并副产硫酸铵和硝酸铵复合盐溶液。这种复合盐溶液经过后期的提浓结晶可制成硫酸铵-硝酸铵化肥原料，可供给化肥厂作为初级原料。因此，本章提出的技术方案有望实现烟气硫氮资源的回收利用。本章的研究重点即探究该工艺体系的可行性和建立最佳操作参数，以为后续的工程化应用提供理论基础。实验装置如图 10-1 所示。

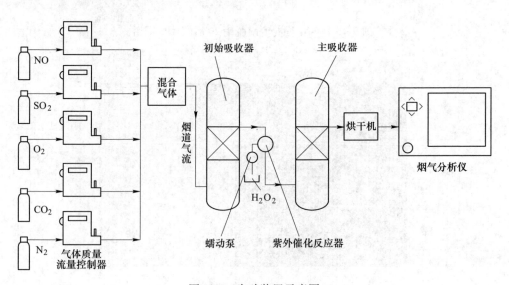

图 10-1　实验装置示意图

10.1 光/热协同催化过氧化氢耦合氨法双循环同时脱硫脱硝系统建立

如图 10-2a 所示，当 NH_4OH 浓度从 0 提高到 2.5%，SO_2 去除效率从 87.2% 提高到 98.7%。因此，低浓度 NH_4OH 足以进行高效脱硫，后面的研究重点将放在脱硝上。首先，我们研究了在没有 SO_2 和 NH_4OH 条件下 H_2O_2 浓度对脱硝的

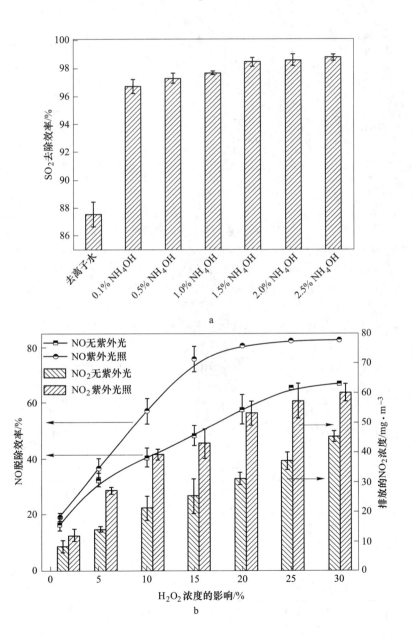

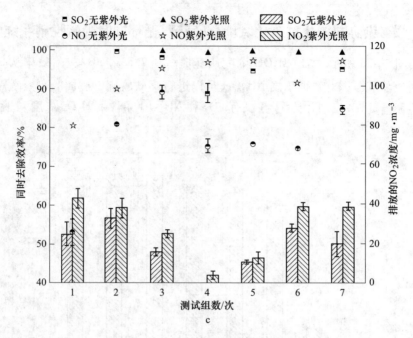

图 10-2   协同脱硫脱硝系统建立

a—氨水脱硫性能；b—有无光条件下 H_2O_2 气相氧化脱硝性能；c—不同反应系统下的协同脱硫脱硝性能

（烟气流量 2.6L/min；H_2O_2 热催化温度 120℃；H_2O_2 加入速率为 150μL/min；

初级吸收器和次级吸收器的温度为 40℃；SO_2 浓度为 2000mg/m³；NO 浓度为 400mg/m³）

影响。如图 10-2b 所示，在没有 UV 的情况下，将 H_2O_2 浓度从 1% 增加到 30%，NO 脱除效率从 19% 线性增加到 64%。当引入紫外线后，在相同条件下，NO 去除效率显著提高到 21%~82%，表明 HO· 提高了 NO 氧化效率。但需要注意的是，在此期间，NO_2 排放浓度一直很高，分别从 8mg/m³ 增至 45mg/m³ 和从 12mg/m³ 增至 60mg/m³，表明 HO· 也促进了 NO_2 形成，这不是一个好现象。上述结果表明 H_2O_2 的最佳浓度可定为 15%。图 10-2 中各组的浓度配比条件，如表 10-1 所示。

表 10-1   图 10-2 中各组的浓度配比条件

组别	SO_2 浓度 /mg·m⁻³	NO 浓度 /mg·m⁻³	NH_4OH （质量分数）/%	H_2O_2 （质量分数）/%	$(NH_4)_2SO_3$ （质量分数）/%
1	—	400	0	15.0	0
2	2000	400	0	15.0	0
3	2000	400	0	15.0	0.5
4	2000	400	2.5	15.0	0.5
5	2000	400	2.5	15.0	0.3
6	2000	400	2.5	15.0	0
7	2000	400	0.1	15.0	0.1

通过上述实验，我们可以看出 NO_2 吸收是个问题，因此需要找到一种合适的吸收剂。根据前几章研究，已经证实了腐殖酸钠和亚硫酸盐均可以有效吸收 NO_2，而考虑到本章中初级吸收器的反应产物为 $(NH_4)_2SO_3$，因此决定使用初级吸收器的反应废液，即主要为 $(NH_4)_2SO_3$，来探究 NO_2 吸收效果。图 10-2c 显示了 NH_4OH 与 $(NH_4)_2SO_3$ 作为双循环吸收液与 UV/H_2O_2 氧化过程耦合一体化脱硫脱硝的效果。对比后可以看出当不开启 UV 时，$3000mg/m^3$ 的 SO_2 能促进 NO 转化，其转化率从 53.1%增加到 80.8%，当开启 UV 时 NO 转化率则从 81%增至 90.2%，但 NO_2 浓度相对稳定，在此过程中脱硫效率也达到 100%。因此，利用 H_2O 作为双循环吸收液耦合 $UV/H_2O_2(g)$ 氧化能够高效脱硫。SO_2 似乎能够辅助 $H_2O_2(g)/HO\cdot$ 氧化 NO 产生 NO_2。第 2 组实验结果是有意义的，因为它给出了一个关键条件，在气相氧化法中，SO_2 和 NO 共存对 NO 脱除有利。

随后，在第 3 组实验中，将 $(NH_4)_2SO_3$ 加入到第二级吸收器中以增强 NO_2 吸收。对比 2 和 3 组实验结果，可以发现 $(NH_4)_2SO_3$ 的使用确实降低了 NO_2 浓度；同时 NO 转化率在有 UV 和无 UV 条件下分别增加了 8.3%和 7%，表明 $(NH_4)_2SO_3$ 对 NO_x 的脱除有效。这种促进的原因归结于 NO_2 和 $(NH_4)_2SO_3$ 之间的氧化还原反应和在 $(NH_4)_2SO_3$ 帮助下 NO_2 与 NO 之间的协同吸收作用。两种反应路径抑制了 NO_2 水解产生 NO。值得注意的是，在没有 UV 照射下，第 3 组的 SO_2 去除效率略有下降，这可能是由于 $(NH_4)_2SO_3$ 的热分解释放了 NH_3 和 SO_2。

随后又将 2.5%的 NH_4OH（质量分数）加入到初级反应器中，以检验 $NH_4OH-UV/H_2O_2(g)-(NH_4)_2SO_3$ 协同脱除 SO_2 和 NO 的能力，这也能检验 SO_2 在 NO 脱除中的角色。从第 3 组和第 4 组实验结果可知，在没有 UV 条件下，加入 NH_4OH 可将 SO_2 和 NO 的脱除效率分别降至 89.2%和 75.2%，同时也降低了 NO_2 浓度。然而，在开启 UV 条件下，NO 脱除不受影响，表明 $HO\cdot$ 氧化 NO 是具有较高的选择性。结果表明，SO_2 可能主要影响 $H_2O_2(g)$ 氧化 NO，尤其是影响 NO_2 的生成。也就是说，将 SO_2、NO、$H_2O_2(g)$ 混合后会促进 NO_2 生成。在第 4 组实验中，NO_2 的降低也导致了 SO_2 增加，这是由于 NO_2 没有促进 SO_2 吸收，加之 $(NH_4)_2SO_3$ 容易分解，生成的 SO_2 不能被反应去除。

第 4 组、第 5 组和第 6 组的结果证实了 $(NH_4)_2SO_3$ 在一体化脱硫脱硝过程中的作用。一般来说，在 UV 照射下，减少 $(NH_4)_2SO_3$ 会影响 NO 去除和 NO_2 吸收，但会提高 SO_2 脱除效率。因此，减少 $(NH_4)_2SO_3$ 对 NO 去除和 NO_2 吸收是不利的，但对 SO_2 脱除是有利的。第 7 组展示了低浓度 $NH_4OH-(NH_4)_2SO_3$ 协同脱除 SO_2 和 NO 的性能。低浓度 NH_4OH 对 NO 脱除有利，这是因为更多的 SO_2 可以参与到后面的 NO 氧化，但低浓度的 $(NH_4)_2SO_3$ 对吸收 NO_2 不利。从一体化脱除 SO_2 和 NO 与 NO_2 浓度来看，第 4 组实验是最好的浓度配比。

10.2　过氧化氢溶液添加速率对同时脱硫脱硝的影响

在有 UV 的条件下，脱硫效率始终稳定在 99%~100%，因此反应参数影响的研究将集中于 NO 脱除过程。图 10-3 说明了 H_2O_2 溶液添加速率对 NO 脱除的影响。可以发现，在有和没有 UV 条件下，将添加速率从 $50\mu L/min$ 增加到 $150\mu L/min$，NO 脱除效率分别从 41.6% 增加到 62.5% 和从 55% 增加到 95.6%。随后当添加速率进一步增加到 $250\mu L/min$，在有 UV 的情况下，NO 脱除效率稳定为 96%，但在没有 UV 的条件下 NO 脱除效率降至 56.3% 和 52.8%。但增加 H_2O_2 添加速率也增加了 NO_2 产率，尤其当添加速率超过 $150\mu L/min$ 时。在给定 NO 脱除效率和 NO_2 产率时，$150\mu L/min$ 是最合适的速率。增加添加速率实际上是增加了氧化剂与 NO 的摩尔比，$150\mu L/min$ 似乎是一个临界点，能为氧化 NO 提供足够的氧化剂。但当速率超过这一值时，烟气中氧化剂的浓度趋于饱和，然后反应速率将取代扩散速率和传质速率成为速率控制步骤。在相同反应条件下，这是 $H_2O_2(g)$-NO 和 $HO\cdot$-NO 两个反应的关键区别。此外，增加添加速率会导致烟气水蒸气含量增加，显著降低了 UV 利用率，加剧了自由基湮灭，这是一个需要权衡的问题。这就是为什么随着自由基浓度的增加，自由基氧化 NO 不能一直被促进的原因。因此，当添加速率为 $150\mu L/min$ 时，NO 脱除的性价比最高。在无 UV 条件下，NO 脱除效率下降是由于添加速率增加将降低反应温度，这对 NO 氧化是不利的。温度降低会减缓反应速率。此外，添加速率的增加也会导致 H_2O_2 蒸发较

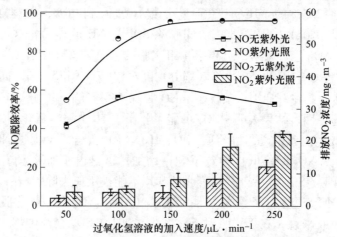

图 10-3　H_2O_2 加入速率对协同脱硫脱硝的影响

（烟气流量 2.6L/min；H_2O_2 热催化温度 120℃；H_2O_2 质量浓度为 15%；初级吸收器中 NH_4OH 质量浓度为 2.5%（体积为 300mL）；次级吸收器中 $(NH_4)_2SO_3$ 质量浓度为 0.5%（体积为 300mL）；初级吸收器和次级吸收器的温度为 40℃；SO_2 浓度为 2000mg/m³；NO 浓度为 400mg/m³）

为糟糕，这对 NO 气相氧化是不利的。因此，在实际应用当中，H_2O_2 溶液的添加速率应保持在合适的水平，这不仅能保证良好的 NO 氧化效果也能保证良好反应温度水平。

10.3 热催化温度对同时脱硫脱硝的影响

图 10-4 显示了热催化温度对 NO 去除的影响。可以看出，无论 UV 是否开启，当温度从 80℃ 升高到 100℃，NO 脱除效率升高，但 NO 脱除效率也仅有 45.9% ~ 48% 和 46.5% ~ 56.7%，同时 NO_2 浓度为 0。这主要是由于 80 ~ 100℃ 不能有效蒸发 H_2O_2，这对产生气相氧化剂是不利的。随后当温度增加到 110℃、120℃ 和 130℃ 时，NO 脱除效率增至 62.3%、65.3% 和 67.8%（无 UV 条件），92.3%、95.6% 和 95.9%（有 UV 条件），同时 NO_2 的产率也增加了。显然，110℃ 是使 H_2O_2 溶液充分汽化的临界温度。这是因为 15%（质量分数）的 H_2O_2 的沸点接近 110℃。实验还发现，当温度升高到 120 ~ 130℃ 时，并没有出现严重的热抑制现象。因此，UV-热催化反应器适合在 110℃ 以上的温度条件下使用，这与大多数烟气温度条件一致。在实际应用中，可将蒸发装置布置在初级吸收器之前，利用烟气余热蒸发 H_2O_2 溶液，然后将蒸发后的 H_2O_2 注入到 UV 催化反应器，进行 HO· 气相氧化 NO。

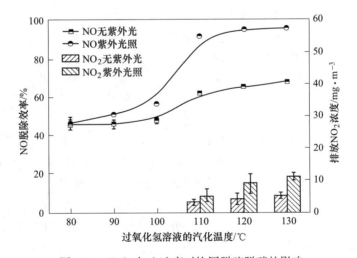

图 10-4 H_2O_2 加入速率对协同脱硫脱硝的影响

（烟气流量 2.6L/min；H_2O_2 加入速率为 150μL/min；H_2O_2 质量浓度为 15%；

初级吸收器中 NH_4OH 质量浓度为 2.5%（体积为 300mL）；次级吸收器中 $(NH_4)_2SO_3$ 质量

浓度为 0.5%（体积为 300mL）；初级吸收器和次级吸收器的温度为 40℃；

SO_2 浓度为 2000mg/m³；NO 浓度为 400mg/m³）

10.4　共存气体和常见阴离子的影响

在脱硫浆液中，除了 SO_4^{2-} 和 SO_3^{2-}，HCO_3^- 和 Cl^- 也是常见的阴离子，根据本方法技术思路，主要的阴离子将汇聚于初级吸收器中，因此我们将阴离子加入初级吸收器中以考察其影响。如图 10-5 所示，阴离子浓度的变化并未影响 $HO^·$ 脱除 SO_2 和 NO，二者脱除效率分别为 99% 和 96%。但 HCO_3^- 对 NO 的氧化展现出抑制作用，其似乎是辅助了 NH_4OH 强化脱除 SO_2，但弱化了 H_2O_2 氧化 NO。

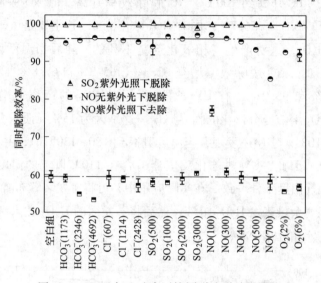

图 10-5　H_2O_2 加入速率对协同脱硫脱硝的影响

（烟气流量 2.6L/min；H_2O_2 热催化温度 110℃；H_2O_2 加入速率为 150μL/min；H_2O_2 质量浓度为 15%；

初级吸收器中 NH_4OH 质量浓度为 2.5%（体积为 300mL）；次级吸收器中（NH_4）$_2SO_3$

质量浓度为 0.5%（体积为 300mL）；初级吸收器和次级吸收器的温度为 40℃；

SO_2 浓度为 2000mg/m³；NO 浓度为 400mg/m³）

如前所述，增加 SO_2 浓度将有利于 NO 去除，尤其是无 UV 条件下。下面的实验结果进一步证实了这一点。当 SO_2 浓度从 500mg/m³ 增加到 3000mg/m³，在有 UV 条件下，NO 的去除率提高了 5.6%，在无 UV 条件下，NO 的去除率提高了 3.3%；但是在相同过程中，SO_2 的脱除效率降低了 1.6%。这说明该方法不仅能充分利用共存的 SO_2 去除 NO，也能同时适应 SO_2 浓度的变化以满足脱硫效率，说明该方法能够很好的实现协同脱硫脱硝。

对于 NO 的影响，随着 NO 浓度增加，无论 UV 是否存在，NO 脱除效率均明显下降，但当 UV 开启时，其抑制作用更强。而 SO_2 的去除效率始终保持不变，说明 SO_2 的脱除过程是独立的。而关于 O_2 的影响，研究发现无论 UV 是否存在，O_2 的加入均抑制了 NO 脱除，其效率分别降至 90%~91% 和 55%~56%。出现这种现象的原因可能是 O_2 加强了 SO_2 脱除，从而抑制了协同脱硝过程。进入 UV-热催化反应器的 SO_2 量越少，NO 脱除效果越差。这一推测在分析结果后得到了证实。至于 NO_2 浓度，研究结果发现 HCO_3^-、Cl^-、SO_2、NO 和 O_2 均未显著改变 NO_2 产量，其浓度范围为 $5\sim12mg/m^3$，因此，这些共存成分对 NO_2 吸收的影响是微不足道的。

10.5 脱硫脱硝反应产物中硫氮物质的分布规律

在进行反应机理推测之前，首先研究了不同条件下 SO_2 和 NO 的演化规律。图 10-6a 显示了当反应时间为 1h、3h、5h 和 3h，$6\%O_2$ 时，NH_4OH 反应废液中的 SO_3^{2-} 浓度。可以发现，当烟气只含有 SO_2、N_2 和 NO 时，只有 SO_3^{2-} 能被检测到，SO_3^{2-} 浓度在反应时间为 1h、3h 和 5h 时分别为 1.407h/L、3.857h/L 和 6.195h/L；且并没有 SO_4^{2-} 的生成。当 O_2 加入到烟气后，SO_4^{2-} 出现并且硫元素的总浓度增长了，这表明 O_2 不仅能加强 SO_3^{2-} 向 SO_4^{2-} 转化还能促进 SO_2 脱除。

图 10-6b 显示了反应时间分别为 1h、3h 和 5h 时，$(NH_4)_2SO_3$ 反应废液中的离子分布。可以发现当反应时间从 1h 增加到 5h 时，SO_4^{2-} 的浓度从 7.785g/L 略微增加到 7.643g/L 和 7.559g/L，NO_2^- 和 NO_3^- 浓度分别从 0.161g/L 和 0.041g/L 增加到 0.360g/L 和 0.426g/L 与 0.142g/L 和 0.192g/L。三种溶液中均没有 SO_3^{2-}，这表明在 1h 内所有的 SO_3^{2-} 都转化为 SO_4^{2-}。考虑到误差，三种溶液中 SO_4^{2-} 的浓度都为同一水平，这意味着 $(NH_4)_2SO_3$ 都被氧化剂和 NO_x 在 1h 内消耗殆尽。然而，NO_2^- 和 NO_3^- 的总量随着反应时间的增加而增加，这表明 NO_2、NO_2^- 和 NO_3^- 都被 $(NH_4)_2SO_4$ 溶液所吸收。结果还表明，NO_2^- 浓度远高于 NO_3^-，这意味着 NO_2 与 SO_3^{2-} 之间的氧化还原反应和 $HO\cdot$ 氧化 NO 反应是脱除 NO 的主要反应途径；NO_2 的水解反应和 NO_2^- 向 NO_3^- 的氧化反应是次要的。随后又计算了三种溶液中 NO_2^- 和 NO_3^- 之间的摩尔比，分别为 5.3、3.4 和 2.4。这表明随着时间的推移，NO_2^- 会逐渐转化为 NO_3^-，这可能是由于 NO_2^- 被残留的 H_2O_2 氧化导致的。

图 10-6c 显示了在不同操作条件下 $(NH_4)_2SO_3$ 废液中的离子分布。当我们用 NH_4OH 取代去离子水的时候，$(NH_4)_2SO_3$ 溶液中没有 NO_2^- 出现，然而 NO_3^- 和 SO_4^{2-} 离子浓度均增加到 0.394g/L 和 10.978g/L。H_2O 取代 NH_4OH 会导致更多的 SO_2 进入 UV 催化反应器，SO_2 会被氧化剂氧化然后被 $(NH_4)_2SO_3$ 吸收，最终形成 SO_4^{2-} 使得其浓度升高。但 UV 催化反应器中 SO_2 浓度的增加导致了废 $(NH_4)_2SO_3$ 溶液中 NO_2^- 的消失。这意味着 SO_2 可能会消耗 NO_2^- 或者阻碍 HNO_2^- 的形成。如 IC 结果所示，由于 NO_2^- 必然会于该系统生成，因此最可能的原因是 SO_2 还原了 NO_2^-。NO_2^- 在酸性条件下是一种较强的氧化剂，而 SO_2 是一种强还原

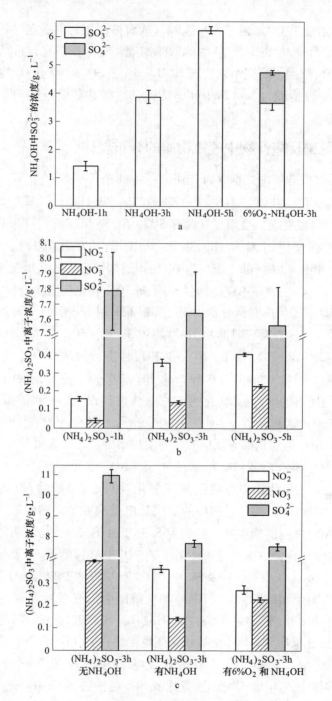

图 10-6 不同反应时间下废 NH₄OH 的 IC 分析（a）、不同反应时间下废（NH₄）₂SO₃ 的 IC 分析（b）及不同反应体系下废（NH₄）₂SO₃ 的 IC 分析（c）

剂。因此，NO_2^- 和 SO_2 之间的氧化还原反应可能导致了 NO_2^- 的消失，尤其当有 UV 的条件下 HNO_2 的分解速率是 4 倍于没有 UV 条件的分解速率。为了确定 UV 在 NO_2^- 分解中的作用，本研究进行了对照实验，发现随着时间的推移，UV 催化明显降低了 NO_2^- 的浓度。当反应系统中添加 6% 的 O_2，NO_2^- 和 NO_3^- 的摩尔比为 3.42，这比没有加入 O_2 时的 2.90 要高，表明 O_2 促进了 NO_2^- 向 NO_3^- 的转化。

10.6　自由基化学和同时脱硫脱硝反应机理

利用 ESR 手段确定了 $HO\cdot$ 的存在和产率。如图 10-7 所示，DMPO 溶液捕集的 $H_2O_2(g)$ 展示了 DMPO-OH 加合物的微弱信号。随后当 UV 加入后，DMPO-OH 加合物的信号加强。通过数值可以发现，UV-热条件下的 $HO\cdot$ 产率是只有加热条件下 $HO\cdot$ 产率的 5 倍。因此，UV-热协同催化反应在制备 $HO\cdot$ 方面具有良好效果。

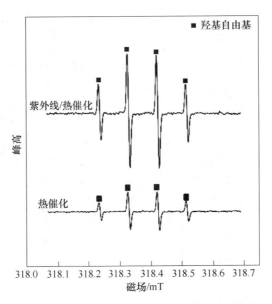

图 10-7　ESR 测试不同催化方式下的 $HO\cdot$ 产率

基于上述讨论和分析，本书提出了总体反应机理。对于脱硫而言，如图 10-6a 所示，大多数 SO_2 都会被 NH_4OH 吸收生成（NH_4）$_2SO_3$。剩余的 SO_2 和 NO 进入 UV-热催化反应器，并被 $H_2O_2/HO\cdot$ 氧化。同时，$SO_2-NO_2^-$、$NO-NO_2$、SO_2-NO_2、$HO\cdot-NO_2$ 和 $H_2O_2-NO_2$ 之间的交互反应也会发生。在气相氧化过程后，所有的产物都会被（NH_4）$_2SO_3$ 溶液吸收，最终产物为（NH_4）$_2SO_4$、NH_4NO_3 和

NH_4NO_2。但是由于 NH_4NO_2 在高温和 UV 下的不稳定性，其很容易分解为 N_2 和 H_2O，或者部分转化为 NH_4NO_3。因此，经过一段时间后，主要产物仍然为 $(NH_4)_2SO_4$ 和 NH_4NO_3 的混合物，另外根据 IC 结果，$(NH_4)_2SO_4$ 浓度远高于 NH_4NO_3。

11 热催化过氧化氢/过硫酸钠耦合钠碱双循环脱硫脱硝脱汞体系构建与优化

第 10 章已提出了一种气相氧化耦合双循环吸收的新型烟气多污染物协同控制方法，并证实了该反应体系的可行性和先进性。但所用的气相氧化反应器是一种紫外光催化耦合热力催化的双催化体系，复杂度较高，尤其是紫外光的引入势必会增加建设成本和运行维护难度。为此，项目组根据前面几章的热催化氧化体系的研究成果，拟构建一种热催化氧化耦合双循环吸收的体系，以避免使用紫外光催化。基于深入对比上述几章的脱除效率、试剂成本、二次环境问题、实用性等方面，我们选取过氧化氢/过硫酸钠为最佳的复合氧化剂组成，并探究了热催化过氧化氢/过硫酸钠耦合钠碱双循环一体化脱硫脱硝脱汞的可行性和最优操作参数。本章提出的工艺流程与第 10 章的工艺流程类似，具体工艺流程如图 11-1 所示。根据阿里巴巴中国化工网站的报价，$w(CaCO_3)$（99.5%），$w(Na_2CO_3)$（99%）、$w(Ca(OH)_2)$（99%）、$w(NaOH)$（99%）和 $w(NH_4OH)$（25%）的工业级价格分别为 600 元/t、1650 元/t、1500 元/t、3000 元/t 和 700 元/t。$w(H_2O_2)$（30%）、$w(Na_2S_2O_8)$（99.5%）和 $w(NaClO_2)$（99.5%）的中位价格分别为 1350 元/t、5200 元/t 和 10000 元/t。

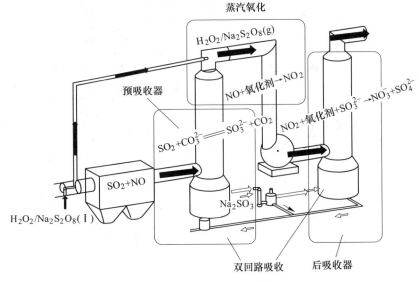

图 11-1 $H_2O_2/Na_2S_2O_8$ 热催化气相氧化耦合钠碱双循环吸收一体化脱硫脱硝系统示意图

11.1 单循环和双循环吸收工艺的脱硫性能对比

图 11-2 给出了五种单一吸收剂及其复合吸收剂在单循环和双循环吸收中对 SO_2 的脱除性能。图 11-2a 给出了单一吸收剂的脱硫结果，可以看出所有脱硫效率均高于 97.5%，其中 NH_4OH 的性能最好。对于钙基吸收剂，$CaCO_3/Ca(OH)_2$ 的复合吸收剂较单一 $CaCO_3$ 和单一 $Ca(OH)_2$ 效果更好，脱硫效率稳定在 98.8%~99.0%。与钙基吸收剂相比，钠基吸收剂的性能稍差，而且脱硫效率随 $NaOH/Na_2CO_3$ 中 $NaOH$ 比例的减少而降低。

NH_4OH，钙基以及钠基的脱硫机理是酸碱中和，但它们的脱硫效率排序是 NH_4OH>钙基>钠基，其差距是由以下原因引起的：在相同成本下，它们的摩尔浓度按降序排列：NH_4OH>钙基>钠基，所以 NH_4OH 的脱硫效率最好，其次是钙基和钠基。此外，为什么 $CaCO_3/Ca(OH)_2$ 混合较 $CaCO_3$ 和 $Ca(OH)_2$ 更好呢？这是因为 SO_2 的去除过程不仅仅取决于所选择吸收剂的浓度同时也由 pH 值所决定。由于 $CaCO_3$ 溶解度低，不能完全溶解，所以 $CaCO_3/Ca(OH)_2$ 混合后的效果更好，这样不仅有足量的 $CaCO_3$ 也会因 $Ca(OH)_2$ 加入而提高其碱度。因此 $CaCO_3/Ca(OH)_2$ 对 SO_2 的脱除效率更高。同样，这个现象在钠基实验中也被证实。综上，NH_4OH 和 $CaCO_3/Ca(OH)_2$ 在脱硫方面效果更好。但考虑到第 13 章

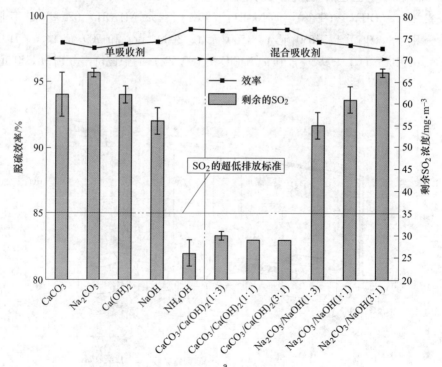

a

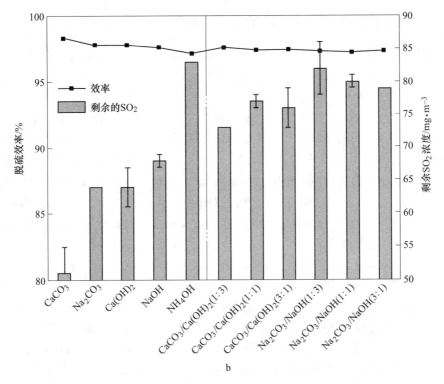

图 11-2　几种常规吸收剂用于单循环吸收和双循环吸收的脱硫性能

发现的氨水热分解的问题，以及氨水的储存和运输成本较高，钙基吸收剂似乎更加实用。另外，我们还发现了一个有趣的现象，在 $CaCO_3$ 中添加 $Ca(OH)_2$ 加速了 SO_2 的去除速率。这可以用双膜理论来解释：气液相界面传质阻力是脱硫的速度控制步骤之一，$SO_2(g) \rightarrow SO_2(l)$。加入 $Ca(OH)_2$ 可以增加液膜一侧的 OH^- 浓度，从而在液膜侧加速 SO_2 转化为 SO_3^{2-}，因此 $SO_2(g) \rightarrow SO_2(l)$ 的传质阻力降低，SO_2 的吸收速率提高。

图 11-2b 给出了双循环吸收脱硫结果，在次级吸收器中使用的吸收剂为 $CaSO_3$，Na_2SO_3 和 $(NH_4)_2SO_3$，这是用来模拟初级吸收器的脱硫产物。但令人意外的是双循环吸收系统的脱硫效率比单循环方式要差，特别是 $(NH_4)_2SO_3$。例如：利用 $NH_4OH/(NH_4)_2SO_3$ 脱硫后的 SO_2 浓度会从 $26mg/m^3$ 增加到 $83mg/m^3$，钙基吸收剂脱硫后的 SO_2 的浓度则从 $27\sim30mg/m^3$ 增加到 $73\sim77mg/m^3$，类似的现象也发生在钠基吸收剂中。产生这种现象的原因还是因为亚硫酸盐的热分解现象所致，如 $(NH_4)_2SO_3$ 分解产生 NH_3 和 SO_2。但为什么 $CaSO_3$ 和 Na_2SO_3 也会发生 SO_2 浓度增加的现象，目前还不十分清楚。上述结果表明，双循环吸收方式并不能实现 SO_2 超低排放。相反，它会增加来自亚硫酸盐分解的 SO_2 排放。

11.2　气相氧化耦合钠碱双循环吸收同时脱硫脱硝的性能

图 11-3 展示了 H_2O_2 气相氧化耦合双循环吸收法同时脱硫脱硝性能实验结果。图 11-3 柱顶部的数字是 NO 的转换效率,其中包括溶液中含氮物质(深色柱部分)和生成的 NO_2(空白柱部分)。表 11-1 总结了所用到的 11 组不同吸收剂组合的浓度组成。如图 11-3 所示,所有测试组的脱硫效率均高于 99%,最高的脱硫效率为使用钙基吸收剂的 1、2 组和使用钠基吸收剂的 11 组,均达到 100%。NH_4OH 在脱硫方面是最差的。将图 11-3 与表 11-1 结合来看,可以发现,增加 H_2O_2 浓度对 SO_2 去除起关键作用,这是由于 SO_3^{2-} 氧化生成了稳定的 SO_4^{2-},促进了 SO_2 的去除。从表 11-1 的 3~5 组和 7~10 组结果可以看出,次级吸收器的酸碱性对 SO_2 去除没有明显影响。增加初级吸收器碱度可轻微促进脱硫,这一点在9 组和 11 组比较中得到了证实。对于 NO,各组转化率均在 90% 以上。而溶液氮和 NO_2 的比例随 H_2O_2 质量浓度和吸收剂组成的变化而变化。1 组的 NO 转换率与 2 组的 NO 转换率几乎相等,但是 1 组的 NO_2 浓度高于 2 组的 NO_2 浓度。出现这种现象的原因是由于 2 组的 SO_2 浓度高于 1 组的 SO_2 浓度,而 SO_2 已被证实是吸收 NO_2 的促进剂(式(11-1)),因此 2 组的 NO 去除效果更好。同样,我们也考察了 H_2O_2 质量浓度对 NO 去除的影响。结果表明,1 组的 NO 转化率(96.7%)接近 3 组的 NO 转化率(96.3%),表明 15% 的 H_2O_2(质量分数)足以氧化 NO,所以在接下来的实验中固定 H_2O_2 的质量浓度为 15%。

$$SO_2(1) + NO_2(1) + OH^- \longrightarrow SO_4^{2-} + NO_2^- + H_2O \tag{11-1}$$

表 11-1　图 11-3 中气相氧化耦合钠碱双循环吸收各组的浓度配比

组别	预吸收器中吸收剂	H_2O_2质量浓度/%	后吸收器中吸收剂
1	$CaCO_3$(2%,质量分数)	30	$CaSO_3$(1%,质量分数)
2	$CaCO_3/Ca(OH)_2$(1.5%:0.5%,质量分数)	30	$CaSO_3$(1%,质量分数)
3	$CaCO_3$(2%,质量分数)	15	$CaSO_3$(1%,质量分数)
4	$CaCO_3$(2%,质量分数)	15	$CaSO_3/Ca(OH)_2$(0.8%:0.2%,质量分数)
5	$CaCO_3$(2%,质量分数)	15	$CaSO_3/Ca(OH)_2$(0.5%:0.5%,质量分数)
6	NH_4OH(0.4%,质量分数)	15	$(NH_4)_2SO_3$(1%,质量分数)
7	Na_2CO_3(0.8%,质量分数)	15	Na_2SO_3(1%,质量分数)
8	Na_2CO_3(0.8%,质量分数)	15	$Na_2SO_3/NaOH$(1.0%:0.2%,质量分数)
9	Na_2CO_3(0.8%,质量分数)	30	$Na_2SO_3/NaOH$(1.0%:0.2%,质量分数)
10	Na_2CO_3(0.8%,质量分数)	30	$Na_2SO_3/NaOH$(1.0%:0.2%,质量分数)
11	$Na_2CO_3/NaOH$(0.3%:0.3%,质量分数)	30	Na_2SO_3(1.0%,质量分数)

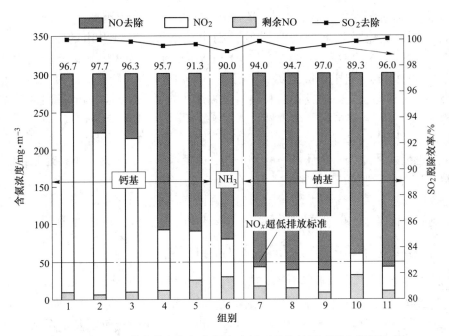

图 11-3 H_2O_2 热催化气相氧化耦合双循环吸收的同时脱硫脱硝性能

从 1~3 组的测试结果中可以看出，NO_2 浓度过高是脱硝需要解决的关键问题，因此，如何利用次级吸收器提高 NO_2 吸收是关键。为此，我们决定利用 $Ca(OH)_2$ 对 $CaSO_3$ 进行改性，以促进 NO_2 的吸收。对比 3 组和 4 组实验结果，可以发现加入 $Ca(OH)_2$ 可降低 NO_2 浓度，并且 NO 浓度没有显著增加。但在 5 组结果中，进一步加入 $Ca(OH)_2$ 反而增加了 NO 浓度。这可能是因为过多的 OH^- 加速了 NO_2 的水解产生 NO（式（11-2））。对比式（11-2）和式（11-3），可以发现通过式（11-2）去除 NO_2 更加容易。因此，除了要保证 NO 氧化外，还需要适当控制次级吸收塔内的 OH^- 浓度，以保证高效的脱硝。

$$NO_2 + H_2O \longrightarrow NO_3^- + NO(g) + H^+ \tag{11-2}$$

$$NO_2 + NO + H_2O \longrightarrow NO_2^- + H^+ \tag{11-3}$$

$(NH_4)_2SO_3$ 也是 NO_2 很好的吸收剂，因此，我们研究了 NH_4OH 和 $(NH_4)_2SO_3$ 双循环的脱硫脱硝性能。如 6 组结果所示，当使用 NH_4OH 和 $(NH_4)_2SO_3$ 作为吸收剂时，SO_2 的去除率和 NO 的转化率相比钙基吸收剂均有所下降。但是，NO_2 浓度出现了降低，这表明 $(NH_4)_2SO_3$ 更有利于吸收 NO_2。其原因为在相同的质量浓度下 $(NH_4)_2SO_3$ 的摩尔浓度更高，并且 $(NH_4)_2SO_3$ 的溶解度高于 $CaSO_3$ 和 $Ca(OH)_2$，因此，溶液会有更多的亚硫酸根离子，所以 NO_2 的吸收率有所增加。但是如图 11-3 所示，利用 $(NH_4)_2SO_3$ 作为次级吸收剂的不利之处就是 NO 排放浓度较高。

如第 9 章所证实的，Na_2SO_3 也是 NO_2 的高效吸收剂。因此，图 11-3 给出了 Na_2SO_3 作为次级吸收剂的同时脱硫脱硝实验结果。7 组采用的是 Na_2CO_3 和 Na_2SO_3，其 NO 转化率达到 94.0%，NO 和 NO_2 的总量为 $37mg/m^3$。相同的结果在 8 组，9 组和 11 组中也被证实。很明显，钠基吸收剂在脱硝中的表现最好。那为什么钠基吸收剂比钙基吸收剂和氨基吸收剂性能更好呢？这可能是因为钠基吸收剂较钙基吸收剂有更好的溶解性，同时 Na_2SO_3 的可溶性离子比 $(NH_4)_2SO_3$ 更容易解离。因此 Na_2SO_3 中的亚硫酸根离子能够得到更好的利用。在图 11-3 和表 11-1 中也能发现加入 NaOH 和 Na_2SO_3 会进一步增加 NO 的转化率，这也是因为加入 OH^- 会推动脱硝反应向右进行。综合 8~10 组的实验结果，15% 的 H_2O_2 似乎是合适的选择。对于双循环吸收剂的选择而言，从去除效率、经济性和二次环境影响等方面考虑，0.8% 的 Na_2CO_3 和 1% 的 Na_2SO_3 是更为明智的选择。

11.3　不同复合氧化剂对同时脱硫脱硝的影响

图 11-4 给出了各种基于 H_2O_2 复合氧化剂的同时脱硫脱硝结果，各复合氧化剂的组成情况如表 11-2 所示。柱状图顶端的数字是 NO 的转化率。如 1~3 组结果所示，增加 H_2O_2 质量浓度提高了 NO 的转化率，而脱硫效率基本保持在 99% 左右。当向在 H_2O_2 中加入 $NaClO_2$ 和 $Na_2S_2O_8$ 后，NO 转化率进一步提高。当增加 $NaClO_2$ 比例后，NO 转化率出现了先增加后降低的变化趋势，如 7 组和 4 组实验结果，这表明适当的 $NaClO_2$ 剂量对保证 NO 的高转化率很重要。当混合 ClO_2^- 和 H_2O_2 后会产生 ClO_2 和 HO_2^-（式（11-4）），二者对 NO 氧化十分关键。但随着 ClO_2^- 剂量的进一步增加，$H_2O_2/NaClO_2$ 的碱度会大幅上升，由此而引发严重的 HO_2^- 自分解现象（式（11-5））。

$$H_2O + ClO_2^- + H_2O \longrightarrow ClO_2 + Cl^- + HO^- + HO_2^- \tag{11-4}$$

$$HO_2^- \longrightarrow O_2 + OH^- \tag{11-5}$$

同样，$H_2O_2/Na_2S_2O_8$ 在去除 NO 方面也表现出良好的性能，且脱硝效果也取决于 $Na_2S_2O_8$ 与 H_2O_2 的质量浓度比。当比例在 $(0.1~1):12.5$（质量比）范围时，促进效果明显；但当 $Na_2S_2O_8$ 比例进一步增加到 8%（质量分数）时，抑制效果出现，SO_2 和 NO 的去除效率均下降。因此，从 NO 的脱除效率和经济性的角度来看，$H_2O_2/Na_2S_2O_8$ 的最适浓度比为 12.5%：0.3%（质量比）。与 $NaClO_2$ 相比，$Na_2S_2O_8$ 的副产物绿色环保、对环境无害，因此 $H_2O_2/Na_2S_2O_8$ 更适合用于实际工况下。$Na_2S_2O_8$ 对 H_2O_2 的促进机理是因为在热催化过程中产生了 SO_4^-，HO^- 和 HSO_5^- 等高活性氧化物质（式（11-6）和式（11-7））。但若加入过量的 $Na_2S_2O_8$ 会在反应器底部形成钠盐沉积，抑制 $H_2O_2/Na_2S_2O_8$ 蒸发。因此 $H_2O_2/Na_2S_2O_8$ 的质量浓度比例应该控制在低于 12.5%：1%。

$$S_2O_8^{2-} \longrightarrow SO_4^- \tag{11-6}$$

$$SO_4^- + H_2O_2 \longrightarrow HO^- + HSO_5^- \tag{11-7}$$

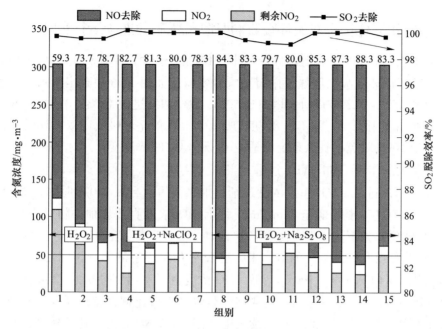

图 11-4 基于 H_2O_2 的复合氧化剂同时脱硫脱硝性能

表 11-2 图 11-4 中各组 H_2O_2 基复合氧化剂的配比与浓度组成

组别	复合氧化物的组成
1	H_2O_2(5%,质量分数)
2	H_2O_2(10%,质量分数)
3	H_2O_2(15%,质量分数)
4	$H_2O_2/NaClO_2$(12.5%∶1%,质量分数)
5	$H_2O_2/NaClO_2$(10%∶2%,质量分数)
6	$H_2O_2/NaClO_2$(7.5%∶3%,质量分数)
7	$H_2O_2/NaClO_2$(5%∶4%,质量分数)
8	$H_2O_2/Na_2S_2O_8$(12.5%∶2%,质量分数)
9	$H_2O_2/Na_2S_2O_8$(10%∶4%,质量分数)
10	$H_2O_2/Na_2S_2O_8$(7.5%∶6%,质量分数)
11	$H_2O_2/Na_2S_2O_8$(5%∶8%,质量分数)
12	$H_2O_2/Na_2S_2O_8$(12.5%∶1%,质量分数)
13	$H_2O_2/Na_2S_2O_8$(12.5%∶0.5%,质量分数)
14	$H_2O_2/Na_2S_2O_8$(12.5%∶0.3%,质量分数)
15	$H_2O_2/Na_2S_2O_8$(12.5%∶0.1%,质量分数)

11.4　气相氧化耦合双循环吸收同时脱硫脱硝的连续运行实验

为了确定每个环节在脱硫和脱硝中的作用，进行了 $H_2O_2/Na_2S_2O_8$ 气相氧化耦合钠碱双循环吸收的脱硫脱硝瞬态响应实验。如图 11-5 嵌入图所示，在单循环吸收模式下，随着反应时间增加到 500s，SO_2 浓度迅速下降到 0，此后 SO_2 浓度恒定在 0。因此，以 Na_2CO_3 为初级吸收剂，在单循环吸收或双循环吸收模式均可实现 100% 脱硫，且该系统能适应 O_2 和 CO_2 的浓度变化。对于脱硝，H_2O_2 表现出很大的作用。如图 11-5 所示，当加入 H_2O_2 后，NO 浓度从 325mg/m³ 下降到 48mg/m³，同时，NO_2 生成浓度逐渐增加。其后，当在 2500s 时加入 $Na_2S_2O_8$ 后，NO 浓度进一步降低至 24mg/m³，同时 NO_2 浓度直线增加。随后当加入 O_2 后，NO 浓度略微下降。但是随着 CO_2 的加入，NO 浓度轻微增加。当 CO_2 撤去后，NO 浓度没有回到最初的低水平，这表明 CO_2 产生的抑制作用是不可逆的。同样，当停止加入 $H_2O_2/Na_2S_2O_8$ 后，NO 浓度也无法回到最初的 325mg/m³，仅仅为 195mg/m³，这可能是因为在热催化装置中有氧化剂残留，并且在次级吸收器中也有氧化剂残留，从而可以继续氧化 NO 和吸收 NO_x。此外还发现，O_2 和 CO_2 的组合对 NO 去除没有明显影响，说明 O_2 的促进作用和 CO_2 的抑制作用可相互抵消。事实上，O_2 的存在有利于同时吸收 NO 和 NO_2，CO_2 的水解作用会增加 H^+ 浓度而导致 NO_2^- 分解产生 NO，但是 CO_2 的抑制作用可以被加入的 O_2 部分抵消。

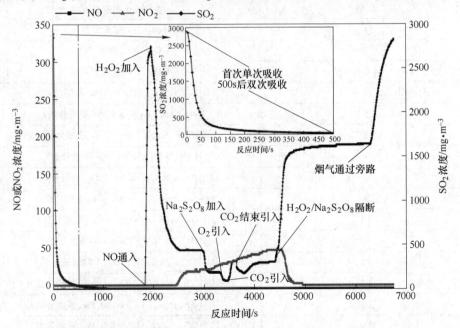

图 11-5　$H_2O_2/Na_2S_2O_8$ 热催化气相氧化耦合钠碱双循环吸收同时脱硫脱硝瞬态响应实验

最后采用 Na_2CO_3 脱硫后的废液进行完整的脱硝实验。如图 11-6 I 所示，相比于新鲜的 Na_2CO_3，Na_2CO_3 脱硫废液在脱硝方面表现出良好的性能，并维持 NO_2 浓度处于低水平。此外，当将 Na_2CO_3 的脱硫反应时间从 2h 增加到 8h 时，NO 转化率和 NO_2 浓度没有明显变化，NO 的转化率稳定在 89%~91%，NO_2 浓度则保持在 $26\sim28mg/m^3$。结果表明，Na_2CO_3 脱硫废液可作为次级吸收剂用于脱除 NO_x。最后，我们利用新鲜 Na_2CO_3 和 Na_2CO_3 脱硫废液作为初级吸收剂和次级吸收剂，并配合 $H_2O_2/Na_2S_2O_8$ 气相氧化进行了一体化脱硫脱硝实验。从图 11-6 II 中可以看出，当加入 SO_2 后，NO 的转化率提高了，当 SO_2 浓度为 $1000mg/m^3$ 时，NO 转化率最高达到 95.3%；但若继续增加 SO_2 浓度，便会抑制 NO 的转化，这是

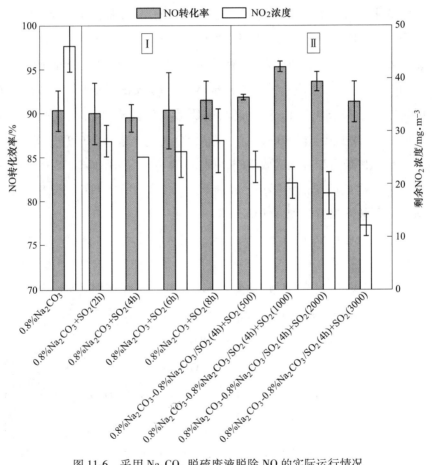

图 11-6 采用 Na_2CO_3 脱硫废液脱除 NO 的实际运行情况

I —Na_2CO_3 脱硫废液作为次级吸收剂脱硝；II —新鲜 Na_2CO_3 溶液与 Na_2CO_3
脱硫废液构成双循环吸收体系的脱硝性能

因为 SO_2 和 NO 对氧化剂的竞争所致。而当 SO_2 浓度从 500mg/m³ 增加到 3000mg/m³时，NO_2 浓度有所降低，这是因为 NO_2 和 SO_2 之间发生了氧化还原反应，提高了 NO_2 吸收效率。因此，SO_2 的存在对去除 NO_2 是有益的。

11.5　$H_2O_2/Na_2S_2O_8$ 复合氧化剂特性对同时脱硫脱硝的影响

根据前面几章的研究成果可知，适合脱硝的反应条件也极有可能适合脱汞，因此我们首先研究了 $H_2O_2/Na_2S_2O_8$ 的特性参数和双循环吸收参数对脱硫脱硝的影响，然后在确定的最佳条件下测试协同脱汞能力。如图 11-7a 所示，在没有次级 Na_2SO_3 的情况下，当 $H_2O_2/Na_2S_2O_8$ 的热催化温度从 80℃ 升高到 180℃ 时，SO_2 去除效率提高了 2%，NO 转化率（从 80~120℃）先提高了 21%而后又微降了 7%（从 120~180℃）。NO 转化率增加的原因是由于 $H_2O_2/Na_2S_2O_8$ 热催化产生了 $HO^·$ 和 $SO_4^{-·}$。NO_2 浓度也随着 NO 转化率的增加而增加，这说明自由基氧化 NO 不仅产生了 NO_3^-，还产生了大量 NO_2。然后我们使用 Na_2CO_3 脱硫废液（主要成分为 Na_2SO_3）作为吸收剂来吸收 NO_2。当在次级吸收塔中添加 Na_2SO_3 时，NO_2 浓度降至约 20mg/m³，同时 NO 转化率也从 72%升至 93%，这说明 Na_2CO_3 脱硫废液可以高效吸收 NO_2。图 11-7b 显示了 $H_2O_2/Na_2S_2O_8$ 复合氧化剂的 pH 值对同时脱硫脱硝的影响。在所有 pH 值条件下，SO_2 去除率均稳定在 98%~99%；而碱性条件（如 pH 值为 8~9）明显抑制了 NO 转化。众所周知，H_2O_2 的碱化会加速 H_2O_2 的分解产氧（式（11-8）到式（11-9）），因此，pH 值升高对 H_2O_2 的存在不利。至于 $S_2O_8^{2-}$，酸性条件有利于产生 $HO^·$ 和 HSO_5^-（式（11-10）到式（11-13）），因此酸性 pH 范围更有利于去除 NO。此外，还观察到另一个有趣的现象：当 pH 值从 2 升至 7 时，NO_2 浓度从 22mg/m³ 降低到 13mg/m³，说明弱酸性或中性条件对吸收 NO_2 是有利的。

$$H_2O_2 + HO_2^- \longrightarrow H_2O + OH^- + O_2 \tag{11-8}$$

$$H_2O_2 + O_2^- \longrightarrow HO_2^- + H_2O_2 \longrightarrow H_2O + OH^- + O_2 \tag{11-9}$$

$$S_2O_8^{2-} \longrightarrow SO_4^{-·} \tag{11-10}$$

$$SO_4^{-·} + H_2O_2 \longrightarrow HSO_5^- + HO^· \tag{11-11}$$

$$HO^· + S_2O_8^{2-} \longrightarrow SO_4^{-·} + HSO_5^- \tag{11-12}$$

$$HSO_5^- + Heat \longrightarrow SO_4^{-·} + HO^· \tag{11-13}$$

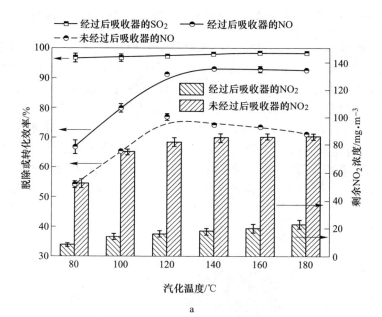

a

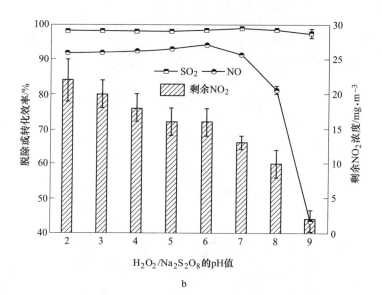

b

图 11-7 H₂O₂/Na₂S₂O₈ 理化特性对同时脱硫脱硝的影响

a—热催化温度的影响；b—H₂O₂/Na₂S₂O₈ 的 pH 值的影响

（烟气流量 2.6L/min；H₂O₂/Na₂S₂O₈ 的 pH 值为 4；热催化温度 120℃；

H₂O₂/Na₂S₂O₈ 的加入速率为 200μL/min；双循环吸收区的 pH 值分别为 10 和 8；

双循环吸收区的温度分别为 60℃和 60℃；SO₂ 浓度为 3000mg/m³；NO 浓度为 300mg/m³）

11.6　双循环吸收区的 pH 值和温度对同时脱硫脱硝的影响

　　双循环吸收液的 pH 值和温度是影响整个吸收反应的两个关键因素，因此应研究双吸收区 pH 值和温度对脱硫脱硝的影响。图 11-8a 给出了双吸收区 pH 值对脱硫的协同影响：总体来说，在所有 pH 值条件下脱硫效率稳定在 98.9% 以上，其中初级吸收区的 pH 值主要影响脱硫过程。图 11-8b 描述了双吸收区 pH 值对脱硝的影响。可以看出，次级吸收区的 pH 值主要影响脱硝过程：当 pH 值从 7.5 升至 8.5 时，脱硝效率显著增加。当初级吸收区和次级吸收区的 pH 值分别为 10 和 8 时，NO 转化效率达到 91.2%。从图 11-8c 中还可以看出，次级吸收区的 pH 值升高也可降低 NO_2 浓度，说明次级吸收区为碱性时有利于 NO_2 吸收（式（11-14）到式（11-16））。当次级吸收区的 pH 值超过 7 时，在大多数条件下，NO_2 浓度可以控制在 $18mg/m^3$ 以下。

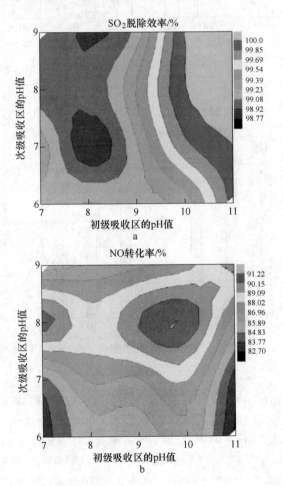

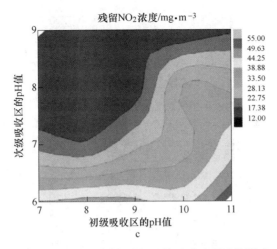

图 11-8 双循环吸收区的 pH 值对脱硫脱硝的影响

a—SO₂ 去除；b—不清除；c—NO₂ 排放

（烟气流量为 2.6L/min，$H_2O_2/Na_2S_2O_8$ 的 pH 值为 6，$H_2O_2/Na_2S_2O_8$

的汽化温度为 120℃，$H_2O_2/Na_2S_2O_8$ 的添加速率为 200μL/min，

双吸收塔温度为 60/60℃；SO_2 浓度为 3000mg/m³，

NO 浓度为 300mg/m³）

$$NO_2 + H_2O \longrightarrow NO_3^- + NO(g) + H^+ \qquad (11\text{-}14)$$

$$H_2O + NO_2 + SO_3^{2-} \longrightarrow NO_2^- + SO_4^{2-} + H^+ \qquad (11\text{-}15)$$

$$NO_2 + NO + H_2O \longrightarrow NO_2^- + H^+ \qquad (11\text{-}16)$$

同时也研究了双吸收区温度对同时脱硫脱硝的影响。如图 11-9a 所示，脱硫过程主要受初级吸收区温度控制，两级吸收区的最佳温度条件分别为 55℃ 和 50℃，接近于当前 WFGD 系统的工作温度条件。双吸收区温度条件对 NO 转化率的影响如图 11-9b 所示。双吸收区的理想温度范围均为 50~65℃，最佳温度为 60℃ 和 60℃，此时的 NO 转换率为 91%。显然，NO 转化的最佳温度（60/60℃）与脱硫的最佳温度（50/50℃）不同，说明烟气中残留适量的 SO_2 对 NO 脱除是有利的。较高温度有利于脱硝的原因可能是因为高温促进了 $S_2O_8^{2-}$ 生成 SO_4^-。但温度过高（如 70℃）又会影响总体脱硝效率，因为气-液相间的传质阻力会随着温度快速增加。图 11-9c 显示了双吸收区温度对 NO_2 排放浓度的影响。可以看出，NO_2 浓度分布与 NO 转化率分布相似，说明 NO 转化率越高，NO_2 产率也越高，但总体而言，由于次级吸收区的存在，可以使 NO_2 浓度保持在 14mg/m³ 以下。

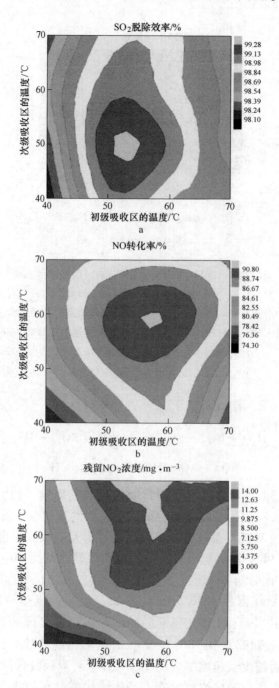

图 11-9　双循环吸收区的温度对脱硫脱硝的影响

a—SO$_2$ 去除；b—不清除；c—NO$_2$ 排放

（烟气流量为 2.6L/min，H$_2$O$_2$/Na$_2$S$_2$O$_8$ 的 pH 值为 6，H$_2$O$_2$/Na$_2$S$_2$O$_8$ 的汽化温度为 120℃，H$_2$O$_2$/Na$_2$S$_2$O$_8$ 的添加速率为 200μL/min，双吸收塔温度为 60/60℃，双吸收塔 pH 值为 10/8，SO$_2$ 浓度为 3000mg/m^3，NO 浓度为 300mg/m^3）

11.7 共存气体对同时脱硫脱硝的影响及协同脱汞特性研究

如前几章所述，实际烟气组分及浓度会随煤种和燃烧条件而变化，因此还需要评估 SO_2 和 NO 浓度变化对脱硫脱硝的影响。如图 11-10a 所示，当 SO_2 浓度从 $1000mg/m^3$ 增至 $3000mg/m^3$，SO_2 去除率、NO 转化率和 NO_2 排放浓度均提高了。增加 SO_2 浓度可以增加 SO_2 气相分压和传质驱动力，从而提高 SO_2 去除率。同时，SO_2 浓度增加也促进了 NO 氧化，这可能是由于一些新自由基的产生。据报道，$HSO_5^-/SO_4^{-\cdot}$ 可与 SO_3^{2-} 反应（式（11-17）到式（11-19））生成 $SO_4^{-\cdot}$ 和 $SO_3^{-\cdot}$。尽管 $SO_3^{-\cdot}$ 的氧化电位低于 $SO_4^{-\cdot}$ 和 $HO^\cdot$，但 $SO_3^{-\cdot}$ 的寿命和选择性优于 $HO^\cdot$，因此 NO 氧化过程被强化了。但加入过量 SO_2 亦会消耗 $HSO_5^-/SO_4^{-\cdot}$（HSO_5^- 与 SO_3^{2-} 之间的反应速率常数小于 $SO_4^{-\cdot}$ 与 SO_3^{2-} 之间的反应速率常数），因此 NO 氧化也会被抑制。至于 NO 的影响，增加 NO 浓度会略微促进 SO_2 去除，但却会显著抑制 NO 转化，并增加 NO_2 产生。SO_2 去除的增加是由于 NO_2 浓度提高会强化与 SO_2 之间的氧化还原反应。NO 转化率的降低是由于氧化剂与 NO 的

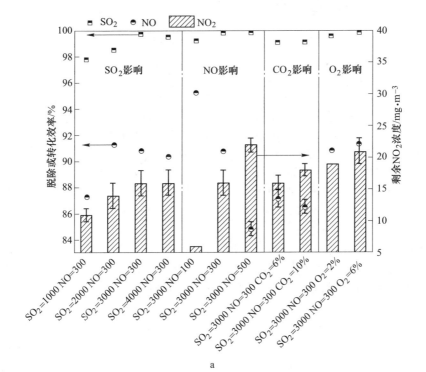

a

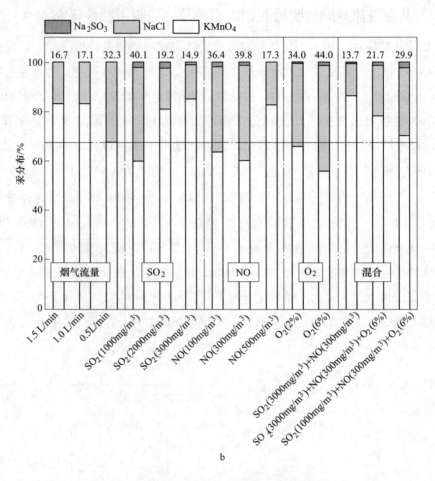

b

图 11-10　烟气共存气体对脱硫脱硝脱汞的影响

a—脱硫脱硝；b—协同脱汞及汞浓度分布

（烟气流量为 2.6L/min，$H_2O_2/Na_2S_2O_8$ 的 pH 值为 6，$H_2O_2/Na_2S_2O_8$ 的汽化温度为 120℃，

$H_2O_2/Na_2S_2O_8$ 的添加速率为 200μL/min，双吸收塔温度为 60/60℃，双吸收塔 pH 值为 10/8，

SO_2 浓度为 3000mg/m³，NO 浓度为 300mg/m³）

摩尔比降低所致。CO_2 是一种酸性气体，可以发现，引入 CO_2 也抑制 SO_2 去除和 NO 转化。我们还研究了 O_2 的作用：当加入 2% 和 6% 的 O_2 后，脱硫脱硝效率无明显变化，因此在强氧化气氛下 O_2 作用可忽略不计。

$$SO_2 + H_2O \longrightarrow SO_3^{2-} + 2H^+ \tag{11-17}$$

$$HSO_5^- + SO_3^{2-} + Heat \longrightarrow SO_4^{-\cdot} + SO_4^{2-} + H^+ \tag{11-18}$$

$$SO_4^{-\cdot} + SO_3^{2-} \longrightarrow SO_4^{2-} + SO_3^{-\cdot} \tag{11-19}$$

随后，在确定的最佳反应条件下进行了协同脱汞实验。由于烟气停留时间太短（对于 1.5L/min 的烟气流速，其停留时间小于 1s），无法对 Hg^0 进行高效去除，因此首先研究了烟气停留时间对 Hg^0 去除的影响。如图 11-10b 所示，降低烟气流速有利于 Hg^0 去除，说明增加反应时间可以增强 Hg^0 氧化，因此我们以 0.5L/min 的烟气流速进行了在不同气氛条件下的协同脱汞实验。在图 11-10b 中，柱形图顶部的数字是 Hg^{2+} 的比例，即在 Na_2SO_3 和 NaCl 中 Hg^{2+} 比例之和。可以看出，Hg^{2+} 比例在所有情况下都不高，且 Na_2SO_3 中的 Hg^{2+} 比例更低，这主要是由于 SO_3^{2-} 还原了 Hg^{2+}（式（11-20））。SO_2 和 NO 对 Hg^0 氧化的影响取决于其浓度：低浓度的 $SO_2(1000mg/m^3)$ 和 $NO(100mg/m^3$ 和 $300mg/m^3)$ 有利于 Hg^0 氧化，但是高浓度的 $SO_2(2000\sim3000mg/m^3)$ 和 $NO(500mg/m^3)$ 会抑制 Hg^0 氧化。SO_2 和 NO 的促进作用是由于 SO_4^- 和 NO_2 引起的；其抑制作用则是由于 SO_3^- 对 SO_4^- 的消耗以及 NO 和 Hg^0 对自由基的竞争。O_2 的存在轻微提高了 Hg^0 氧化，但其作用更倾向于是通过延迟反应式（11-20）来稳定 Hg^{2+}，而不是直接促进 Hg^0 氧化，因为根据对照实验结果可以发现 O_2 直接氧化 Hg^0 的过程可以忽略不计。

$$SO_3^{2-} + Hg^{2+} \Longrightarrow Hg^{II}S^{IV}O_3 \longrightarrow Hg^0S^{VI}O_3 \longrightarrow SO_4^{2-} + Hg^0 \qquad (11-20)$$

从以上结果可以发现，利用 NaCl 吸收 Hg^{2+} 并不可行，会导致 Hg^{2+} 大量释放，因此我们筛选了一种有效的 Hg^{2+} 沉淀剂（有机硫化合物，称为三硫醇三嗪三钠盐，缩写为 TMT-15）来代替 $KMnO_4$ 以增强 Hg^{2+} 去除。如图 11-11 所示，当使用 TMT-15 后，Hg^0 去除率升至 100%；当 TMT-15 的剂量从 0.5 增加到 4.0（化学计量比）时，TMT-15 中 Hg^{2+} 的比例从 38% 增加到 92%。

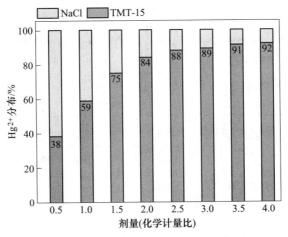

图 11-11　利用 TMT-15 增强 Hg^{2+} 脱除

11.8 自由基化学，产物测试分析和反应机理

图 11-12 显示了热催化 H_2O_2 和热催化 H_2O_2-$Na_2S_2O_8$ 的 ESR 光谱。在图 11-12a 中，由于出现了 DMPO-OH 加合物信号，说明生成 $HO\cdot$；而在图 11-12b 中，由于 DMPO-OH 和 DMPO-SO$_4$ 两种加合物信号的出现，也说明了 $HO\cdot$ 和 SO_4^- 的生成。上述结果表明，热催化 H_2O_2-$Na_2S_2O_8$ 的确可以产生大量的 $HO\cdot$ 和 SO_4^-。

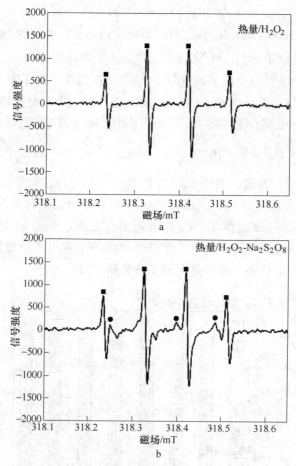

图 11-12 热催化 H_2O_2 的 ESR 谱图（a）和热催化 H_2O_2/$Na_2S_2O_8$ 的 ESR 谱图（b）

■—DMPO-OH 加合物信号；●—DMPO-SO$_4$ 加合物信号

本方法中的大部分 SO_2 被初级吸收区中的 Na_2CO_3 吸收脱除，并副产了 Na_2SO_3，而 NO 和 NO_2 等含 N 化合物则被次级收塔区中的 Na_2CO_3 脱硫液吸收脱

除，并副产 NaNO₂ 和 NaNO₃ 两种含氮产物，因此我们通过 IC 测试了次级吸收区中的 N 元素浓度分布，阐明了 NO_2^- 和 NO_3^- 的转化和分布情况。如图 11-13 所示，NO_2^- 的浓度在最初的 4h 内呈线性增加，而在随后时间内保持恒定。在最初 1h 内，NO_3^- 浓度与 NO_2^- 浓度相当，然后 NO_3^- 浓度缓慢增加。因此，NO_2^- 生成量大于 NO_3^- 生成量，表明 NO 和 NO₂ 的共吸收以及 SO_3^{2-} 还原 NO₂ 是主要的脱硝反应路径。NO₂ 水解产生 NO_3^- 和 NO_2^- 进一步氧化为 NO_3^- 的两种反应路径并不突出，这可能是因为次级吸收区处于还原气氛下所致。此外，还可以发现，pH 值变化也与 NO_2^- 和 NO_3^- 的产生有关：在最初 4h 内，pH 值呈线性下降，这可能是与 NO₂ 快速吸收有关。1h 后 NO_2^- 和 NO_3^- 的产率差异是 SO_3^{2-} 还原 NO₂ 的结果，这是主导反应。尽管 NO_2^- 是一种有毒离子，但只要与大气中的 O₂ 接触，就很容易被氧化为 NO_3^-。因此，我们可以参考 WFGD 系统中的强制氧化方法，利用强制氧化风机将浆液中的 NO_2^- 氧化为 NO_3^-。

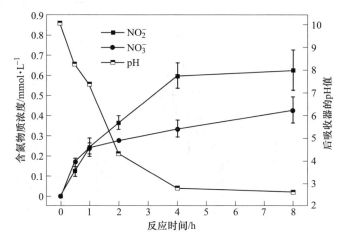

图 11-13   长周期运行条件下的 NO 演化情况

为了坚定脱除产物中的汞形态，我们通过 XPS 分析了 Na₂SO₃ 废液和 NaCl 废液中的汞形式。图 11-14a 显示了 Na₂SO₃ 废液中的 Hg 4f 谱图，可以发现，没有出现明显的汞特征峰，说明汞含量太少。但在 96~98eV 处观察到一个很小的峰，可以将其分配给 Hg⁰（NIST XPS 数据库），证实了 SO_3^{2-} 将 Hg²⁺ 还原为 Hg⁰。图 11-14b 显示了 NaCl 废液中的 Hg 4f 谱图：仅在 102.8eV 处出现一个峰，其可归因于 HgCl₂，这是由于 SO_4^- 和 HO· 氧化 Hg⁰ 所致。因此，NaCl 废液中 Hg²⁺ 的稳定存在形式主要是 HgCl₂。

图 11-15 给出了新鲜和反应后 Na₂CO₃ 和 Na₂SO₃ 的 EDS 表征结果。通过对比图 11-15a 和 c，可以发现 S 的特征峰出现。C 原子比例从 24.16% 降至 10.58%，

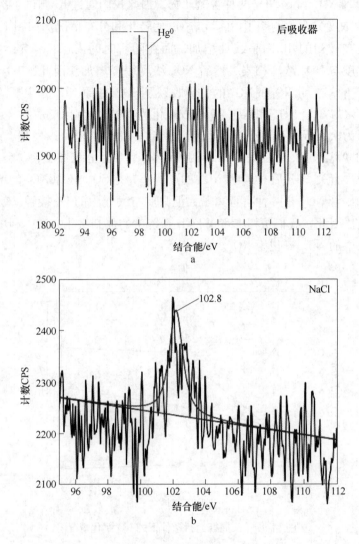

图 11-14 次级吸收器中的 Na_2SO_3 废液（a）和
NaCl 废液（b）中的 Hg 4f XPS 谱图

而 O 和 Na 的浓度增加了，这说明 SO_2 和 Na_2CO_3 的反应导致 CO_2 排放。对比图 11-15b 和 d，可以发现 C 和 S 的比例均下降了，但是 O 和 Na 的比例升高了。很明显，当反应体系引入了 NO、O_2、CO_2 和 $H_2O_2/Na_2S_2O_8$ 后，导致更多的氧化物生成。

为了证实 EDS 结果，我们同样对脱硫脱硝产物进行了 XPS 分析，以确定所生成物质的 S、N 元素形态。图 11-16 显示了在 NO、O_2、CO_2 氛围下 $H_2O_2/$

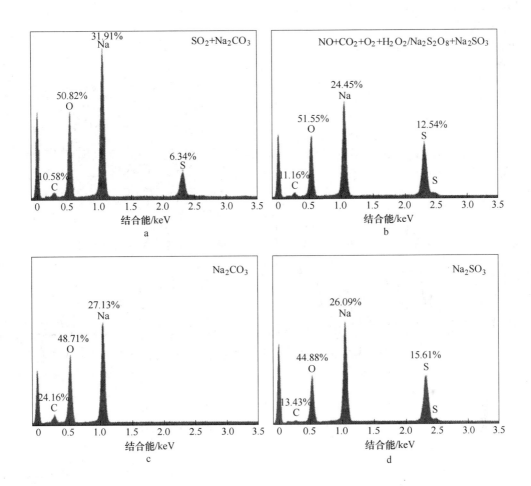

图 11-15 不同反应条件下新鲜和使用过的吸收剂的 EDS 表征结果

$Na_2S_2O_8$ 气相氧化耦合 Na_2SO_3 吸收的脱硫脱硝产物的 XPS 表征结果。图 11-16a 展示了 C 1s 光谱，它被分解成一个单独的结合能峰，285.0eV，归因于 CO_3^{2-}。如图 11-16b 所示，O 1s 的光电子峰出现在结合能 532.0eV 处，可分解为 531.5eV、532.0eV 和 532.6eV 三个单独峰，对应于不同的含氧物种，其中 531.5eV 的为 CO_3^{2-}；532.0eV 的为 SO_4^{2-}；532.6eV 的为 NO_3^-。如图 11-16c 所示，N 1s 的光谱可以分解为三个峰，分别为 400.2eV、402.1eV 和 407.6eV，其中第一个和最后一个峰归因于 NO_3^- 的形成。图 11-16d 给出了 S 2p 的光谱，168.8eV、169.4eV 和 167.0eV 三个峰均是由 SO_4^{2-} 生成的，没有出现亚硫酸盐的对应光谱。

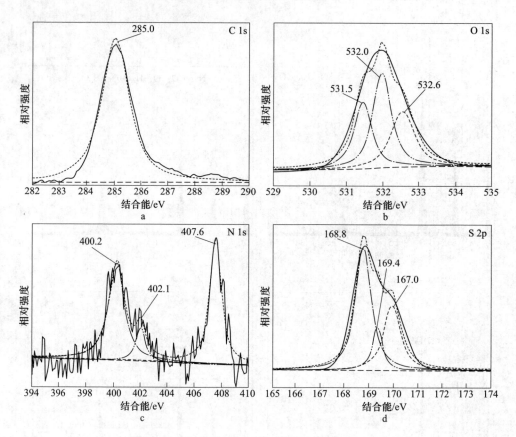

图 11-16 在 NO、O_2、CO_2 氛围下 $H_2O_2/Na_2S_2O_8$
气相氧化耦合 Na_2SO_3 吸收的脱硫脱硝产物的 XPS 表征结果

12 亚氯酸钠耦合亚硫酸钠三区调控脱硫脱硝体系构建与优化

第9章已经证明亚氯酸钠和腐殖酸钠双区调控可实现高效同时脱硫脱硝脱汞的目标且效率稳定，且能满足 SO_2 和 NO 的超低排放标准。并且当将亚氯酸钠和腐植酸钠分开使用后（即进行双区调控），二者的使用剂量大幅减少，运行成本也大大降低，但是脱硫脱硝效率也可以达到很高水平，是一种非常有前途的烟气净化方法。但在第9章的分析中已有发现 ClO_2 将会随着脱硫反应的进行从亚氯酸钠溶液中逃逸到下游设备中，不仅造成设备腐蚀也容易影响氧化效率。但研究也证实 ClO_2 具有较好的水溶性，因此为了减少 ClO_2 逃逸量、提高含氯氧化剂利用率和进一步强化 NO 氧化过程，于本章提出了一种新型三区调控脱硫脱硝反应体系，并对其中的反应参数优化和反应机理进行了研究。具体研究过程详见下文。

三区反应系统的工艺流程图如图 12-1 所示，具体包括：第一区是低浓度亚氯酸钠溶液区；第二区是工艺水区；第三区是亚硫酸钠溶液吸收区。第一区发生初级脱硫脱硝反应，并副产 ClO_2 气体；第二区是利用工艺水对第一级逃逸出来的 ClO_2 气体进行捕集和储存，并同时发生 ClO_2 溶液强化 NO 氧化过程；第三区是对模拟烟气中残留的 SO_2、NO_x 和含氯物质进行高效吸收以完成一体化脱硫脱硝的目的，亚氯酸钠耦合亚硫酸钠三区调控脱硫脱硝实验流程图。

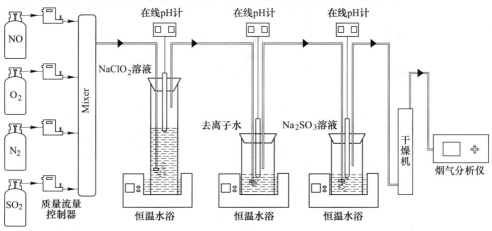

图 12-1 亚氯酸钠耦合亚硫酸钠三区调控脱硫脱硝实验流程图

12.1　亚氯酸钠浓度和亚硫酸钠浓度对同时脱硫脱硝的影响

图 12-2 揭示了第一区 $NaClO_2$ 浓度和第三区 Na_2SO_3 浓度单一变量条件下对同时脱除 SO_2 和 NO 的影响。首先，固定 Na_2SO_3 浓度为 80mmol/L，调整 $NaClO_2$ 浓度从 0.45mmol/L 增加到 4.5mmol/L，可以发现 SO_2 脱除效率从 95.8% 升至 98.2%，NO 脱除效率从 58.8% 升至 100%。在该项工作中，仅使用 0.9mmol/L $NaClO_2$ 就可以去除 94.5%的 NO，与我们前几章研究工作相比，通过使用双区调控系统（即没有去离子水层）的时候，需要使用 3.3mmol/L 的 $NaClO_2$ 才能去除 94.5%的 NO。因此，插入一层第二区即工艺水层，便可以更加充分地利用 $NaClO_2$ 从而进一步降低 $NaClO_2$ 使用剂量，即通过烟气中残留 ClO_2 来实现 NO 氧化，这不仅有利于强化 NO 氧化，也同时抑制了 ClO_2 向大气中释放。通过计算，确证了本研究使用的 $NaClO_2$ 剂量和相应的运行成本降低了 72.7%。随后，我们将 $NaClO_2$ 浓度固定为 4.5mmol/L，再次研究了 Na_2SO_3 浓度对同时脱硫脱硝的影响。可以发现，当 Na_2SO_3 的浓度从 8mmol/L 增加到 80mmol/L 时，NO 脱除效率恒定为 100%，但 SO_2 的脱除效率略有提高，并且 NO_2 排放浓度也显著降低，因此可以推断 Na_2SO_3 的主要作用为清除 NO_2。根据上述实验结果，0.9~2.7mmol/L 的 $NaClO_2$ 溶液和 80mmol/L 的 Na_2SO_3 溶液进行组合就可以完成对 SO_2 和 NO 的深度控制。

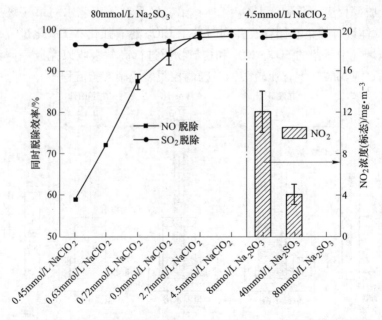

图 12-2　第一区 $NaClO_2$ 浓度和第三区 Na_2SO_3 浓度一体化脱硫脱硝性能

（烟气流量为 2.0L/min，三区温度由前到后分别为 60℃/50℃/40℃，SO_2 浓度为 500mg/m³，NO 浓度为 400mg/m³）

12.2 反应温度、亚氯酸钠和水洗区在同时脱硫脱硝中的协同作用

如前几章所讲，反应温度是决定 ClO_2^- 分解产 ClO_2 的主要因素。因此，研究了 $NaClO_2$ 溶液温度和工艺水温度对 SO_2 和 NO 同时脱除的影响。如图 12-3 所示，当 $NaClO_2$ 溶液温度从 40℃升到 70℃，工艺水温度从 30℃升高到 60℃，SO_2 去除效率则从 94.4% 微升至 96.1%，而 NO 去除效率则从最初的 47.2% 显著提高到 89.7%，然后又降至 49.1%。升温过程对脱硝过程具有双重作用，这是由于 ClO_2 产率与 ClO_2 分解速率对反应温度的敏感度是拮抗关系所致。升高 $NaClO_2$ 溶液温度必然会增加 ClO_2 产率，但过高的温度（例如 70℃）也会加剧 ClO_2 分解。为了验证这种机制，我们使用 UV-Vis 方法阐明了这个问题，分析结果如图 12-4 和图 12-5 所示。可以发现，ClO_2 产率与 $NaClO_2$ 溶液温度的关系是 60℃ > 40℃ > 70℃，这就解释了为什么 60℃ 是最佳温度。另外，NO 脱除效率随温度升高呈线性增加的另一个原因是：根据化学反应动力学理论，升高温度可以加快化学反应速率，因此高 ClO_2 产率和高反应速率之间具有协同作用，均可增强 NO 脱除。根据双膜理论和亨利定律，温度升高将增加气膜中的传质阻力并抑制整个反应过程，所以传质过程必将成为速率控制步骤。因此，综合考虑，理想的温度范围是 60~65℃。

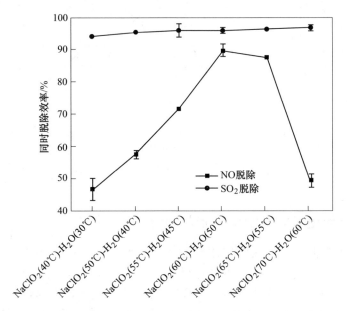

图 12-3 第一区 $NaClO_2$ 溶液温度和第二区工艺水温度对脱硫脱硝的影响

（烟气流量为 2.0L/min，$NaClO_2$ 浓度和 Na_2SO_3 浓度分别为 0.9mmol/L 和 80mmol/L，SO_2 浓度为 500mg/m³，NO 浓度为 400mg/m³）

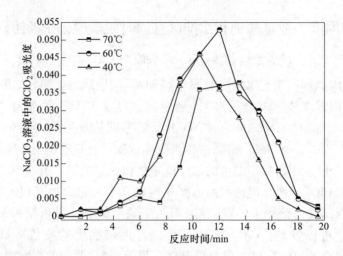

图 12-4 不同反应温度下 NaClO$_2$ 溶液中 ClO$_2$ 浓度随反应时间的变化

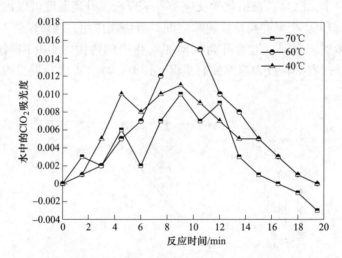

图 12-5 不同反应温度下第二区工艺水中 ClO$_2$ 浓度随反应时间的变化

12.3 烟气流速对同时脱硫脱硝及穿透时间的影响

烟气停留时间是影响实际应用的另一个关键参数。对于这种三区控制系统，应评估其对不同烟气停留时间的适应性。图 12-6 给出了烟气流量（即烟气停留时间）对 SO$_2$ 和 NO 去除的影响。NaClO$_2$ 溶液浓度定为 4.5mmol/L。可以发现，在所有烟气流量下，NO 去除效率始终稳定在 100%。但脱硫过程对烟气流量的变化很敏感：在一定范围内提高烟气流量会略微促进 SO$_2$ 去除，但高烟气流量如 2.5L/min 和 3L/min 又将影响 SO$_2$ 去除。如前几章分析，亚硫酸盐会在高温分解下增加 SO$_2$ 排放浓度，因此本章研究中也发生了这种情况：烟气流量增加引起的脱硫效率提高是由于 ClO_2 从第二区迁移到第三区，然后将亚硫酸根离子氧化为稳定的硫酸根离子，从而抑制了亚硫酸盐分解。为了证明这一推测，我们研究了反应持续时间与烟气流量的关系。反应持续时间是指最高脱硝效率的维持时间。如图 12-6 所示，柱状表示持续时间，增加烟气流量可以将持续时间从大约300s增加到700s，然后持续时间又减少到小于200s。结果表明，太低或太高的烟气流量不利于延长反应时间。可能的原因是，低烟气流速会减少从第一区迁移到第二区的 ClO_2 量，因此，更多的 ClO_2 将保留在 $NaClO_2$ 溶液中并被 SO_2 消耗。因此，适当增加烟气流量可以使更多的 ClO_2 进入第二区，从而抑制第一区中亚硫酸盐离子对 ClO_2 的消耗。在第二区，工艺水保存的 ClO_2 将更倾向于氧化 NO 而不是 SO_2，因此 ClO_2 的利用率增加，反应持续时间增加。但是，如果烟气流量进一步增加到更高水平，则第二区中的部分 ClO_2 将会迅速进入第三区以至于来不及氧化 NO，并被第三区中的亚硫酸根离子消耗，从而减少持续时间。因此，精细调控烟气流量不仅决定了同时脱硫脱硝效率，也显著影响了总体运行成本和氯氧化剂的利用率。

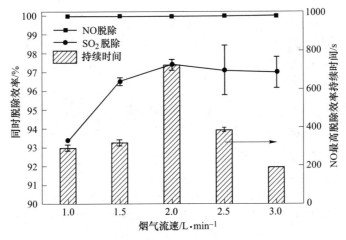

图 12-6　烟气流速对脱硫脱硝的影响

（烟气流量为 2.0L/min，$NaClO_2$ 浓度和 Na_2SO_3 浓度分别为 4.5mmol/L 和 80mmol/L，

SO_2 浓度为 500mg/m^3，NO 浓度为 400mg/m^3）

12.4　SO_2 和 NO 浓度对同时脱硫脱硝的影响

图 12-7 给出了 SO_2 和 NO 对同时脱硫脱硝的影响。随着 SO_2 浓度从 100mg/m^3 增至 750mg/m^3，NO 的去除效率从 82.4% 增至 100%。然后随着 SO_2 浓度进一步增至 3000mg/m^3，NO 去除效率恒定为 100%。在相同的过程中，SO_2 的去除效率则从 100% 降至 93.1%。因此，增加 SO_2 浓度有利于 NO 去除，但不利于 SO_2 去

除。SO_2 促进 NO 去除的原因是由于 $NaClO_2$ 吸收 SO_2 过程会加速 ClO_2 产生和释放。至于 NO 的影响，当 NO 浓度从 $200mg/m^3$ 增至 $1000mg/m^3$ 时，NO 去除率从 100% 降至 93.1%，SO_2 去除率则从 92.3% 增至 95.2%。因此，提高 NO 浓度促进了 SO_2 去除，但抑制了 NO 去除。NO 对 SO_2 的促进机制是由于 NO_2 生成：（1）第三区的亚硫酸盐可通过氧化还原反应被 NO_2 氧化（式（12-1））；（2）NO_2 和 SO_2 之间的氧化还原吸收反应也可进一步提高 SO_2 去除率（式（12-2））。

$$H_2O + SO_3^{2-} + NO_2 \longrightarrow SO_4^{2-} + NO_2^- + H^+ \tag{12-1}$$

$$H_2O + SO_2 + NO_2 \longrightarrow SO_4^{2-} + NO_2^- + H^+ \tag{12-2}$$

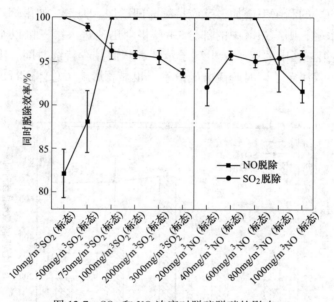

图 12-7 SO_2 和 NO 浓度对脱硫脱硝的影响

（烟气流量为 2.0L/min，$NaClO_2$ 浓度和 Na_2SO_3 浓度分别为 0.9mmol/L 和 80mmol/L，

SO_2 浓度为 $1000mg/m^3$，NO 浓度为 $400mg/m^3$）

为了深入阐明 SO_2 和 NO 的相互作用机理，我们揭示了在不同大气条件下 ClO_2^- 的演化。如图 12-8 所示，在 NO 气氛下，$NaClO_2$ 溶液中 ClO_2^- 的浓度高于在 $NO+SO_2$ 和 $NO+SO_2+O_2$ 气氛下的 ClO_2^- 浓度。而在 NO 气氛下，$NaClO_2$ 溶液（图 12-9）和工艺水（图 12-10）中 ClO_2 的产率远低于在 $NO+SO_2$ 和 $NO+SO_2+O_2$ 气氛下获得的 ClO_2 产率。结果表明，SO_2 确实促进了 ClO_2 形成和释放。加入 O_2 又进一步提高了 ClO_2 产率，这是由于 SO_3^{2-} 被 O_2 氧化生成 H_2SO_4 所致（式 12-3）。因此，引入 O_2 又进一步促进了 ClO_2 氧化 NO。

$$O_2 + SO_3^{2-} \longrightarrow SO_4^{2-} \tag{12-3}$$

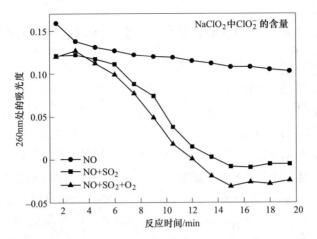

图 12-8 不同烟气氛围下 NaClO₂ 溶液中 ClO₂⁻ 浓度随反应时间的变化

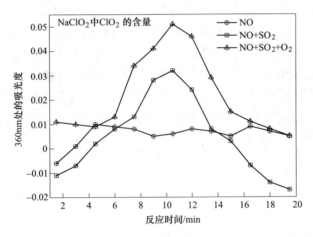

图 12-9 不同烟气氛围下 NaClO₂ 溶液中 ClO₂ 浓度随反应时间的变化

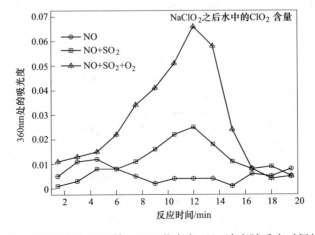

图 12-10 不同烟气氛围下第二区工艺水中 ClO₂ 浓度随反应时间的变化

12.5 亚氯酸钠溶液中 HCO_3^- 和 Cl^- 浓度对同时脱硫脱硝的影响

实际烟气中会含有 10% ~ 15% 的 CO_2 和少量的 HCl，并且 HCO_3^- 和 Cl^- 是 WFGD 浆料中最常见的阴离子。因此，需要评估 HCO_3^- 和 Cl^- 对 NO 和 SO_2 去除的影响，我们将这两种阴离子添加到 $NaClO_2$ 溶液中，因为大部分 HCO_3^- 和 Cl^- 会被第一区保留。如图 12-11 所示，添加 HCO_3^-（1173mg/L 和 2346mg/L）会极大地抑制 NO 去除，但对 SO_2 去除没有明显影响。该结果与之前的发现不一致，当使用 $NaClO_2$ 溶液时，HCO_3^- 对 NO 去除没有影响。当前工作与先前工作存在差异的原因可能是由于本研究所用的 $NaClO_2$ 浓度（0.9 ~ 2.7mmol/L）远低于先前工作所使用的 $NaClO_2$ 浓度（90mmol/L）。当将 $NaClO_2$ 浓度降低到非常低水平时，HCO_3^- 的影响可能凸显出来了。图 12-11 中的嵌入图证实了这种推测：可以发现，随着反应的进行，NO 浓度依然会从 $400mg/m^3$ 迅速降低到最低点，但持续时间非常短。该结果表明，添加的 HCO_3^- 以某种方式消耗了 ClO_2^- 或 ClO_2。由于 HCO_3^- 主要来自于烟气 CO_2，因此，我们还研究了 CO_2 对 SO_2 和 NO 去除的影响。结果表明，CO_2 含量为 10% 时，NO 去除效率也降低了 36%，持续时间降至 100s 以下。因此，当使用低浓度的 $NaClO_2$ 作为氧化剂时，CO_2 会严重抑制 NO 去除。反观 Cl^- 作用，它不会影响 SO_2 和 NO 去除，因此，其作用可以忽略不计。

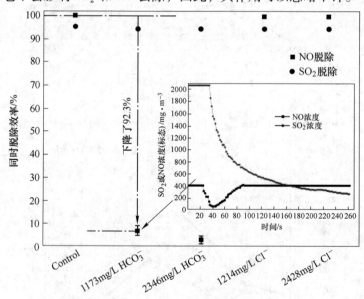

图 12-11　HCO_3^- 和 Cl^- 浓度对脱硫脱硝的影响

（烟气流量为 2.0L/min，$NaClO_2$ 浓度和 Na_2SO_3 浓度分别为 0.9mmol/L 和 80mmol/L，
SO_2 浓度为 $1000mg/m^3$，NO 浓度为 $400mg/m^3$）

12.6 三区 pH 值随反应时间变化规律

正如前面描述的，三区控制系统在实际应用中将会不断吸收 SO_2 和 NO，因此，三区 pH 值会一直变化，尤其是第一区和第三区，因此我们对其 pH 值变化进行了精准测量，目的是为了知道该系统的脱硫脱硝反应终点会在什么时候到达。图 12-12a 显示了 $NaClO_2$ 溶液 pH 值变化与反应时间的关系曲线。可以看出，

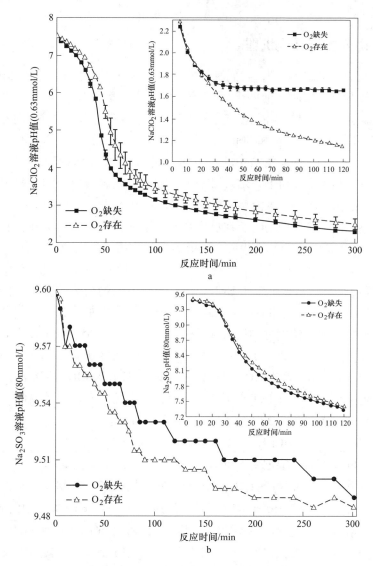

图 12-12 O_2 存在和 O_2 缺失条件下第一区 $NaClO_2$ 溶液和
第三区 Na_2SO_3 溶液 pH 值随反应时间的变化

在没有 O_2 的情况下，当反应时间达到 35min 时，$NaClO_2$ 溶液的 pH 值恒定在 1.7，这可能是反应的终点。在 O_2 存在的情况下，当反应时间达到 120min 时，$NaClO_2$ 溶液的 pH 值进一步降低至 1.1。因此，O_2 的存在可以提升了 $NaClO_2$ 对 SO_2 的吸收能力。图 12-12b 显示了 Na_2SO_3 溶液 pH 值变化与反应时间的关系曲线。结果发现，无论有无 O_2 存在，这两条曲线的变化趋势几乎完全相同，因此加入 O_2 不会改变 Na_2SO_3 的脱硫脱硝特性。换句话说，Na_2SO_3 对 SO_2/NO_2 的吸收与 O_2 无关。

12.7 产物分析与反应机理

为了明确脱硫脱硝机理，我们利用离子色谱法（IC）分析了各种反应废液中存在 SO_4^{2-} 和 NO_3^-，因此在前两个区中 SO_2 和 NO 全部转化为 Na_2SO_4 和 $NaNO_3$。图 12-13a 显示了 $NaClO_2$ 溶液、工艺水和 Na_2SO_3 溶液中 NO_3^- 的浓度分布。反应时间分别为 15min、30min 和 60min，$NaClO_2$ 溶液、工艺水和 Na_2SO_3 溶液中的 NO_3^- 浓度均增加，Na_2SO_3 溶液中的 NO_3^- 浓度为 2.85~6.25mg/L，高于 $NaClO_2$ 溶液（0.95~1.54mg/L）和工艺水（1.13~1.53mg/L）中的 NO_3^- 浓度，因此大部分的 NO 最终被 Na_2SO_3 溶液吸收，这主要是由于 ClO_2 氧化 NO 所致，随后 Na_2SO_3 溶液会进一步吸收 NO_x。在反应系统中引入 SO_2 会增加所有三个区的 NO_3^- 浓度，这进一步证实了 SO_2 在去除 NO 中的促进作用。添加 SO_2 可以提高 $NaClO_2$ 的利用率，因为添加 SO_2 后反应系统中的 NO_3^- 总量增加了。因此，SO_2 和 NO 之间的竞争反应很小，这也证实了 ClO_2 在 NO 氧化方面的高选择性。我们还观察到另一个有趣的现象：SO_2 和 O_2 在 ClO_2 产生方面表现出协同作用，$NaClO_2$ 溶液和 Na_2SO_3 溶液中的 NO_3^- 浓度分别从 1.46~1.82mg/L 降至 0.65~0.88mg/L 和从 4.27~6.85mg/L 降至 4.25~4.42mg/L，而工艺水中的 NO_3^- 浓度从 1.53~1.93mg/L 显著增加到 3.55~4.18mg/L。因此，O_2 的存在极大地加速了 $NaClO_2$ 溶液的酸化，并迅速将 ClO_2 释放到工艺水中以有效地氧化 NO。结果还表明，大部分的 NO 被工艺水去除并保留，导致 Na_2SO_3 溶液中 NO_3^- 的含量减少。

图 12-13b 显示了 $NaClO_2$ 溶液、工艺水和 Na_2SO_3 溶液中 SO_4^{2-} 的浓度分布。随着反应时间从 15min 增加到 60min，$NaClO_2$ 溶液、工艺水和 Na_2SO_3 溶液中的 SO_4^{2-} 浓度均增加，并且 Na_2SO_3 溶液中 SO_4^{2-} 的含量最高，为 1470~1991mg/L，远高于 $NaClO_2$ 溶液（153~308mg/L）和工艺水（18.2~198mg/L）中的 SO_4^{2-} 的含量。$NaClO_2$ 溶液和工艺水中检测到的 SO_4^{2-} 是因为 SO_2 吸收氧化生成的，而 Na_2SO_3 溶液中检测到的大量 SO_4^{2-} 是因为 Na_2SO_3 被 NO_2/ClO_2 氧化所致。然后我们向反应系统中添加 O_2，$NaClO_2$ 溶液和 Na_2SO_3 溶液中的 SO_4^{2-} 浓度分别增至 217~475mg/L 和 1861~2963mg/L，而工艺水中的 SO_4^{2-} 浓度降至 13~167mg/L。

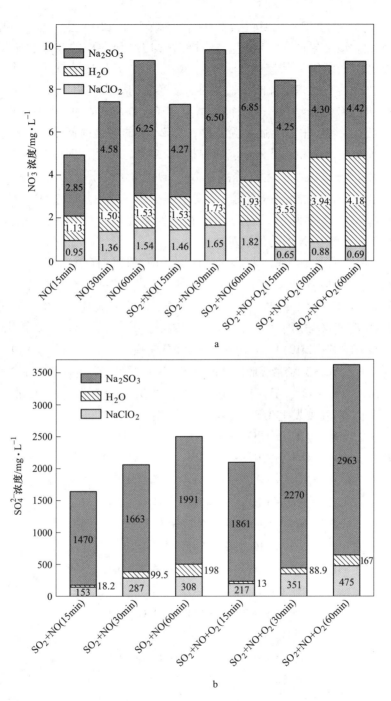

图 12-13 不同烟气气氛条件下反应系统中的 NO_3^- 和 SO_4^{2-} 浓度分布

a—NO_3^- 浓度分布；b—SO_4^{2-} 浓度分布

因此，O_2 确实有助于 $NaClO_2$ 去除 SO_2，并减少了 ClO_2 去除 SO_2，但加速了 Na_2SO_3 氧化。该结果证实了我们上述推测，即 O_2 和 SO_2 的共存加速了 $NaClO_2$ 溶液的酸化，导致 ClO_2 快速释放到工艺水中。此外，O_2 还具有另一个功能：使 Na_2SO_3 废液中含有更多的硫酸盐，这对于该产品的综合利用是有利的。

根据以上 IC 分析结果，我们得出结论：SO_2 和 NO 分别转化为 SO_4^{2-} 和 NO_3^-，并分布在三个区域。根据上述实验条件，在 2min 的穿透时间下，经计算整个反应系统中 NO_3^- 的理论量为 3.6mg。而根据 IC 结果，在相同时间段内保存的 NO_3^- 的真实量为 2.5mg。显然，整个系统中 NO_3^- 的保留量低于理论值，因此 NO 的质量平衡不是很好。这种不平衡的最可能原因是，第一区中共存的 SO_2/SO_3^{2-}（0.17V）将中间产物 NO_2^- 还原为 N_2，因为 NO_2^- 在酸性条件下（1.297V）具有高氧化电位，导致反应系统中 N 产物的数量减少。

SO_2 去除的机理是酸碱中和和氧化还原反应的协同作用，SO_2 首先扩散到气液界面与 OH^- 反应形成 SO_3^{2-}，然后被 ClO_2^-（式（12-4））、ClO_2（式（12-5））、NO_2（式（12-6））和 O_2 氧化产生 SO_4^{2-}。对于 NO 的去除机理，主要通过 $NaClO_2$ 溶液和 ClO_2 溶液（去离子水）的 NO 氧化吸收反应，其中部分 NO 转化为终产物 NO_3^-（式（12-6）~式（12-10）），其他则转化为 NO_2（式（12-8）），（式（12-9）），（式（15-11）），然后再被 Na_2SO_3 溶液吸收。如前所述，NO_2^- 是可以通过以下两种途径去除的：一是通过 SO_2/SO_3^{2-} 还原，另一种是通过 ClO_2 和 O_2 氧化转化（式（12-13）和式（12-14）），这两个过程主要发生在第一个酸性区域和第三个碱性区域。

$$SO_2 + OH^- + ClO_2^- \longrightarrow SO_4^{2-} + Cl^- + H_2O \qquad (12\text{-}4)$$

$$SO_2 + OH^- + ClO_2 \longrightarrow SO_4^{2-} + Cl^- + H_2O \qquad (12\text{-}5)$$

$$NO + ClO_2^- + OH^- \longrightarrow NO_3^- + H_2O + Cl^- \qquad (12\text{-}6)$$

$$OH^- + NO + ClO_2 \longrightarrow NO_3^- + H_2O + Cl^- \qquad (12\text{-}7)$$

$$NO + ClO_2^- \longrightarrow NO_2 + Cl^- \qquad (12\text{-}8)$$

$$NO + ClO_2^- \longrightarrow NO_2 + ClO^\cdot \qquad (12\text{-}9)$$

$$OH^- + NO + ClO^\cdot \longrightarrow NO_3^- + H_2O + Cl^- \qquad (12\text{-}10)$$

$$NO + ClO\cdot \longrightarrow NO_2 + Cl^- \qquad (12\text{-}11)$$

$$OH^- + NO_2 + ClO^\cdot \longrightarrow NO_3^- + H_2O + Cl^- \qquad (12\text{-}12)$$

$$NO_2^- + O_2 \longrightarrow NO_3^- \qquad (12\text{-}13)$$

$$OH^- + NO_2^- + ClO_2 \longrightarrow NO_3^- + Cl^- + H_2O \qquad (12\text{-}14)$$

13 热催化气相氧化反应器设计与 FLUENT 模拟

课题提出了一套热催化气相氧化结合吸收的脱硫脱硝脱汞烟气净化系统，而其最为核心的部分是热催化气相氧化反应部分。在一体化脱除燃煤烟气中多污染物的技术中，脱硝和脱汞是关键，只有快速高效氧化 NO 和 Hg^0，才能保证后续设备对二者的吸收。预氧化系统的研发不仅包含了复合氧化剂的开发，也包括了预氧化器的设计，因此，设计一种或多种新型预氧化反应器成为接下来的主要任务，这也是推广该烟气净化系统的关键一步。本章通过调研国内现有污染物控制设备，提出了两种预氧化器设计方案。

热催化气相氧化装置是一种半干式烟气净化设备，其特征为：在预氧化器内部，利用蒸发态的复合氧化剂在气相中实现 NO 和 Hg^0 的快速氧化，而后氧化产物再被后续的烟气净化设备（如烟气循环流化床系统或湿式石灰石-石膏脱硫系统）吸收，进而实现烟气中 SO_2、NO_x 和 Hg^0 一体化脱除的目标。预氧化技术主要有以下优势：第一，可在气相中实现 NO 和 Hg^0 的快速氧化，便于系统改造；第二，利用了烟温而降低了后续的蒸汽带水；第三，预氧化结合后续吸收的技术亦适用于工业锅炉和民用锅炉。有关 FLUENT 软件数学模型及边界条件的选择参考了文献。

13.1 旋风式气相氧化反应器设计及 FLUENT 模拟

旋风式预氧化器是基于旋风除尘器而设计提出的。预氧化器进口的上游为除尘设备，如：电除尘器、袋式除尘器或电-袋除尘器等，如图 13-1 所示，1 是液相复合氧化剂喷嘴，该喷嘴的布置形式采用与烟气对冲的方式喷入超细雾化后的液相复合氧化剂，当复合氧化剂与烟气湍流混合时，发生剧烈的传热传质（类气相复合氧化剂被烟气加热蒸发，同时，NO 和 Hg^0 被类气相复合氧化剂氧化），旋风式的设计有助于延长烟气停留时间，有利于 NO 和 Hg^0 的充分氧化；2 为烟气入口，烟气入口采用切向进入的方式嵌入预氧化器顶部；3 为烟气出口，预氧化器烟气出口接入湿法或干法吸收塔入口，烟气中的氧化产物和残留氧化剂被后续的吸收剂吸收脱除。

图 13-2 为旋风式预氧化器的网格划分情况，其为后续流场、压力场、复合氧化剂浓度场、温度场等的模拟的基础。预氧化器以 300MW 燃煤机组工况数据

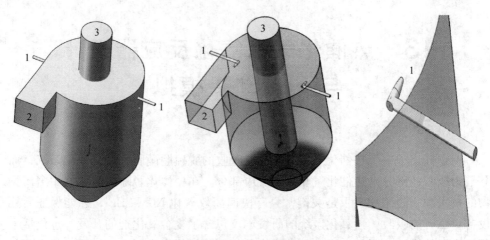

图 13-1　旋风式预氧化器
1—液相复合氧化剂喷嘴；2—烟气入口；3—烟气出口

为参考，设计的预氧化器主体为直径 14m，高 23m 的旋风装置，在预氧化器高 13m 处壁面采取对冲喷入的方式注入复合氧化剂，使其在预氧化器中与烟气充分混合。雾化器喷嘴采用 30°角，喷入速度 10m/s、质量流量 0.15kg/s 的氧化剂。

图 13-2　旋风式预氧化器网格划分

如图 13-3 所示，在满负荷运行状态下，烟气进口速度为 19.78m/s，进入预氧化器后以切向运动而发生旋流，且存在向下的分速度，这导致烟气做向下螺旋运动。当烟气运动到锥体底部，由于预氧化器内壁阻挡而发生湍流，随后烟气速度方向改变为竖直向上的螺旋运动，其速度在底部达到最低，而随烟气向上运动，其速度逐渐升高，当烟气进入出口后，由于管径变小使烟气速度达到峰值。

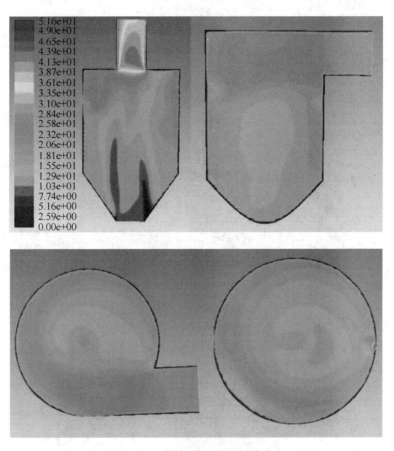

图 13-3　预氧化器内流场分布

　　图 13-4 为预氧化器内烟气流场矢量图，从三个平面可以看出烟气在预氧化器内的流动是稳定的旋流，且速度方向切向于壁面，在锥体底部和烟气入口处可以看到有两处明显的湍流，其对复合氧化剂在预氧化器内的均匀分布是有利的，但反应器壁对烟气的阻挡及发生的强烈湍流会对烟气流动造成较大的阻力。

　　从图 13-5 可以看出，由高 13m 处对冲喷淋的复合氧化剂随烟气流动而浓度逐渐稀释，且复合氧化剂浓度在入口下方呈先减小后增加的趋势。而在烟气由下而上进入烟气出口的过程中，浓度逐渐均匀直至不变。

　　为了模拟方便，以烟气入口为正压开始计算。由图 13-6 所示，随烟气流动，预氧化器内部由器壁向中轴线出现了一个明显的压力降，而随着烟气运动，在烟气由下而上的过程中压力降更为明显，当烟气上升至预氧化器出口时，烟气压强

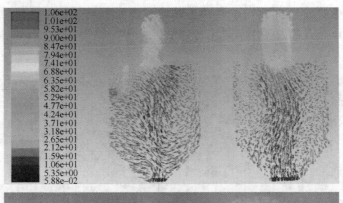

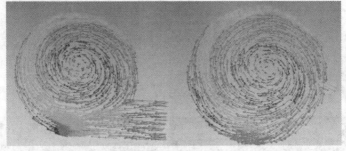

图 13-4　预氧化器内流场矢量图

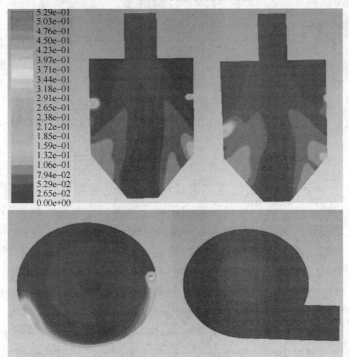

图 13-5　预氧化器内复合氧化剂质量分率图

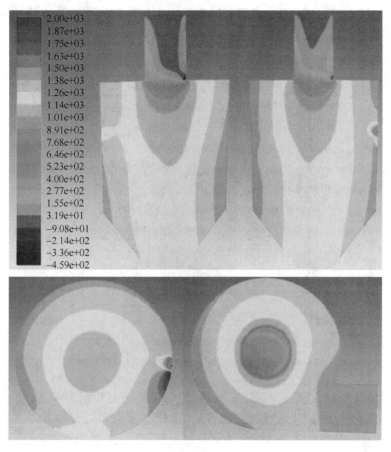

图 13-6 预氧化器内压力分布图

为负压状态，这表明旋风式预氧化器上升段存在明显的压损，原因是烟气在预氧化器内高度湍流，受到较大阻力，在出口处烟道直径又大幅缩小，烟气速度急剧上升，故形成压降。

13.2 倒 U 形气相氧化反应器设计及 FLUENT 模拟

如图 13-7 所示，倒 U 形预氧化器进口的上游为除尘设备，如：电除尘器、袋式除尘器或电-袋除尘器等。1 为烟气入口，烟气入口采用文丘里管以提高进口烟气气速，进口烟气携带复合氧化剂而进入预氧化器内部；2 是液相复合氧化剂喷嘴，该喷嘴的喷射方向与烟气流向一致，喷出的超细雾化后的液相复合氧化剂经烟气携带，在多孔挡板的分隔下发生剧烈地湍流混合，并在此过程中发生传热传质（类气相复合氧化剂被烟气加热蒸发，同时，NO 和 Hg^0 被类气相复合氧化剂氧化），为了增加停留时间，我们设计了倒 U 式管道，这种设计不仅增加了停留时间也减小了占地面积；3 为烟气出口，烟气出口连接湿法或干法吸收塔入口，烟气中的氧化产物和残留氧化剂被后续的吸收剂吸收脱除。

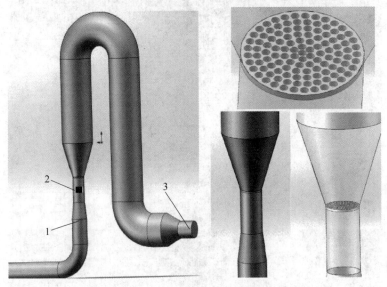

图 13-7 倒 U 式预氧化器

1—烟气入口；2—液相复合氧化剂喷嘴；3—烟气出口

如图 13-8 所示，预氧化器以 300MW 燃煤机组工况数据为参考，设计的倒 U 式预氧化器参数如下：文丘里缩口 1.5m，主体直径为 4m，高 40m，停留时间约为 5.4s。雾化器喷嘴采用 45°角，复合氧化剂喷入速度为 5m/s、质量流量为 0.15kg/s。在满负荷运行状态下，烟气进口速度为 22m/s，进入预氧化器后受多

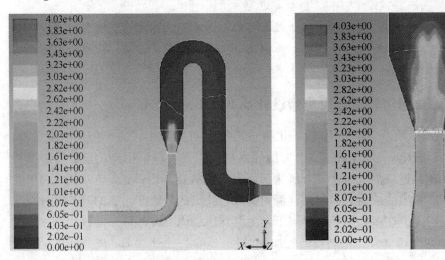

图 13-8 倒 U 式预氧化器流场分布图

孔挡板的分流作用而沿竖直向上运动,当烟气运动到顶部,由于预氧化器内壁阻挡而发生反射,在此处速度最低,随后烟气速度方向变为竖直向下。在随烟气向下运动的过程中,气速逐渐升高,当烟气进入出口后,因烟道管径变小而使烟气气速迅速增加。

　　图 13-9 为预氧化器内烟气流场矢量图,可以看出烟气在预氧化器内的流动为层流流动,且速度方向竖直向上,在文丘里出口处可以看到有处明显的湍流,这对复合氧化剂在预氧化器内的均匀分布是有利的,但由于多孔挡板对烟气的冲击,势必会对烟气流动造成较大的阻力。

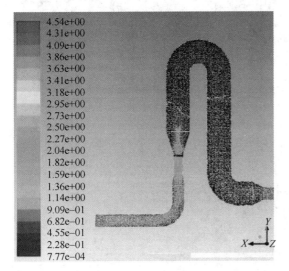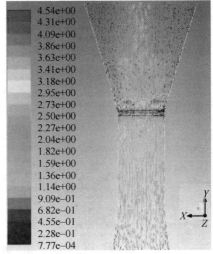

图 13-9　倒 U 式预氧化器流场矢量图

　　为了模拟方便,拟定烟气入口为正压。由图 13-10 可看出,在烟气上升和下降的过程中,预氧化器内部的压力逐渐降低,当到达出口时压力最小,表明倒 U 式预氧化器沿程阻力较大,但也有可能是由于网格划分不细致而导致的湍流现象不明显。

　　图 13-11 给出了倒 U 式预氧化器的温度分布,由图中可看出,预氧化器内部温度由中轴向反应器壁出现了明显的温度抬升,这说明由于复合氧化剂的喷入而降低了预氧化器中心区温度。在烟气向下运动段,低温段出现了偏移,右侧温度低于左侧,这有可能是由于经过弯道后,烟气流线发生偏移导致类气相复合氧化剂贴近右壁,因此,在弯道顶端应设置一个挡板以防止复合氧化剂贴壁而引起的管壁腐蚀。此外,温度分布图也反映出该预氧化器内部层流现象明显,因此,在后续的设计中应在烟气上升段设置二级格栅增加湍动效果,促进氧化反应。

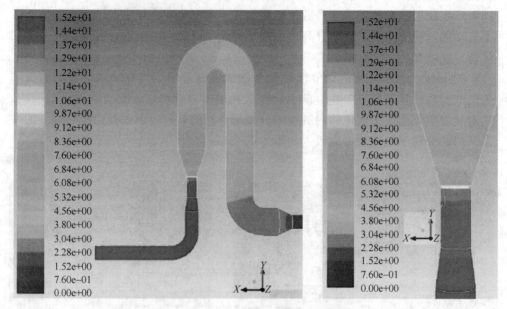

图 13-10　倒 U 式预氧化器压力分布图

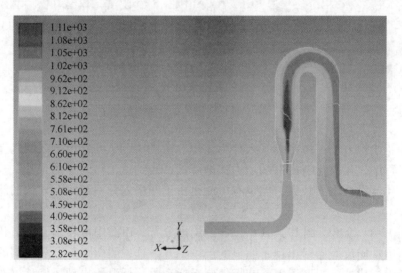

图 13-11　倒 U 式预氧化器温度分布图

13.3　热催化气相氧化耦合尾部吸收烟气同时脱硫脱硝脱汞工艺概念图

旋风式预氧化器耦合湿式吸收塔工艺流程图，如图 13-12 所示。

倒 U 式预氧化器耦合湿式吸收塔工艺流程图，如图 13-13 所示。

图 13-12　旋风式预氧化器耦合湿式吸收塔工艺流程图

1—烟道入口；2—催化氧化剂储液罐；3—空压机；4—旋风式预氧化器；

5—吸收液池；6—喷淋层；7—浆液循环泵；8—除雾器；9—烟道出口

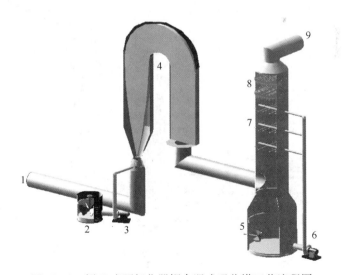

图 13-13　倒 U 式预氧化器耦合湿式吸收塔工艺流程图

1—烟道入口；2—催化氧化剂储液罐；3—空压机；4—预氧化器；5—吸收液池；

6—浆液循环泵；7—喷淋层；8—除雾器；9—烟道出口

旋风式预氧化器耦合干式吸收塔工艺流程图，如图 13-14 所示。

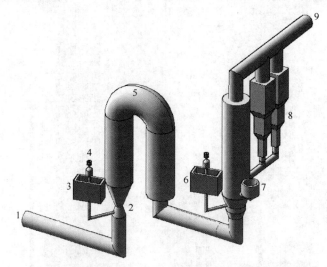

图 13-14　旋风式预氧化器耦合干式吸收塔工艺流程图

1—烟道入口；2—文丘里缩口；3—催化氧化剂储液罐；4—搅拌器；5—预氧化器；
6—增湿水储液罐；7—消石灰进料口；8—除尘器；9—烟道出口

倒 U 式预氧化器耦合干式吸收塔工艺流程图，如图 13-15 所示。

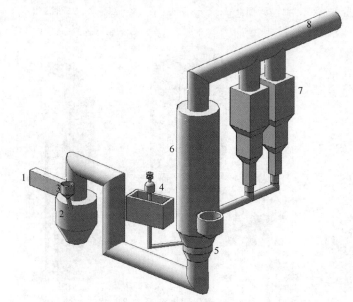

图 13-15　倒 U 式预氧化器耦合干式吸收塔工艺流程图

1—烟道入口；2—旋风式预氧化器；3—催化氧化剂储液罐；4—搅拌器；5—文丘里管；
6—烟气循环流化床；7—除尘器；8—烟道出口

热催化气相氧化耦合湿式/干式吸收塔烟气净化系统主要由预氧化反应器和吸收塔两部分组成，其流程简述如下：首先，由锅炉排出的烟气经省煤器、空气预热器及预除尘器后（建议预除尘器使用电袋复合式除尘器以保证高除尘效率，避免大量的飞灰消耗复合氧化剂），进入预氧化器前段烟道。（1）当使用旋风式预氧化器时，烟气与超细雾化复合氧化剂发生对冲而剧烈湍流，随后进入预氧化器内部进行螺旋向下运动，当触底后进入上升段管道直至排出预氧化器。（2）当使用倒 U 形预氧化器时，烟气经文丘里管加速携带超细雾化复合氧化剂而进入预氧化器中，后经多孔板及内部导流板的导流作用使烟气与复合氧化剂充分混合，待氧化反应完成后排出预氧化器。当氧化反应完成后，氧化产物及残留氧化剂进入后续的湿法或干法吸收塔中被后续的干态或湿态的吸收剂脱除，从而实现一体化脱除 SO_2、NO 和 Hg^0 的目标。

在实际应用过程中，应根据工况温度、烟气量、场地情况等来选择预氧化器布置形式。根据课题研究成果，H_2O_2 和 $NaClO_2$ 系列复合氧化剂大体上的最适温度窗为 110~130℃，因此，预氧化器前段温度应保证在 130℃ 及以上。停留时间也是氧化反应的重要参数之一，预氧化器容积及内部导流板的布置应根据停留时间及 CFD 流场模拟结果来优化设计。在吸收剂选择上，可以参考本书第 5 章的相关研究成果，在实际应用中，可以考虑使用传统钙基吸收剂掺杂腐植酸钠来提高脱硫脱硝效率。对于脱除产物的利用，可作为农业复合肥进行综合利用或作为土壤改良剂使用。

14 研究展望

<<<<<<<<<<<<<<<<<<<<<<<<<<<<<<<<<<<<<<<<<<<<<<<<<<<<<<<<<<<<<<<<<<<<<<<<<<<<<<<<

　　燃煤烟气一体化脱硫脱硝脱汞技术已成为燃煤烟气多污染物协同控制技术方案中的一种最具代表性的技术方案，其成本更低、效率更高、二次环境问题更少、产物可资源化利用的新型烟气污染控制技术已成为近年大气污染控制的热点研究之一。气-固非均相催化法具有较好的协同脱硝脱汞的能力，但是 SO_2 催化氧化生成 SO_3 的过程是该技术需要重点解决的难题之一，抗水抗硫问题已成为学界近年的研究重点之一。为了实现 NO 达标排放而过量使用 NH_3 已成为企业主普遍采用的一种方式，但由此引发的硫酸氢铵沉积和氨逃逸问题使 SCR 法饱受争议，此外，如何避免 NH_3 与 Hg^0 争夺活性位，保证高效脱硝脱汞也是需要深入研究的另一个问题。最近一种被称为快速 SCR 法的技术受到广泛关注，其核心思路是在传统 SCR 脱硝区前段加装一段催化氧化区，将 NO 先氧化为 NO_2，而后在传统 SCR 脱硝区利用 NH_3 与 NO_2 发生快速氧化还原反应，间接降低了运行成本，实现了快速脱硝。催化氧化区不仅有利于脱硝反应，也大幅提高了氧化脱汞效率，因而，具备了高效协同脱硝脱汞的能力。在气相氧化方面，过去的主流的思路是利用 O_3、ClO_2 和低温等离子体技术，但这些方法在走向实际工业应用时应重点思考以下问题：（1）发展低能耗和高自由基产率的新型高级氧化技术；（2）气相氧化法的另一个问题是同时产生的多种氧化产物的难以被一体化高效吸收，导致多种气溶胶粒子易排放到大气环境中引发二次环境问题，因此针对前段气相氧化法，我们应该设计构建一种体系完善、功能强大的高效吸收体系以完成细粒子的高效捕集。针对该问题，可以参考电力行业成熟的湿式电除尘器技术或者高效除雾器。

　　基于高级氧化工艺的一体化脱硫脱硝脱汞更为实用，因为 SO_2、NO 和 Hg^0 三者间不存在明显的交互抑制现象。目前，在烟气治理领域研究最为广泛的两种自由基分别为 $HO^{\cdot}$ 和 $SO_4^{-\cdot}$，而关于如何更好的发展基于 $HO^{\cdot}$ 和 $SO_4^{-\cdot}$ 的烟气净化技术，我们有如下的一些思考：（1）均相催化氧化制取 $HO^{\cdot}$ 和 $SO_4^{-\cdot}$ 已被人们熟知，且方法简单有效，但存在的问题是运行费用仍偏高、氧化剂利用率较低、pH 过低易诱发酸性腐蚀、废水呈酸性难以直接排放需要进行碱化处理。因此，发展非均相催化技术更具实用性。发展非均相催化技术应重点关注如下两点：第一，应该使催化剂更为稳定，避免金属离子大量浸出；第二，筛选和组合具有不同功能的催化活性组分，构成多功能催化剂，合成高度分散的纳米金属负载型催化剂或者单原子催化剂，同时以期开发出具有高磁性的固相多元催化剂。除此之外，越来越多的研究表明仅通过使用 $HO^{\cdot}$ 和 $SO_4^{\cdot-}$ 难以实现高效脱硝脱汞的目标，若想实现超低排放的目标，则需要的自由基剂量较高，这势必会增加运行成本，因此今后的研究应集中在筛选氧化能力更强和针对 NO 和 Hg^0 选择性更高的自由基上。通过上述章节的分析，可以看出氯系自由基在脱硝脱汞方面均表现出了优异的特性，因此发展氯系自由基氧化法可能更有前景。

热催化方式也被证明可以激活 H_2O_2、$Na_2S_2O_8$、$NaClO_2$ 生成多种自由基，但关于热催化温度与自由基产率之间的定量关系还未能清晰阐明，因此这将是未来的一个研究方向。过往研究中我们多以传统电加热方式进行热催化，这种催化方式的基本原理还是热传导和热辐射方式，能效过低导致能耗过高。而发展微波热催化和超声热催化技术不仅能大幅降低能耗，也可加快加热速率，同时也能瞬时实现体相热催化，因此发展微波热催化、超声热催化或微波耦合超声热催化技术将更有前景。

此外，在诱导自由基合成方面，我们也可以在如下方向进行尝试。通过耦合多种物理能量场以提高自由基前体物的利用率同时提高自由基产率，如：光、热、波、电等能量场，终极目标是构建出一套能耗低、自由基产率高、自由基丰富的自由基发生器，这不仅对大气污染控制领域具有重要意义，也必将推动水污染治理技术的发展。

最后一点也是最重要的一点就是需要创新烟气污染控制理念，过去的传统理念是脱除烟气当中的 SO_2 和 NO_x，但众所周知，这两种元素也是我们国民经济中的最主要的两种化工原料，如果能将烟气当中的硫氮资源进行固定回收，则必将能产生巨大的经济效益。对于硫的资源化，当前的主流技术是将其转变为石膏作为建材使用，但受限于当前的环保高压态势和城市化进程放缓，目前的石灰石开采成本和运输成本均大幅上涨，脱硫经济性降低，脱硫产物综合利用率也大幅缩减。而对于 NO_x，目前的主流技术是基于 SCR 原理通过 NH_3 将其还原为 N_2 进行无害化处理。众所周知，NH_3 是重要的化工原料，若将其仅作为还原剂还原为 N_2，则会极大制约其经济价值，因此，开发可实现烟气硫氮资源化的新技术势在必行，也是构建循环经济新模式的大势所趋。基于第 1 章到第 13 章的研究成果，我们有望开发出一种可实现烟气硫氮资源化的新技术。但当前仍需解决脱除产物的提浓和分离纯化，以期制取出可应用于化工企业和化肥厂的硫酸钠、硝酸钠和硫酸铵-硝酸铵的化工产品，这也将是本项目组未来重点攻克的方向之一。

综上，本书将以烟气污染控制为核心、以烟气硫氮资源回收为宗旨，力争打造烟气多污染物一体化氧化-多种氧化物高效吸收-多种吸收产物提浓分离纯化-各种副产物资源化回收的全周期全工艺链方案，提出具有自主知识产权的新型烟气净化技术方案，并设计构建出相应的成套装备系统。

参 考 文 献

［1］Chien T W, Chu H. Removal of SO₂ and NO from flue gas by wet scrubbing using an aqueous NaClO₂ solution ［J］. Journal of Hazardous Materials, 2000, 80 (1~3): 43~57.

［2］Srivastava R K, Jozewicz W S. Flue Gas Desulfurization: The State of the Art ［J］. J. Air Waste Manage Assoc, 2001, 51 (12): 1676~1688.

［3］Wendt J O L, Linak W P, Groff P W, et al. Hybrid SNCR-SCR Technologies for NO$_x$ Control Modeling and Experiment ［J］. AIChE Journal, 2001, 47 (11): 2603~2617.

［4］Amin N A S, Chong C M. SCR of NO with C₃H₆ in the presence of excess O₂ over Cu/Ag/CeO₂-ZrO₂ catalyst ［J］. Chemical Engineering Journal, 2005, 113 (1): 13~25.

［5］Streets D G, Zhang Q, Wu Y. Projections of global Hg⁰ emissions in 2050 ［J］. Environmental Science & Technology, 2009, 43 (8): 2983~2988.

［6］Zheng L G, Liu G J, Chou C L. The distribution, occurrence and environmental effect of Hg⁰ in Chinese coals ［J］. Science of the Total Environment, 2007, 384 (1~3): 374~383.

［7］蒋靖坤, 郝吉明, 吴烨, 等. 中国燃煤汞排放清单的初步建立 ［J］. 环境科学, 2005, 26 (2): 36~41.

［8］胡长兴, 周劲松, 何胜, 等. 全国燃煤电站汞排放量估算 ［J］. 热力发电, 2010, 2: 7~10.

［9］赵毅, 薛方明, 董丽彦, 等. 燃煤锅炉烟气脱汞技术研究进展 ［J］. 热力发电, 2013, 42 (1): 9~14.

［10］GB 13223—2011, 火电厂大气污染物排放标准 ［S］. 北京: 中国环境科学出版社, 2011.

［11］Lopez A B, Garcia A G. Combined SO₂ and NO$_x$ removal at moderate temperature by a dual bed of potassium-containing coal-pellets and calcium-containing pellets ［J］. Fuel Processing Technology, 2005, 86 (16): 1745~1759.

［12］Chu H, Chien T W, Li S Y. Simultaneous absorption of SO₂ and NO from flue gas with KMnO₄/NaOH solutions ［J］. The Science of the Total Environment, 2001, 275 (1~3): 127~135.

［13］Fang P, Cen C P, Tang Z X, et al. Simultaneous removal of SO₂ and NO$_x$ by wet scrubbing using urea solution ［J］. Chemical Engineering Journal, 2011, 168 (1): 52~59.

［14］Zhao Y, Guo T X, Chen Z Y. Simultaneous removal of SO₂ and NO using M/NaClO₂ complex absorbent ［J］. Chemical Engineering Journal, 2010, 160 (1): 42~47.

［15］Liu H L, Wang J G, Zhang S F. Thermodynomica analysis of integrated process for simultaneous desulfurization and denitrification with calcium hypochlorite solution ［J］. Environmental Science & Technology, 2012, 35 (6): 55~57.

［16］Yang S, Pan X, et al. Kinetics of nitric oxide absorption from simulated flue gas by a wet UV/chlorine advanced oxidation process. Energy Fuels, 2017, 31, 7263~7271.

［17］Yang S L, Han Z T, Dong J M, et al. UV-enhanced NaClO oxidation of nitric oxide from simulated flue gas ［J］. J. Chem. 2016: 6065019.

［18］Liu Y, Wang Y, Liu Z, et al. Oxidation removal of nitric oxide from flue gas using UV photolysis of aqueous hypochlorite ［J］. Environ. Sci. Technol. 2017, 51: 11950~11959.

［19］Liu Y, Liu Z, Zhao L, et al. Removal of NO in flue gas using vacuum ultraviolet light/

ultrasound/chlorine in a VUV-US coupled reactor [J]. Fuel Process Technol 2018, 169, 226~235.

[20] Deshwai B R, Lee S H, Jung J H, et al. Study on the removal of NO$_x$ from simulated flue gas using acidie NaClO$_2$ solution [J]. Journal Environmental sciences, 2008, 20 (1): 33~38.

[21] Kuropka J. Simultaneous desulphfurisation and denitrification of flue gase [J]. Environment Protection Engineering, 2008, 34 (4): 187~195.

[22] 刘凤. 喷射鼓泡反应器同时脱硫脱硝实验及机理研究 [D]. 保定: 华北电力大学（河北）, 2009.

[23] Hutson N D, Krzyzynska R, Srivastava R K. Simultaneous Removal of SO$_2$, NO$_x$, and Hg from Coal Flue Gas Using a NaClO$_2$-Enhanced Wet Scrubber [J]. Industrial & Engineering Chemistry Research, 2008, 47 (16): 5825~5831.

[24] Zhao Y, Guo T X, Chen Z Y, et al. Simultaneous removal of SO$_2$ and NO using M/NaClO$_2$ complex absorbent [J]. Chemical Engineering Journal, 2010, 160 (1): 42~47.

[25] H Cosson, W R Ernst. Photodecomposition of chlorine dioxide and sodium chlorite in aqueous solution by irradiation with ultraviolet light, Ind. Eng. Chem. Res. 1994, 33: 1468~1475.

[26] Yang S L, Pan X X, Han Z T, et al. Nitrogen oxide removal from simulated flue gas by UV-Irradiated sodium chlorite solution in a bench-scale scrubbing reactor, Ind. Eng. Chem. Res. 2017, 56: 3671~3678.

[27] Hao R L, Mao X Z, Wang Z, et al. A novel method of ultraviolet/NaClO$_2$-NH$_4$OH for NO removal: mechanism and kinetics [J]. J. Hazard. Mater. 2019, 368: 234~242.

[28] Hao R L, Wang Z, Mao X Z, et al. Elemental mercury removal by a novel advanced oxidation process of ultraviolet/chlorite-ammonia: mechanism and kinetics [J]. J. Hazard. Mater. 2019, 374: 120~128.

[29] 朱贤, 周月桂, 柳瑶斌, 等. 过氧化氢水溶液增湿 Ca(OH)$_2$ 脱硫脱硝的实验 [J]. 锅炉技术, 2010, 41 (6): 75~78.

[30] Zhou Y G, Zhu X, Peng J, et al. The effect of hydrogen peroxide solution on SO$_2$ removal in the semidry flue gas desulfurization process [J]. Journal of Hazardous Materials, 2009, 170 (1): 436~442.

[31] Alibegic D, Tsuneda S, Hirata A. Kinetics of tetrachloroethylene (PCE) gas degradation and byproducts formation during UV/H$_2$O$_2$ treatment in UV-bubble column reactor [J]. Chemical Engineering Science, 2007, 56 (21~22): 6195~6203.

[32] 李彩亭, 彭敦亮, 范春贞, 等. Fenton 氧化法同时脱硫脱硝的实验研究 [J]. 环境工程学报, 2013, 7 (3): 263~268.

[33] Liu Y X, Zhang J, Sheng C D, et al. Simultaneous removal of NO and SO$_2$ from coal-fired flue gas by UV/H$_2$O$_2$ advanced oxidation process [J]. Chemical Engineering Journal, 2010, 162 (3): 1006~1011.

[34] Liu Y X, Zhang J. Photochemical Oxidation Removal of NO and SO$_2$ from Simulated Flue Gas of Coal-Fired Power Plants by Wet Scrubbing Using UV/H$_2$O$_2$ Advanced Oxidation Process [J]. Industrial & Engineering Chemistry Research, 2011, 50 (7): 3836~3841.

［35］Tokos J J, Hall B, Calhoun J A, et al. Homogeneous gas-phase reaction of Hg^0 with H_2O_2, O_3, CH_3I and （CH_3）2S: Implications for atmospheric Hg cycling ［J］. Atmospheric Environment, 1998, 32 （5）: 823~827.

［36］Eaton A D, Clesceri L S, Rice E W, et al. Standard Methods for the Examination of Water & Wastewater ［C］. APHA, AWWA, and WEF: Washington, DC, 2005.

［37］Jed C, Gretell O, John C, et al. PCE Oxidation by Sodium Persulfate in the Presence of Solids ［J］. Environmental Science & Technology, 2010, 44 （24）: 9445~9450.

［38］Osgerby I T. ISCO Technology Overview: Do You Really Understand the Chemistry? In Contaminated Soils, Sediments and Water ［R］. Springer: New York, 2006.

［39］Furman O S, Teel A L, Watts R J. Mechanism of Base Activation of Persulfate ［J］. Environmental Science & Technology, 2010, 44 （16）: 6423~6428.

［40］Liang C J, Huang C F, Mohanty N, et al. Hydroxypropyl-β-Cyclodextrin-Mediated Iron-Activated Persulfate Oxidation of Trichloroethylene and Tetrachloroethylene ［J］. Industrial & Engineering Chemistry Research, 2007, 46 （20）: 6466~6479.

［41］Liang C J, Guo Y Y, Mass Transfer and Chemical Oxidation of Naphthalene Particles with Zerovalent Iron Activated Persulfate ［J］. Environmental Science & Technology, 2010, 44 （21）: 8203~8208.

［42］Gu X G, Lu S G, Li L, et al. Oxidation of 1, 1, 1-Trichloroethane Stimulated by Thermally Activated Persulfate ［J］. Industrial & Engineering Chemistry Research, 2011, 50 （19）: 11029~11036.

［43］Waldemer R H, Tratnyek P G, Johnson R L, et al. Oxidation of Chlorinated Ethenes by Heat-Activated Persulfate: Kinetics and Products ［J］. Environmental Science & Technology, 2007, 41 （3）: 1010~1015.

［44］Khan N E, Adewuyi Y G. Absorption and Oxidation of Nitric Oxide （NO） by Aqueous Solutions of Sodium Persulfate in a Bubble Column Reactor ［J］. Industrial & Engineering Chemistry Research, 2010, 49 （18）: 8749~8760.

［45］Zhao Y, Han Y H, Guo T X, et al. Simultaneous removal of SO_2, NO and Hg^0 from flue gas by ferrate （Ⅵ） solution ［J］. Energy, 2014, 67 （3）: 652~658.

［46］Zhao Y, Xue F M, Zhao X C, et al. Experimental study on elemental mercury removal by diperiodatonickelate （Ⅳ） solution ［J］. Journal of Hazardous Materials, 2013, 260 （15）: 383~388.

［47］Zhao Y, Xue F M, Ma T Z. Experimental study on Hg^0 removal by diperiodatocuprate （Ⅲ） coordination ion solution ［J］. Fuel Processing Technology, 2013, 106: 468~473.

［48］程琰. 湿式吸收法同时烟气脱硫脱氮技术进展 ［J］. 化工环保, 2006, 26 （3）: 209~212.

［49］王莉. Fe（Ⅱ） EDTA 湿法络合脱硝液的再生及资源化初探 ［D］. 杭州: 浙江大学, 2007.

［50］Lu B H, Jiang Y, Cai L L, et al. Enhanced biological removal of NO_x from flue gas in a biofilter by Fe（Ⅱ） Cit/Fe（Ⅱ） EDTA absorption ［J］. Bioresource Technology, 2011, 102 （17）: 7707~7712.

［51］Zhu H S, Mao Y P, Yang X J, et al. Simultaneous absorption of NO and SO₂ into FeII-EDTA solution coupled with the FeII-EDTA regeneration catalyzed by activated carbon ［J］. Separation and Purification Technology, 2010, 74 (1): 1~6.

［52］Yan B, Yang J H, Guo M, et al. Study on NO enhanced absorption using FeII-EDTA in (NH₄)₂SO₃ solution ［J］. Journal of Industrial and Engineering Chemistry, 2014, 20 (4): 2528~2534.

［53］Long X L, Xin Z L, Wang H X, et al. Simultaneous removal of NO and SO₂ with hexamminecobalt (Ⅱ) solution coupled with the hexamminecobalt (Ⅱ) regeneration catalyzed by activated carbon ［J］. Applied Catalysis B: Environmental, 2004, 54 (1): 25~32.

［54］Long X L, Xiao W D, Yuan W K. Simultaneous absorption of NO and SO₂ into hexamminecobalt(Ⅱ)/iodide solution ［J］. Chemosphere, 2005, 59 (6): 811~817.

［55］陈进生. 火电厂烟气脱硝技术——选择性催化还原法 ［M］. 北京: 中国电力出版社, 2008.

［56］岑超平, 张德见, 黄建洪. 基于尿素法的火电厂锅炉烟气脱硫脱氮技术 ［J］. 能源工程, 2005, 3: 33~35.

［57］谢红银, 熊源泉, 郑守忠, 等. 尿素/铵根溶液湿法同时脱硫脱硝特性实验研究 ［J］. 西安交通大学学报, 2011, 45 (12): 123~128.

［58］史占飞, 熊源泉, 谢红银, 等. 尿素、碳酸氢铵/添加剂同时脱硫脱硝试验研究 ［J］. 东南大学学报 (自然科学版), 2011, 41 (3): 591~596.

［59］陆雅静, 熊源泉, 高鸣, 等. 尿素/三乙醇胺湿法烟气脱硫脱硝的试验研究 ［J］. 中国电机工程学报, 2008, 28 (5): 44~50.

［60］张少峰, 王淑华, 赵剑波. 双喷嘴矩形喷动床流动性能实验研究 ［J］. 化学工程, 2006, 34 (11): 33~35.

［61］张少峰, 王淑华, 赵斌, 等. 双喷嘴矩形导流管喷动床喷动压降 ［J］. 化工学报, 2006, 57 (5): 1143~1146.

［62］张少峰, 赵卷, 张占锋, 等. 喷雾-喷动床半干法烟气脱硫实验研究 ［J］. 环境污染与防治, 2004, 26 (4): 244~247.

［63］张少峰, 王淑华, 赵斌, 等. 双喷嘴矩形喷动床流体力学及脱硫性能的实验研究 ［J］. 环境污染与防治, 2006, 28 (3): 419~420.

［64］Ighigeanua D, Martina D, Zissulescub E, et al. SO₂ and NOₓ removal by electron beam and electrical discharge induced non-thermal plasmas ［J］. Vacuum, 2005, 77 (4): 493~500.

［65］Ahmed A B, Osama I F, Noushad K, et al. Electron beam flue gas treatment (EBFGT) technology for simultaneous removal of SO₂ and NOₓ from combustion of liquid fuels ［J］. Fuel, 2008, 87 (8~9): 1446~1452.

［66］Tokunaga O, Suzuki N. Radiation chemical reactions in NOₓ and SO₂ removals from flue gas ［J］. Radiation Physics and Chemistry, 1984, 24 (1): 145~165.

［67］Licki J, Chmielewski A G, Iller E, et al. Electron beam flue-gas treatment for multicomponent air-pollution control ［J］. Applied Energy, 2003, 75 (3~4): 145~154.

［68］Chmielewski A G, Iller E, Tymin'ski B, et al. Flue gas treatment by electron beam technology

[J]. Modern Power System, 2001, 21 (6): 53~55.

[69] Chmielewski A G, Licki J, Pawelec A, et al. Operational experience of the industrial plant for electron beam flue gas treatment [J]. Radiation Physics and Chemistry, 2004, 71 (1~2): 441~444.

[70] Chmielewski A G, Licki J, Dobrowolski A, et al. Optimization of energy consumption for NO_x removal in multistage gas irradiation process [J]. Radiation Physics and Chemistry, 1995, 45 (6): 1077~1079.

[71] Doi Y, Nakanishi I, Konno Y. Operational experience of a commercial scale plant of electron beam purification of flue gas [J]. Radiation Physics and Chemistry, 2000, 57 (3~6): 495~499.

[72] Kikuchi R, Pelovski Y. Low-dose irradiation by electron beam for the treatment of high-SO_x flue gas on a semi-pilot scale-consideration of by-product ouaiity and approach to clean technology [J]. Process Safety and Environmental Protection, 2009, 87 (4): 135~143.

[73] 钟秦. 燃煤烟气脱硫脱硝技术及工程实例 [M]. 北京: 化学工业出版社, 2002: 248~254.

[74] 任先文, 赵君科, 王保健. 脉冲电晕等离子体烟气脱硫脱硝工业化应用技术研究现状和展望 [C] //第四届环境与发展中国 (国际) 论文集, 北京, 2008.

[75] 王丽敏. 脉冲电晕脱硫脱硝除尘一体化的机理研究 [J]. 化学工程师, 2009, 164 (5): 53~54.

[76] Ma H, Chen P, Zhang M, et al. Study of SO_2 removal using nonthermal plasma induced by dielectric barrier discharge (DBD) [J]. Plasma Chem. Plasma Process. 2002, 22: 239~254.

[77] Ma S, Zhao Y, Yang J, et al. Research progress of pollutants removal from coal-fired flue gas using non-thermal plasma [J]. Renew. Sustain. Energy Rev. 2017, 67: 791~810.

[78] Wang M, Zhu T, Luo H, et al. Oxidation of gaseous elemental mercury ina high voltage discharge reactor [J]. J. Environ. Sci. 2009, 21: 1652~1657.

[79] Ko K B, Byun Y, Cho M, et al. Pulsed corona discharge for oxidation of gaseous elemental mercury [J]. Appl. Phys. Lett., 2008, 92: 251503.

[80] Kogelschatz U, Eliasson B, Egli W, Dielectric-barrier discharges [J]. Principle and Applications, J. Phys. IV C4, 1997: 47~66.

[81] Kogelschatz U, Dielectric-barrier discharges: their history, discharge physics, and industrial applications [J]. Plasma Chem. Plasma Process. 2003, 23: 1~46.

[82] Cui S, Hao R, Fu D, An integrated system of dielectric barrier discharge combined with wet electrostatic precipitator for simultaneous removal of NO and SO_2: key factors assessments, products analysis and mechanism, Fuel 2018, 221: 12~20.

[83] An J, Jiang Y, Zhang Z, et al. Oxidation characteristics of mixed NO and Hg^0 in coal-fired flue gas using active species injection generated by surface discharge plasma [J]. Chem. Eng. J. 2016, 288: 298~304.

[84] Obradović B M, Sretenović G B, Kuraica M. A dual-use of DBD plasma for simultaneous NO_x and SO_2 removal from coal-combustion flue gas [J]. Journal of Hazardous Materials, 2011,

185（2~3）：1280~1286.

［85］Nasonova A, Pham H C, Kim D J, et al. NO and SO$_2$ removal in non-thermal plasma reactor packed with glass beads-TiO$_2$ thin film coated by PCVD process［J］. Chemical Engineering Journal, 2010, 156（3）：557~561.

［86］Chen Z, Mathur V K. Nonthermal plasma for gaseous pollution control［J］. Industrial & Engineering Chemistry Research, 2002, 41（9）：2082~2089.

［87］Bai M D, Zhang Z T, Bai M D. Simultaneous desulfurization and denitrification of flue gas by ·OH radicals produced from O^{2+} and water vapor in a duct［J］. Environmental Science & Technology, 2012, 46（18）：10161~10168.

［88］Chen Z Y, Deenal P M, Mathur V K. Mercury oxidization in dielectric barrier discharge plasma system［J］. Industrial & Engineering Chemistry Research, 2006, 45（17）：6050~6055.

［89］Xu F, Luo Z Y, Cao W, et al. Simultaneous oxidation of NO, SO$_2$ and Hg^0 from flue gas by pulsed corona discharge［J］. Journal of Environmental Sciences, 2009, 21（3）：328~332.

［90］许勇毅, 查智明, 赵翠仙. 烟气循环流化床脱硫脱硝工艺技术的特点与现状［J］. 工业安全与环保, 2007, 33（1）：16~17.

［91］赵毅, 马双忱, 李燕中, 等. 利用粉煤灰吸收剂对烟气脱硫脱氮的实验研究［J］. 中国电机工程学报, 2002, 22（3）：108~112.

［92］许佩瑶. 烟气循环流化床同时脱硫脱硝实验研究［D］. 保定：华北电力大学, 2007.

［93］刘松涛, 赵毅, 汪黎东, 等. 富氧型高活性吸收剂同时脱硫脱硝脱汞的实验研究［J］. 动力工程, 2008, 28（3）：424.

［94］Zhao Y, Han Y H, Chen C. Simultaneous removal of SO$_2$ and NO from flue gas using multicomposite active absorbent［J］. Industrial & Engineering Chemistry Research, 2012, 51（1）：480~486.

［95］Zhao Y, Han Y H, Ma T Z, et al. Simultaneous desulfurization and denitrification from flue gas by ferrate（Ⅵ）［J］. Environment Science & Technology, 2011, 45（9）：4060~4065.

［96］Chang R, Hargrove B, Carey T, et al. Power Plant Mercury Control Options and Issues［C］. Orlando, Fla：Proc. Power Gen'96 International Conference, 1996, 12.

［97］刘涛, 曾令可, 税安泽, 等. 烟气脱硫脱硝一体化的研究现状［J］. 工业炉, 2007, 29（4）：14.

［98］马双忱, 赵毅, 马宵颖, 等. 活性炭床加微波辐射脱硫脱硝的研究［J］. 热能动力工程, 2006, 21（4）：340~341.

［99］Miller S J, Dunham G E, Olson E S, et al. Flue gas effects on a carbon-based mercury sorbent［J］. Fuel Processing Technology, 2003, 65~66（7）：343~363.

［100］陈传敏, 张建华, 俞立. 湿法烟气脱硫浆液中汞再释放特性研究［J］. 中国电机工程学报, 2011, 31（5）：48~51.

［101］Korpiel J A, Vidic R D. Effect of Sulfur Impregnation Method on Activated Carbon Uptake of Gas-Phase Mercury［J］. Environmental Science & Technology, 1997, 31（8）：2319~2325.

［102］Brown T, Smith D, Hagis R, et al. The air & waste management association's 92nd annual meeting & exhibition St［C］. Louis：Missouri, 1999.

［103］高洪亮，周劲松，骆仲泱，等. 改性活性炭对模拟燃煤烟气中汞吸附的实验研究［J］. 中国电机工程学报，2007，27（8）：26~30.

［104］邓先伦，蒋剑春. 除汞载硫活性炭研发［J］. 林产化工通讯，2004，38（3）：13~16.

［105］孙巍，晏乃强，贾金平. 负载硫氯化合物的活性炭去除单质汞的研究［J］. 环境科学与技术，2006，29（12）：84~86.

［106］诸永泉. 载银活性炭法处理含汞废气［J］. 上海环境科学，1994，13（2）：31~32.

［107］许绿丝，钟毅，金峰，等. 催化活性炭纤维脱硫除汞性能试验研究［J］. 安全与环境学报，2004，4（2）：10~12.

［108］孟素丽，段钰锋，杨立国，等. 燃煤烟气中汞脱除技术的研究进展［J］. 锅炉技术，2008，39（4）：77~80.

［109］熊银伍，孙仲超，李艳芳，等. 活性焦干法脱除烟气中汞的研究［A］. "十一五"烟气脱硫脱氮技术创新与发展交流会，2007.

［110］华晓宇，周劲松，高翔，等. 渗铈活性焦汞脱附性能实验研究［J］. 中国电机工程学报，2011，31（29）：61~66.

［111］李兰廷，吴涛，梁大明，等. 活性焦脱硫脱硝脱汞一体化技术［J］. 煤质技术，2009（3）：46~49.

［112］李兰廷. 活性焦干法联合脱硫脱硝的正交实验［J］. 煤质技术，2009，34（10）：1404.

［113］Ghorishi S B, Sedman C B. Low concentration mercury sorption mechanisms and control by calcium-based sorbents: application in coal-fired processes［J］. Journal of the Air & Waste Management Association, 1998, 48（12）: 1191~1198.

［114］时黎明，徐旭常，祁海鹰，等. 粉煤灰-石灰中温烟气脱硫和蒸汽活化的机理［J］. 环境科学，2000，21（4）：25~28.

［115］王起超，马如龙. 煤及其灰渣中的汞［J］. 中国环境科学，1997，17（1）：76~79.

［116］彭苏萍，王立刚. 燃煤飞灰对锅炉烟道气汞的吸附研究［J］. 煤炭科学技术，2002，30（9）：33~35.

［117］Carey T R, Hargrove O W, Brown T D. Enhanced control of mercury in wet FGD systems// Presented at the first joint DOE·PETC power and fuel systems contractors conference［J］. US: Department of energy, Pittsburgh, PA, 1996: 9~11.

［118］Shashkov V L, Mukhlenov L P, Benyash E Y, et al. Effect of mercury vapors on the oxidation of sulfur dioxide in a fluidized bed of vanadium catalyst［J］. Khim Prom-st（Moscow）, 1971, 47: 288~290.

［119］赵毅，刘松涛，马宵颖，等. 改性粉煤灰吸收剂对单质汞的脱出研究［J］. 中国电机工程学报，2008，28（2）：55~60.

［120］Negreira A S, Wilcox J. Role of WO_3 in the Hg oxidation across the V_2O_5-$WO_3$$TiO_2$ SCR catalyst: a DFT study［J］. J. Chem. Phys. C. 2013, 117: 24397~24406.

［121］H Li, C Y Wu, Y Li, et al. CeO_2-TiO_2 catalysts for catalytic oxidation of elemental mercury in low-rank coal combustion flue gas［J］. Environ. Sci. Technol. 2011, 45: 7394~7400.

［122］Chiu C H, Hsi H C, Lin H P, Multipollutant control of $Hg/SO_2/NO$ from coalcombustion flue gases using transition metal oxide-impregnated SCR catalysts, Catal. Today 2015, 245: 2~9.

[123] Zhang S, Zhao Y, Yang J, et al, Simultaneous NO and mercury removal over MnO_x/TiO_2 catalyst in different atmospheres [J]. Fuel. Process. Technol. 2017, 166: 282~290.

[124] Zhang J, Li C, Zhao L, et al. A Sol-gel Ti-Al-Ce-nanoparticle catalyst for simultaneous removal of NO and Hg^0 from simulated flue gas [J]. Chem. Eng. J. 2017, 313: 1535~1547.

[125] Kamata H, Ueno S I, Naito T, et al. Mercury oxidation over the V_2O_5 (WO_3)/TiO_2 commercial SCR catalyst [J]. Ind. Eng. Chem. Res. 2008, 47: 8136~8141.

[126] Chen C, Jia W, Liu S, et al. Simultaneous NO removal and Hg^0 oxidation over CuO doped V_2O_5-WO_3/TiO_2 catalysts in simulated coal-fired flue gas [J]. Energy Fuel, 2018, 32: 7025~7034.

[127] Liu R, Xu W, Li T, et al. Role of NO in Hg^0 oxidation over a commercial selective catalytic reduction catalyst V_2O_5-WO_3/TiO_2 [J]. J. Environ. Sci. 2015, 38: 126~132.

[128] Zhao L, Li C, Zhang J, et al. Promotional effect of CeO_2 modified support on V_2O_5-WO_3/TiO_2 catalyst for elemental mercury oxidation in simulated coal-fired flue gas, Fuel, 2015, 153: 361~369.

[129] Lee W J, Bae G H. Removal of Elemental Mercury ($Hg^{(0)}$) by Nanosized V_2O_5/TiO_2 Catalysts [J]. Environmental Science & Technology, 2009, 43 (5): 1522~1527.

[130] Chiu C H, Hsi H C, Lin H P, et al. Effects of properties of manganese oxideimpregnated catalysts and flue gas condition on multipollutant control of Hg^0 and NO [J]. J. Hazard. Mater. 2015, 291: 1~8.

[131] Lee J F, Yan N Q, Qu Z, et al. Catalytic Oxidation of Elemental Mercury over the Modified Catalyst Mn/r-Al_2O_3 at Lower Temperatures [J]. Environmental Science & Technology, 2010, 44 (1): 426~431.

[132] Yang Z, Li H, Liu X, et al. Promotional effect of CuO loading on the catalytic activity and SO_2 resistance of MnO_x/TiO_2 catalyst for simultaneous NO reduction and Hg^0 oxidation, Fuel, 2018, 227: 79~88.

[133] Lee S S, Lee J Y, Keener T C. Bench-Scale Studies of In-Duct Mercury Capture Using Cupric Chloride-Impregnated Carbons [J]. Environmental Science & Technology, 2009, 43 (8): 2957~2962.

[134] Makkuni A, Varma R S, Sikdar S K, et al. Vapor Phase Mercury Sorption by Organic Sulfide Modified Bimetallic Iron-Copper Nanoparticle Aggregates [J]. Industrial & Engineering Chemistry Research, 2007, 46 (4): 1305~1315.

[135] Chi G, Shen B, Yu R, et al. Simultaneous removal of NO and $Hg^{(0)}$ over Ce-Cu modified V_2O_5/TiO_2 based commercial SCR catalysts [J]. J. Hazard. Mater. 2017, 330: 83~92.

[136] Zhao L K, Li C T, Li S H, et al. Simultaneous removal of Hg^0 and NO in simulated flue gas on transition metal oxide M′(M′=Fe_2O_3, MnO_2, and WO_3) doping on V_2O_5/ZrO_2-CeO_2 catalysts [J]. Appl. Surf. Sci. 2019, 483: 260~269.

[137] Zhao L K, Li C T, Du X Y, et al. Effect of Co addition on the performance and structure of V/ZrCe catalyst for simultaneous removal of NO and Hg^0 in simulated flue gas, Appl. Surf. Sci. 2018, 437: 390~399.

[138] Shen B, Zhu S, Zhang X, et al. Simultaneous removal of NO and Hg^0 using Fe and Co co-doped Mn-Ce/TiO_2 catalysts [J]. Fuel, 2018, 224: 241~249.

[139] Wang T, Li C T, Zhao L K, J. et al, The catalytic performance and characterization of ZrO_2 support modification on CuO-CeO_2/TiO_2 catalyst for the simultaneous removal of Hg^0 and NO [J]. Appl. Surf. Sci. 2017, 400: 227~237.

[140] Gao L, Li C T, Zhang J, et al. Simultaneous removal of NO and Hg^0 from simulated flue gas over CoO_x-CeO_2 loaded biomass activated carbon derived from maize straw at low temperatures [J]. Chem. Eng. J. 2018, 342: 339~349.

[141] Gao L, Li C T, Lu P, et al. Simultaneous removal of Hg^0 and NO from simulated flue gas over columnar activated coke granules loaded with La_2O_3-CeO_2 at low temperature [J]. Fuel, 2018, 215: 30~39.

[142] Zhang X, Cui Y, Wang J, et al. Simultaneous removal of Hg^0 and NO from flue gas by $Co_{0.3}$-$Ce_{0.35}$-$Zr_{0.35}O_2$ impregnated with MnO_x [J]. Chem. Eng. J. 2017, 326: 1210~1222.

[143] Wilcox J, Rupp E, Ying S C, et al. Mercury adsorption and oxidation in coal combustion and gasification processes [J]. International Journal of Coal Geology, 2012, 20 (4): 90~91.

[144] Sasmaz E, Kirchofer A, Jew A D, et al. Mercury chemistry on brominated activated carbon [J]. Fuel, 2012, 99 (10): 188~196.

[145] Wilcox J, Sasmaz E, Kirchofer A. Heterogeneous Mercury Reaction Chemistry on Activated Carbon [J]. Journal of the Air & Waste Management Association, 2011, 61 (4): 418~426.

[146] Lim D H, Wilcox J. Heterogeneous Mercury Oxidation on Au (Ⅲ) from First Principles [J]. Environmental Science & Technology, 2013, 47 (15): 8515~8522.

[147] Lim D H, Aboud S, Wilcox J. Investigation of Adsorption Behavior of Mercury on Au(Ⅲ) from First Principles [J]. Environmental Science & Technology, 2013, 46 (13): 7260~7266.

[148] Sasmaz E, Aboud S, Wilcox J. Hg Binding on Pd Binary Alloys and Overlays [J]. Journal of Physical Chemistry C, 2009, 113 (18): 7813~7820.

[149] Liu K H, Chen M Y, Tsai Y C, et al. Control of Hg^0 and NO from coal-combustion flue gases using MnO_x-CeO_x/mesoporous SiO_2 from waste rice husk [J]. Catal. Today, 2017, 297: 104~112.

[150] Chiu C H, Kuo T H, Chang T C, et al. Multipollutant removal of Hg^0/SO_2/NO from simulated coal-combustion flue gases using metal oxide/mesoporous SiO_2 composites [J]. Int. J. Coal. Geol. 2017, 170: 60~68.

[151] Fan X, Li C, Zeng G, et al, Removal of gas-phase element mercury by activated carbon fiber impregnated with CeO_2 [J]. Energy Fuel, 2010, 24: 4250~4254.

[152] Zhu C, Duan Y, Wu C Y, et al. Mercury removal and synergistic capture of SO_2/NO by ammonium halides modified rice husk char [J]. Fuel, 2016, 172: 160~169.

[153] Liu Q, Liu Z. Carbon supported vanadia for multi-pollutants removal from flue gas [J]. Fuel, 2013, 108: 149~158.

[154] Izquierdo M T, Rubio B, Mayoral C, et al. Low cost coal-based carbons for combined SO_2 and NO removal from exhaust gas [J]. Fuel, 2003, 82: 147~151.

［155］ Jastrzab K, Changes of activated coke properties in cyclic adsorption treatment of flue gases ［J］. Fuel Process. Technol., 2012, 104: 371~377.

［156］ Cao T, Zhou Z, Chen Q, et al. Magnetically responsive catalytic sorbent for removal of HgO and NO ［J］. Fuel Process. Technol, 2017, 160: 158~169.

［157］ Chiu C H, Hsi H C, Lin C C. Control of mercury emissions from coal-combustion flue gases using $CuCl_2$-modified zeolite and evaluating the cobenefiteffects on SO_2 and NO removal ［J］. Fuel Process. Technol. 2014, 126: 138~144.

［158］ Zhang X, Shen B, Shen F, et al. The behavior of the manganese-cerium loaded metal-organic framework in elemental mercury and NO removal from flue gas ［J］. Chem. Eng. J. 2017, 326: 551~560.

［159］ Li Y, Wu C Y, Role of Moisture in adsorption photocatalytic oxidation and reemission of elemental mercury on a SiO_2-TiO_2 nanocomposite ［J］. Environ. Sci. Technol. 2006, 40: 6444~6448.

［160］ Tan Z, Su S, Qiu J, et al. Preparation and characterization of Fe_2O_3-SiO_2 composite and its effect on elemental mercury removal ［J］. Chem. Eng. J. 2012, 195~196: 218~225.

［161］ Tsuji K, Shiraishi J. Combined desulfurization denitrification and reduction of air toxics using activated coke: 2. Process applications and performance of activated coke ［J］. Fuel, 1997, 76: 555~560.

［162］ Stencel J, Rubel A. Coal-based activated carbons: NO_x and SO_2 postcombustion emission control ［J］. Coal. Sci. Technol, 1995, 24: 1791~1794.

［163］ Tseng H, Wey M, Liang Y, et al. Catalytic removal of SO_2、NO and HCl from incineration flue gas over activated carbon-supported metal oxides ［J］. Carbon, 2003, 41: 1079~1085.

［164］ Zhao B, Yi H, Tang X, et al. Using CuO-MnO_x/AC-H as catalyst for simultaneous removal of Hg^0 and NO from coal-fired flue gas ［J］. J. Hazard. Mater, 2019, 346: 700~709.

［165］ Lowell P S, Schwitzgebel K, Parsons T B, et al. Selection of metal oxides for removing SO_2 from flue gas ［J］. Ind. Eng. Chem. Process ［J］. Des. Develop, 1971, 3: 384~390.

［166］ 赵清森, 孙路石, 石金明, 等. 溶胶-凝胶法制备 CuO/Al_2O_3 催化吸附剂及其脱硫脱硝研究 ［J］. 动力工程, 2008, 28 (4): 620~624, 646.

［167］ 赵清森. CuO/Al_2O_3 及其改性催化剂脱硫脱硝性能研究 ［D］. 武汉: 华中科技大学, 2009.

［168］ Rahmaninejad F, Gavaskar V S, Abbasian J. Dry regenerable CuO/γ-Al_2O_3 catalyst for simultaneous removal of SO_x and NO_x from flue gas ［J］. Applied Catalysis B: Environmental, 2012, 119~120 (30): 297~303.

［169］ Fan X P, Li C T, Zeng G M, et al. Hg^0 Removal from Simulated Flue Gas over CeO_2/HZSM-5 ［J］. Energy & Fuels, 2012, 26 (4): 2082~2089.

［170］ Wang P Y, Su S, Xiang J, et al. Catalytic oxidation of Hg^0 by CuO-MnO_2-Fe_2O_3/γ-Al_2O_3 catalyst ［J］. Chemical Engineering Journal, 2013, 225 (1): 68~75.

［171］ Wei Z S, Zeng G H, Xie Z R, et al. Microwave catalytic NO_x and SO_2 removal using FeCu/zeolite as catalyst ［J］. Fuel, 2011, 90 (4): 1599~1603.

[172] Wei Z S, Niu H J Y, Ji Y F. Simultaneous removal of SO₂ and NOₓ by microwave with potassium permanganate over zeolite [J]. Fuel Processing Technology, 2009, 90 (2): 324~329.

[173] Deng H, Yi H H, Tang X L, et al. Interactive Effect for Simultaneous Removal of SO₂, NO, and CO₂ in Flue Gas on Ion Exchanged Zeolites [J]. Industrial & Engineering Chemistry Research, 2013, 52 (20): 6778~6784.

[174] Furukawa H, Cordova K E, O'Keeffe M, et al. The chemistry and applications of metal-organic frameworks [J]. Science, 2013, 341: 1230444.

[175] Zhang X, Shen B, Zhu S, et al. UiO-66 and its Br-modified derivates for elemental mercury removal [J]. J. Hazard. Mater., 2016, 320: 556~563.

[176] Zhang X, Shen B, Zhang X, et al. A comparative study of Manganese-cerium doped metal-organic frameworks prepared via impregnation and in situ methods in the selective catalytic reduction of NO [J]. RSC Adv, 2017, 7: 5928~5936.

[177] Li Z, Shen Y, Li X, et al. Synergetic catalytic removal of Hg^0 and NO over $CeO_2(ZrO_2)$/TiO_2, Catal [J]. Commun. 2016, 82: 55~60.

[178] Li Y, Murphy P D, Wu C Y, et al. Development of silica/vanadia/titania catalysts for removal of elemental mercury from coal combustion flue gas [J]. Environ. Sci. Technol, 2008, 42: 5304~5309.

[179] Granite E J, Pennline H W, Hargis R A, Novel sorbents for mercury removal from flue gas [J]. Ind. Eng. Chem. Res, 2000, 39: 1020~1029.

[180] Li H, Wu C Y, Li Y, et al. Superior activity of MnO_x-CeO_2/TiO_2 catalyst for catalytic oxidation of elemental mercury at low flue gas temperatures [J]. Appl. Catal. B: Environ, 2012, 111~112, 381~388.

[181] Li H, Li Y, Wu C Y, et al. Oxidation and capture of elemental mercury over SiO_2-TiO_2-V_2O_5 catalysts in simulated low-rank coal combustion flue gas [J]. Chem. Eng. J, 2011, 169: 186~193.

[182] Wang P, Su S, Xiang J, et al. Catalytic oxidation of Hg^0 by MnO_x-CeO_2/γ-Al_2O_3 catalyst at low temperatures [J]. Chemosphere, 2014, 101: 49~54.

[183] Li H, Wu C Y, Li Y, et al. Role of flue gas components in mercury oxidation over TiO_2 supported MnO_x-CeO_2 mixed-oxide at low temperature [J]. J. Hazard. Mater, 2012. 243: 117~123.

[184] Qiao S, Chen J, Li J, et al. Adsorption and catalytic oxidation of gaseous elemental mercury in flue gas over MnO_x/alumina [J]. Ind. Eng. Chem. Res, 2009, 48: 3317~3322.

[185] Ke R, Li J H, Liang X, et al. Novel promoting effect of SO₂ on the selective catalytic reduction of NOₓ by ammonia over Co_3O_4 catalyst [J]. Catal. Commun, 2007, 8: 2096~2099.

[186] Jeong Y E, Kumar P A, Ha H P, et al. Highly active Sb-V-CeO_2/TiO_2 catalyst under low sulfur for NH_3-SCR at low temperature [J]. Catal. Lett, 2017, 147: 428~441.

[187] Du X S, Gao X, Fu Y C, et al. The co-effect of Sb and Nb on the SCR performance of the V_2O_5/TiO_2 catalyst [J]. J. Colloids Interface Sci, 2012, 368: 406~412.

[188] Fang N J, Guo J X, Shu S, et al. Enhancement of low-temperature activity and sulfur resistance of $Fe_{0.3}Mn_{0.5}Zr_{0.2}$ catalyst for NO removal by NH_3-SCR [J]. Chem. Eng. J, 2017, 325: 114~123.

[189] Li S H, Huang B C, Yu C L, A CeO_2-MnO_x core-shell catalyst for low-temperature NH_3-SCR of NO [J]. Catal. Commun, 2017, 98: 47~51.

[190] Yu J, Guo F, Wang Y L, et al. Sulfur poisoning resistant mesoporous Mn-base catalyst for low-temperature SCR of NO with NH_3 [J]. Appl. Catal. B, 2010, 95: 160~168.

[191] Guo M, Liu Q, Zhao P, et al. Promotional effect of SO_2 on Cr_2O_3 catalysts for the marine NH_3-SCR reaction [J]. Chem. Eng. J, 2017, 361: 830~838.

[192] Li H, Wu C, Li Y, et al. Impact of SO_2 on elemental mercury oxidation over CeO_2-TiO_2 catalyst [J]. Chem. Eng. J, 2013, 219: 319~326.

[193] Ji L, Sreekanth P M, Smirniotis P G, et al. Manganese oxide/titania materials for removal of NO_x and elemental mercury from flue gas [J]. Energy Fuel, 2008, 22: 2299~2306.

[194] Li J, Yan N, Qu Z, et al. Catalytic oxidation of elemental mercury over the modified catalyst Mn/a-Al_2O_3 at lower temperatures, Environ [J]. Sci. Technol., 2010, 44: 426~431.

[195] Li H, Wang S, Wang X, et al. Catalytic oxidation of HgO in flue gas over Ce modified TiO_2 supported Co-Mn catalysts: characterization, the effect of gas composition and cobenefit of NO conversion [J]. Fuel, 2017, 202: 470~482.

[196] Meng D, Zhan W, Guo Y, et al. A highly effective catalyst of Sm-MnO_x for the NH_3-SCR of NO_x at low temperature: promotional role of Sm and its catalytic performance [J]. ACS Catal., 2015, 5: 5973~5983.

[197] Ding S, Liu F, Shi X, et al. Significant promotion effect of Mo additive on a novel Ce-Zr mixed oxide catalyst for the selective catalytic reduction of NO_x with NH_3 [J]. ACS Appl. Mater. Interfaces, 2015, 7: 9497~9506.

[198] Qu L, Li C, Zeng G, et al. Support modification for improving the performance of MnO_x-$CeOy$/γ-Al_2O_3 in selective catalytic reduction of NO by NH_3 [J]. Chem. Eng. J., 2014, 242: 76~85.

[199] 赵毅, 赵莉, 韩静, 等. TiO_2 光催化烟气同时脱硫脱硝方法及其机理研究 [J]. 中国科学 E 辑: 技术科学, 2008, 38 (5): 755~763.

[200] 韩静, 赵毅. 不同光源下 TiO_2/ACF 同时脱硫脱硝实验研究 [J]. 环境科学, 2009, 30 (4): 97~102.

[201] Jia L, Dureau R, Ko V, et al. Oxidation of mercury under ultraviolet (UV) irradiation [J]. Energy & Fuels, 2010, 24 (8): 4351~4356.

[202] Pal B, Ariya P A. Gas-phase HO·-initiated reactions of elemental mercury: kinetics, product studies, and atmospheric implications [J]. Environment Science & Technology, 2004, 38 (21): 5555~5566.

[203] Zhao G B, Garikipati S V B J, Hu X, et al. Effect of oxygen on nonthermal plasma reactions of nitrogen oxides in nitrogen [J]. Aiche Journal, 2005, 51 (6): 1800~1812.

[204] Calvert J G, Lindberg S E. Mechanisms of mercury removal by O_3 and OH in the atmosphere

[J]. Atmospheric Environment, 2005, 39 (18): 3355~3367.

[205] Liang X, Looy P C, Jayaram S, et al. Mercury and other trace elements removal characteristics of DC and pulse-energized electrostatic precipitator [J]. IEEE Transactions on industry applications, 2002, 38 (1): 69~76.

[206] Mok Y S, Lee H J. Removal of sulfur dioxide and nitrogen oxides by using ozone injection and absorption reduction technology [J]. Fuel Processing Technology, 2006, 87 (7): 591~597.

[207] Jarvis J B, Day A T, Suchak N J LoTO$_x^{TM}$ process flexibility and multi-pollutant control capability [C]. Combined Power Plant Air Pollutant Control Mega Symposium Washington. DC, 2003: 19~22.

[208] Jin D S, Deshwal B R, Park Y S, et al. Simultaneous removal of SO_2 and NO by wet scrubbing using aqueous chlorine dioxide solution [J]. Journal of Hazardous Materials B, 2006, 135 (1~3): 412~417.

[209] Deshwal B R, Jin D S, Lee S H, et al. Removal of NO from flue gas by aqueous chlorine-dioxide scrubbing solution in a lab-scale bubbling reactor [J]. Journal of Hazardous Materials, 2008, 150 (3), 649~655.

[210] Zhao Y, Hao R L, Guo Q, et al. Simultaneous Removal of SO_2 and NO by a Vaporized Enhanced-Fenton Reagent. Fuel Processing Technology, 2015, 137: 8~15.

[211] Zhao Y, Hao R L. Denitrification Utilizing a Vaporized Enhanced-Fenton Reagent: Kinetics and Feasibility Analysis [J]. RSC Advances, 2014, 4: 46060~46067.

[212] Zhao Y, Hao R L, Guo Q. A Novel Pre-Oxidation Method for Elemental Mercury Removal Utilizing a Complex Vaporized Absorbent [J]. Journal of Hazardous Materials, 2014, 280: 118~126.

[213] Zhao Y, Hao R L, Xue F M, et al. Simultaneous removal of SO_2, NO and Hg^0 by a vaporized Fenton-based oxidant through a semidry process [J]. Journal of Hazardous Materials, 2017, 321: 500~508.

[214] Zhao Y, Hao R L. Macrokinetics of Hg^0 Removal by a Vaporized Multi-component Oxidant [J]. Industrial & Engineering Chemistry Research, 2014, 53: 10899~10905.

[215] Zhao Y, Hao R L, Zhang P, et al. An Integrative Process for Hg^0 Removal Using Vaporized $H_2O_2/Na_2S_2O_8$ [J]. Fuel, 2014, 136: 113~121.

[216] Zhao Y, Hao R L, Zhang P, et al. An Integrative Process for Simultaneous Removal of SO_2 and NO Utilizing a Vaporized $H_2O_2/Na_2S_2O_8$ [J]. Energy & Fuels, 2014, 28: 6502~6510.

[217] Zhao Y, Hao R L, Qi M. Integrative Process of Preoxidation and Absorption for Simultaneous Removal of SO_2, NO and Hg^0 [J]. Chemical Engineering Journal, 2015, 269: 159~167.

[218] Zhao Y, Hao R L, Yuan B, et al. An Integrative Process for Simultaneous Removal of SO_2, NO and Hg^0 Utilizing a Vaporized Cost-Effective Complex Oxidant [J]. Journal of Hazardous Materials, 2016, 301: 74~83.

[219] Hao R L, Zhao Y, Yuan B. Simultaneous Desulfurization and Denitrification through an Integrative Process Utilizing $NaClO_2/Na_2S_2O_8$ [J]. Fuel Processing Technology, 2017, 159: 145~152.

[220] Hao R L, Li C, Wang Z, et al. Removal of Gaseous Elemental Mercury Using Thermally Catalytic Chlorite-Persulfate Complex [J]. Chemical Engineering Journal, 2020, In Press.

[221] Hao R L, Zhao Y, Yuan B, et al. Establishment of a Novel Advanced Oxidation Process for Economical and Effective Removal of SO_2 and NO [J]. Journal of Hazardous Materials, 2016, 318: 224~232.

[222] Hao R L, Zhao Y. Macrokinetics of NO Oxidation by Vaporized H_2O_2 Association with Ultraviolet Light [J]. Energy & Fuels, 2016, 30 (3): 2365~2372.

[223] Hao R L, Luo Y C, Qian Z, et al. Simultaneous removal of SO_2, NO and Hg^0 using an enhanced gas phase UV-AOP method [J]. Science of The Total Environment, 2020, 734: 139266.

[224] Zhao Y, Hao R L, Wang T H, et al. Follow-Up Research for Integrative Process of Pre-oxidation and Post-absorption Cleaning Flue Gas: Absorption of NO_2, NO and SO_2 [J]. Chemical Engineering Journal, 2015, 273: 55~65.

[225] Hao R L, Yang S, Zhao Y, et al. Follow-up Research of Ultraviolet Catalyzing Vaporized H_2O_2 for Simultaneous Removal of SO_2 and NO: Absorption of NO_2 and NO by Na-based WFGD Byproduct (Na_2SO_3) [J]. Fuel Processing Technology. 2017, 160: 64~69.

[226] Hao R L, Zhang Y Y, Wang Z Y, et al. Advanced Wet Method for Simultaneous Removal of SO_2 and NO from Coal-fired Flue Gas by Utilizing a Complex Absorbent [J]. Chemical Engineering Journal, 2017, 307: 562~571.

[227] Hao R L, Wang X H, Liang Y H, et al. Reactivity of $NaClO_2$ and HA-Na in air pollutants removal: active species identification and cooperative effect revelation [J]. Chemical Engineering Journal, 2017, 330: 1279~1288.

[228] Hao R L, Wang X H, Mao X Z, et al. An integrated dual-reactor system for simultaneous removal of SO_2 and NO: factors assessment, reaction mechanism and application prospect [J]. Fuel, 2018, 220: 240~247.

[229] Hao R L, Mao Y M, Mao X Z, et al. Cooperative removal of SO_2 and NO by using a method of UV-heat/H_2O_2 oxidation combined with NH_4OH-(NH_4)$_2SO_3$ dual-area absorption [J]. Chemical Engineering Journal, 2019, 365: 282~290.

[230] Hao R L, Wang X H, Zhao X, Xu M N, et al. A novel integrated method of vapor oxidation with dual absorption for simultaneous removal of SO_2 and NO: feasibility and prospect [J]. Chemical Engineering Journal, 2018, 333: 583~593.

[231] Hao R L, Mao X Z, Ma Z, et al. Multi-air-pollutant removal by using an integrated system: Key parameters assessment and reaction mechanism [J]. Science of the Total Environment, 2020, 710: 136434.

[232] Hao R L, Song Y C, Tian Z Y, et al. Cooperative removal of SO_2 and NO using a cost-efficient triple-area control method [J]. Chemical Engineering Journal, 2020, 383: 123164.

冶金工业出版社部分图书推荐

书　名	作　者		定价（元）
材料成形工艺学	宋仁伯		69.00
城市垃圾安全处理与资源化利用	吴　畏		45.00
大气污染治理技术与设备	江　晶		40.00
大宗工业固体废物综合利用——矿浆脱硫	宁　平　孙　鑫 董　鹏　等		50.00
典型废旧稀土材料循环利用技术	张深根　刘　虎 刘一凡　等		98.00
典型砷污染地块修复治理技术及应用	吴文卫　毕廷涛 杨子轩　等		59.00
典型有毒有害气体净化技术	王　驰		78.00
废旧高分子材料循环利用	李　勇		39.00
废旧锂离子电池再生利用新技术	董　鹏　孟　奇 张英杰		89.00
改性纳米碳纤维材料制备及在环境污染治理中的应用	宋　辛		69.00
高温熔融金属遇水爆炸	王昌建　李满厚 沈致和　等		96.00
钢铁冶金过程环保新技术	何志军　张军红 刘吉辉　等		35.00
光学金相显微技术	葛利玲		35.00
环境监测技术与实验	李丽娜		45.00
环境与可持续发展	马林转　王红斌 刘满红　等		29.00
黄磷尾气对燃气设备的高温腐蚀	宁　平　郜华萍		35.00
金属功能材料	王新林		189.00
锂离子电池高电压三元正极材料的合成与改性	王　丁		72.00
燃煤烟气现代除尘与测试技术	齐立强		49.00
生物质活性炭催化剂的制备及脱硫应用	宁　平　李　凯 宋　辛		65.00
水污染控制技术	李　歆		39.00
钛粉末近净成形技术	路　新		96.00
碳循环与碳减排	付　东　王乐萌 齐立强　等		35.00
铜尾矿再利用技术	张冬冬　宁　平 瞿广飞		66.00
污水处理与水资源循环利用	马兴冠		49.00
先进碳基材料	邹建新　丁义超		69.00
有害气体控制工程	陈　岚　齐立强 郝润龙　等		49.00
增材制造与航空应用	张嘉振		89.00
重金属污染土壤修复电化学技术	张英杰　董　鹏 李　彬		81.00